国际服装版型 女装篇
WOMEN'S WEAR

INTERNATIONAL CLOTHING PATTERN

·品牌服装版型研究
·服装打版实战

王兴满 著

东华大学出版社
·上海·

图书在版编目（CIP）数据

国际服装版型·女装篇 / 王兴满著. — 上海：东华大学出版社，2025.1 —
ISBN 978-7-5669-2380-6

Ⅰ. TS941.7

中国国家版本馆CIP数据核字第2024EZ8299号

策划编辑：徐建红
责任编辑：杜燕峰
封面设计：徐　炜

出　　　版：东华大学出版社（地址：上海市延安西路1882号，邮编：200051）
本 社 网 址：dhupress.dhu.edu.cn
天猫旗舰店：dhdx.tmall.com
销 售 中 心：021-62193056　62373056　62379558
印　　　刷：上海颛辉印刷厂有限公司
开　　　本：889mm×1194mm　1/16
印　　　张：19
字　　　数：660千字
版　　　次：2025年1月第1版
印　　　次：2025年1月第1次印刷
书　　　号：ISBN 978-7-5669-2380-6
定　　　价：168.00元

目 录

第 **1** 章

女装打版介绍与人体数据

扫码付费
看教学视频

第一节　女装打版实战介绍

一、女装打版意义

当代社会对服装的要求越来越高，服装不只是遮丑、挡寒和保暖，更要体现美。研究服装版型的意义是什么？收腰版型，是让身材好的女性更加凸显身材，体现曲线之美；欧版和韩版的大廓形服装（注：本书提到的欧版和韩版均指这种大廓形服装版型），脱离了人体体型，形成了极为大气的外轮廓，是一种随意自由的版型，也可修饰人体体型不足，让穿着者找回自信。品牌服装的版型，讲究的是设计、版型、面料和做工的结合，精工细作、高端精致、大气奢华。

二、女装审美

穿着收腰时装，从前面看，圆润大气，干净清爽，显瘦，无斜扭；从侧面看，前面显胸，后面显臀，尽显S型曲线，前面不能显肚子大，后面要吸腰；从后面看，清爽精神，吸腰，无任何斜扭。

穿着欧版、韩版服装，从前面看，大气，显瘦，精神，洋气；从侧面看，前面平服不外翘，后片清爽，不吊不翘，侧缝顺直，不往前后跑；从后面看，精神、显瘦、圆润、大气高端。

三、企业要求

很多企业老板要求版型师有自己独到的审美与理解，精通立裁与CAD、动手能力强，服从公司指挥等。还有少数企业要求节约成本，一版到位、版版有型、版版好卖。笔者认为，好版型是用不同面料反复尝试修改而成的，这也是AI全自动打版系统无法代替人工打版的原因。版型师要入乡随俗，不能固执、一根筋，思想要年轻，跟年轻人学审美，因为年轻人是未来的消费主流。

四、什么是打版

打版可分为以下几类：第一种是原创打版，设计师画好成衣效果图，版型师按照效果图做出样衣，版型师又叫纸样师；第二种是看图打版，设计师画好设计稿，版型师根据图片打出样版；第三种是驳样打版，版型师根据设计师提供的市场上流行的爆款打出样版。如今，手工打版的时代已经过去了，版型师进企业第一件事情就是建立自己的版型数据库，套用已有的版型，在其基础上修改调整，轻松、快速、准确地打版。

五、版师与版型师的区别

版师只负责打版，不负责样衣的好坏。版型师是做版型，根据款式面料工艺打版，融入自己的审美与灵魂，全程参与指导做样衣和工艺优化。版型师干活要干净利落，又快又好。

第二节　女装人体尺寸

一、人体尺寸

女装企业一般用160/84A（或165/84A）作为标准号型，160cm指身高，84cm指净胸围，A表示标准体型。

一些小众品牌，专攻大码女装、高个子女装、小个子女装或特殊女装，其所用的模特各不相同。版型师在实际工作中应入乡随俗，按企业标准来打版。见图1-1。

一般来说，在一定范围内，人的身高越高，手臂就越

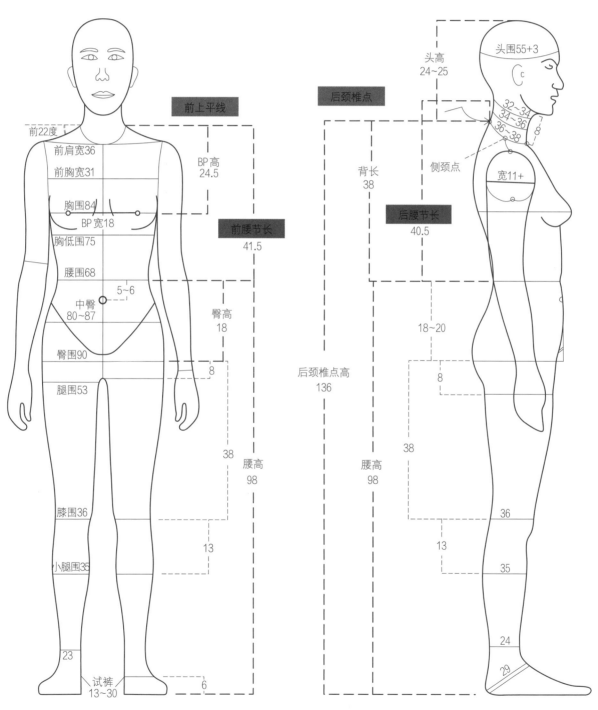

图1-1　160/84A参考尺寸

（注：本书图中所有长度单位为cm）

长，例如，身高160cm的袖长打58cm，那么身高175cm的袖长就要打62.5cm，身高150cm的袖长打55cm。就肩宽而言，南方女子肩宽38cm，北方女子肩宽40cm，

在企业版型中，北方比南方大一个码左右。版型师切记要灵活变化，高个子女装、标准女装、小个子女装，每家企业执行的标准都不同。见图1-2。

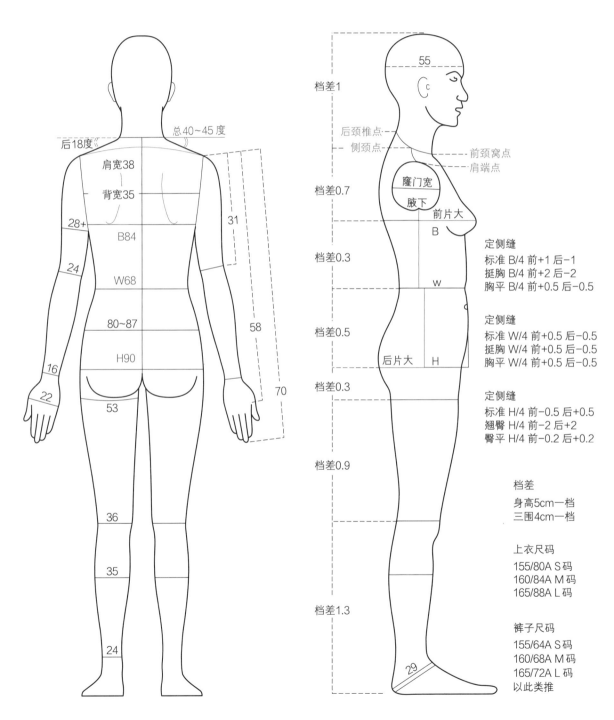

图1-2　160/84A参考尺寸

二、看图打版长度参考

版型师要具备一人一版的高定能力，针对不同体型打造不同版型。在服装企业中，很多模特体型都不符合国标，要根据企业模特的身高与体型来打版，身高相对高的，

衣长、袖长、裤长要加长，反之，身高相对矮的，要相应减短。例如，身高160cm的长裤打100cm，身高175cm的就要打109cm，身高150cm的打94cm。见图1-3。

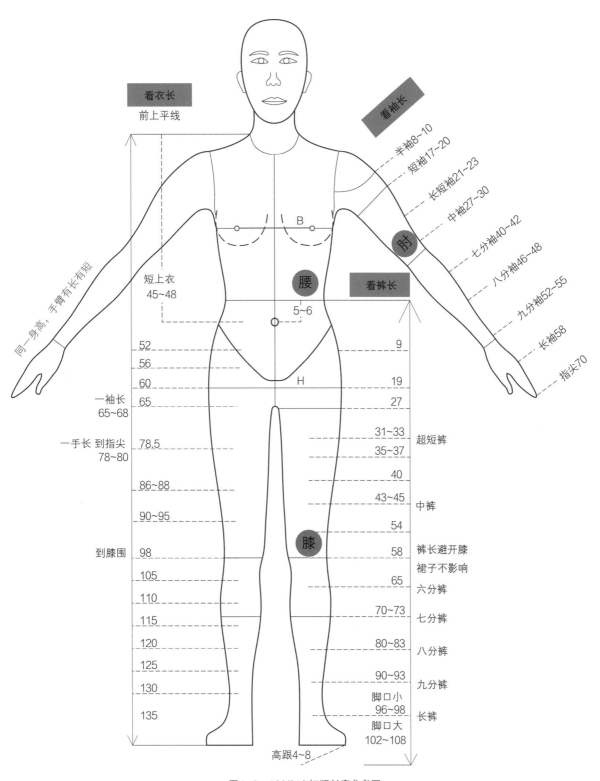

图1-3　160/84A打版长度参考图

三、看图打版尺寸参考

以160/84A为例，人体净胸围84cm，腰围68cm，臀围90cm，肩宽38cm，背宽35cm，胸宽31cm。一个专业的版型师，要做到收放自如，有自己独特的审美。在同一个位置的情况下，身高越高衣服就越长，胸越挺衣服也越长，例如，160cm身高前上平线到肚脐眼46.5cm

左右，那么胸挺的就是48.5cm，身高170cm的也是48.5cm。

同样的欧版和韩版，品牌公司会比非品牌公司尺寸小1~2个码。品牌公司讲究精致，有自己的工艺要求与版型数据库；非品牌服装尺寸变化无常，什么好卖就打什么版型，没有数据库。表1-1和表1-2是160/84A标准体型加放量参考尺寸。

表1-1　合体与紧身上衣参考尺寸

（单位：cm）

部位 类型	前衣长	胸围	腰围	肩宽	背宽	胸宽	袖窿深	袖肥
针织	55/60/63	80~84	70~74	34~36	31~33	29~31	22~23	28~30
连衣裙	86/95/115	90~94	72~76	37~39	34~36	31~33	24~25	32~33
衬衣	60/65/70	92~96	74~84	38~40	35~37	32~34	24~25	32~34
西装	48/65/73	92~96	74~80	38~40	35~37	32~33.5	24.5~26	32.5~34
风衣	75/88/115	92~96	76~90	38~40	35~37	32~34	24~26	33~36
大衣	75/88/108	92~96	78~88	39~41	35~37	32~34	24~26	34~38
羽绒服	75/93/115	104~108	90~100	42~45	38~40	34~37	26~28	40~42
贴体上衣	100/115/128	86~87	68~72	37~38	34~35	31~32	23~24	31.5~32
高弹紧身	50/60	74~76	64~66	33~35	30~32	28~30	21~22	26~28

表1-2　欧版和韩版上衣参考尺寸

（单位：cm）

名称 类型	前上平线 前衣长	正常袖 肩宽	宽松 胸围	小廓形 胸围	中大廓形 胸围	正常袖 袖肥	落肩袖 袖肥	插肩袖 袖肥
羽绒服	75/90/115	42~45	108~114	120~124	130~140	40~45	48~55	48~60
大衣	75/108/125	41~43	98~102	104~108	120~130	36~40	38~45	38~50
西装	48/65/75	40~43	98~102	104~108	114~124	35~40	38~45	36~42
风衣	75/98/118	40~43	98~102	104~108	120~160	35~42	38~50	38~55
夹克	53/65/75	39~42	96~100	104~108	120~170	33~35	50~60	40~50
衬衣	58/62/73	38~41	96~100	100~106	110~130	34~40	35~45	34~43
连衣裙	86/98/118	38~41	96~100	102~108	110~130	33~38	35~45	35~40

第 **2** 章

人体结构与设计原型

扫码付费
看教学视频

一、体型分析

在设计原型之前，先360度观察人体体型，再测量数据。图2-1列举了三种体型。

扁平偏瘦体型（a）：特点是胸平臀平，收腰款式的胯部在胸的外面，臀在背的里面，前摆围加大，后摆围减小，片内省收小，侧缝省放大，前片收省占30%，后片收省占70%，前面胸本来就平，腹部凸起抵消了部分腰省。BP点高23.5~24.5cm，BP点宽16~17cm，前上平线比后上平线高0.2~0.3cm，胸省打15：（2.5~3）（注：本书用15cm或其他尺寸和另外一个尺寸或尺寸范围相比，表示角度），即11度左右。

标准体型（b）：特点是前凸后翘，腹部平服，收腰款式的前片收小，后片放大，不管是上衣、裤子还是半裙，前片收省占40%，后片收省占60%（如果腹部凸起则前片占35%，后片占65%）。BP点高24.5~25.5cm，BP点宽17~18cm，前上平线比后上平线高0.5~1cm，胸省打15：（3.5~4），即14.5度左右。

挺胸偏胖体型（c）：前胸特凸，收腰款式中，前片省放大，后片收小，前片收省占60%，后片收省占40%，这样才会显胸，否则前胸下起空（如果有腹部突起，抵消了前片部分腰省，则前收40%，后收60%）。BP点高27~28cm，BP点宽20~22cm，前上平线比后上平线高2~3cm，胸省打15：（7~8），即31度左右。胸特别挺的应前片加大，后片微加；臀特别翘的应后片加大，前片为微加。

特别注意：有小部分特殊体型，从侧面看，其上半身后仰；还有小部分体型，其上半身前倾，这些并非驼背或挺胸，而是一种侧面姿态。对于这种特殊姿态，打版要按人体的倾斜角度来打，否则衣服上身后与人体姿

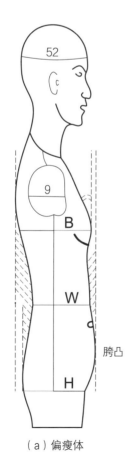
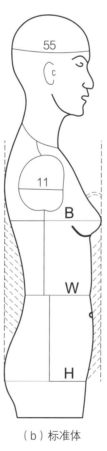
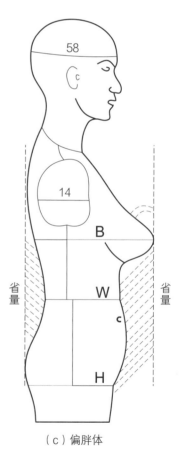

（a）偏瘦体　　　　　　（b）标准体　　　　　　（c）偏胖体

图2-1 人体侧面区别图

态不吻合。

在打版过程中，人体结构是至关重要的，先从正前观察人体结构，再测量数据（图2-2）。

扁平偏瘦体型（a）：特点是侧面凹，在收腰款式中，前后片内省收小，侧缝省放大。在打欧版和韩版时，此种体型很好处理衣身平衡，因为胸省、肩省较小，容易分散处理。

标准体型（b）：特点是侧面微凹有腰身，在收腰款式中，常规收省即可。在打欧版和韩版时，胸省肩省可以分散处理，或者收领省处理。

挺胸偏胖体型（c）：胸特别大导致BP点要加宽，特别容易出现前中没有量及侧滑，在收腰款式中，侧面省要收小，片内省要放大。打欧版韩版时，由于胸省太大无法分散，处理不当会前面外翘、后中外翘，建议收暗省破暗缝处理。

二、标准人体横剖面

标准体的胸围横剖面是前面窄后面宽，腰围横剖面是前面凸后面凹，臀围横剖面是前面宽后面窄。如图2-3所示。

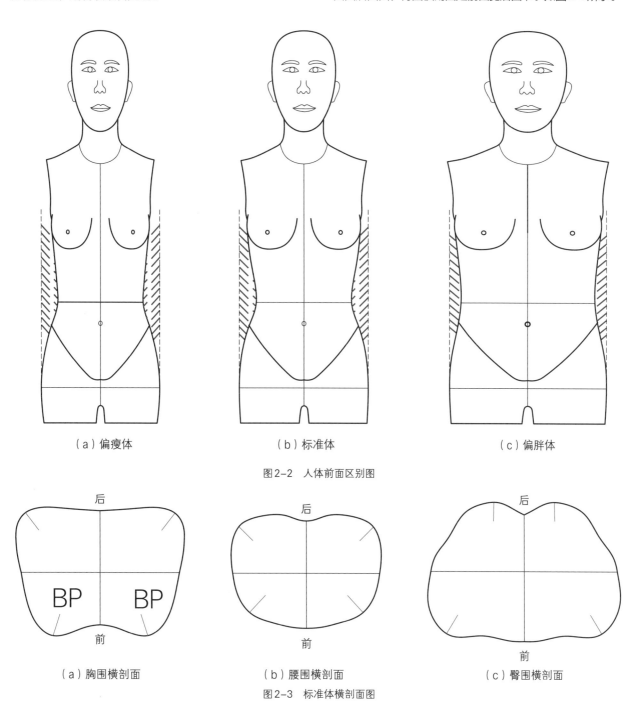

（a）偏瘦体　　　　　　　（b）标准体　　　　　　　（c）偏胖体

图2-2　人体前面区别图

（a）胸围横剖面　　　　（b）腰围横剖面　　　　（c）臀围横剖面

图2-3　标准体横剖面图

三、人体结构核心

图2-4（a）：腰围线设在人体最细的地方，从侧颈点到BP点，再到腰围线，测量出前腰节长；从侧颈点经过后肩胛骨最高点，再到腰围线，测量出后腰节长。例如，前腰节长42.5cm，后腰节长40.5cm，那么前上平线比后上平线高2cm，胸省15：6。同时测量出人体净BP点高，打外套加0.3cm，打羽绒服加1cm。在打紧身上衣或者裤子的时候，由于测量臀围时无法测量到腹部凸起量，侧面容易起斜扭，臀围要加大处理。

图2-4（b）：前BP点中间高两边低，自然产生了乳沟省与胸省，前中有乳沟省，侧面有胸省，两边变短，相当于中间变长，这样衣身才能完全平衡。胸省处理不当，就会导致衣服前翘后吊，更容易出现衣服侧滑后跑，羽绒服与卫衣打版时，这种情况会特别明显。例如，胸省往前中转，不去归掉，从而前中变长，前横开变大，横开大的就会往横开小的跑，就会导致衣服侧滑后跑，因此转省需要谨慎处理。

图2-4（c）：后肩胛骨中间最高，两边低，自然产生肩省，肩沟省，两边变短，相当于中间变长，这样后片衣身完全平衡，四平八稳。假如肩沟省没处理好，打皮衣时，后中容易起空起拱；肩省没处理好，打收腰款时，后中不吸腰，打欧版韩版时，后中会外翘。

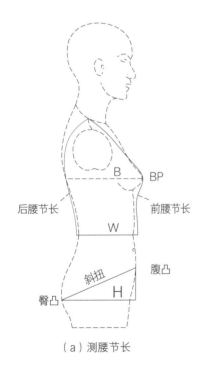

（a）测腰节长

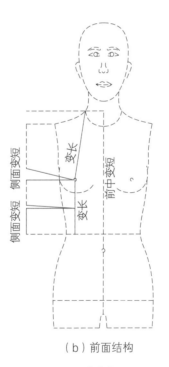

（b）前面结构

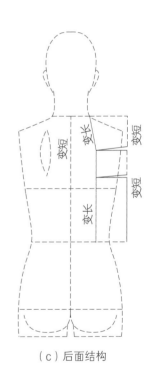

（c）后面结构

图2-4 人体结构图

四、服装部位代号

服装部位代号见表2-1。

表2-1　服装部位代号

序号	中文	英文	代号	序号	中文	英文	代号
1	胸围	Bust Girth	B	24	后衣长	Back Length	BL
2	腰围	Waist Girth	W	25	头围	Head Size	HS
3	臀围	Hip Girth	H	26	前中心线	Front Center Line	FCL
4	领围	Neck Girth	N	27	前衣长	Front Length	FL
5	大腿根围	Thigh Size	TS	28	后中心线	Back Center Line	BCL
6	领围线	Neck Line	NL	29	前腰节长	Front Waist Length	FWL
7	前领围	Front Neck	FN	30	后腰节长	Back Waist Length	BWL
8	后领围	Back Neck	BN	31	前胸宽	Front Bust Width	FBW
9	上胸围线	Chest Line	CL	32	后背宽	Back Bust Width	BBW
10	胸围线	Bust Line	BL	33	肩宽	Shoulder Width	S
11	下胸围线	Under Bust line	UBL	34	裤长	Trousers Length	TL
12	腰围线	Waist Line	WL	35	股下长	Inside Length	IL
13	中臀围线	Middle Hip Line	MHL	36	前上裆	Front Rise	FR
14	臀围线	Hip Line	HL	37	后上裆	Back Rise	BR
15	肘线	Elbow Line	EL	38	脚口	Slacks Bottom	SB
16	膝盖线	Knee Line	KL	39	袖山	Arm Top	AT
17	胸点	Bust Point	BP	40	袖肥	Biceps Circumference	BC
18	颈侧点	Side Neck Point	SNP	41	袖窿深	Arm Hole Line	AHL
19	前颈点	Front Neck Point	FNP	42	袖口	Cuff Width	CW
20	后颈点（颈椎点）	Back Neck Point	BNP	43	袖长	Sleeve Length	SL
21	肩端点	Shoulder Point	SP	44	肘长	Elbow Length	EL
22	袖窿	Arrm Hole	AH	45	领座	Stand Collar	SC
23	衣长	Length	L	46	领高	Collar Rib	CR

五、胸腰差、臀腰差

人体净胸腰差以胸围84cm-腰围68cm=胸腰差16cm为标准体型。以下是人体的四种体型：Y体，胸腰差19～24cm，为瘦体；A体，胸腰差14～18cm，为标准体；B体，胸腰差9～13cm，为微胖体；C体，胸腰差4～8cm，为胖体。打版胸腰差可以根据款式风格自由设计，比如，胸围92cm-腰围78cm=打版胸腰差14cm。

人体净臀腰差以臀围90cm-腰围68cm=臀腰差22cm为标准体型。按体型分为三类：标准体，臀腰差19～25cm；翘臀体，26～36cm；臀偏平体，臀腰差14～18cm。打版臀腰差可以根据款风格自由设计，比如，臀围94cm-腰围74cm=打版臀腰差20cm。

一、原型设计创新思维

设计原型时后肩宽比前肩宽要宽，前肩缝拔开，后肩缝归缩，后背宽比前胸宽要宽，形成人体弓形，符合人体体型。标准框架中心定侧缝，胸平的侧缝可以往前借，胸挺的侧缝往后借。

胸下垂是BP点往下降，胸挺是前上平线向上抬高，一定要区分。胸省÷2-1cm等于前上平线比后上平线高，例如：胸省4cm÷2-1cm=1cm，即前上平线比后上平线高1cm左右，公式仅供参考，操作中应灵活运用。

袖窿深可深可浅，BP点高根据人体测量好，数值相对稳定，做贴体不加，做外套加0.3cm，做羽绒服、派克服加1cm。见图2-5。

根据实际需求可以设计四省原型、五省原型、六省原

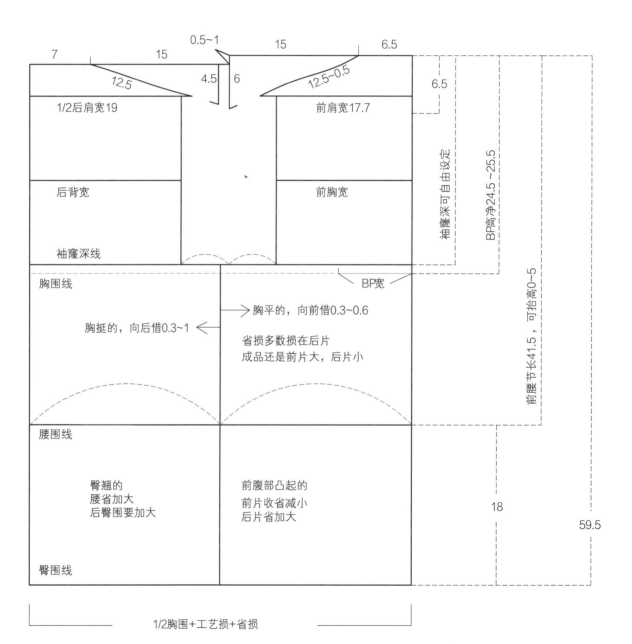

图2-5 上衣基本框架

型、七省原型、八省原型、九省原型、十省原型，省道越多衣服越圆润柔和，正宗国际大牌收腰款式讲究圆润柔和；非品牌服装追求平面效果，转折面较为刚硬。

在国内工业样版中，很多大身就是一整片，或者只有一条缝，省越多，合并后产生的归拔就越大，无法工业生产，工业生产以四省到六省原型为佳。

在设计中要灵活运用，省道位置自由，收腰省大小自由。假设围度框架是48.5cm，减掉腰围的一半38cm，需要收省10.5cm，标准体型前片收40%，后片收60%；腹部凸起的，前片收20%~30%，后片收70%~80%；胸特别挺、无腹部凸起的，前片收省50%~60%，后片收

省40%~50%。

腹部凸起的，前面放出0.3~1cm，感觉上这是劈门，其实不是，说法不同而已；有时驳头起空，合并一点乳沟省，形成反劈门。见图2-6。

肩斜越大，面料微弹或高弹时胸省、肩省可以减小；无弹面料时不要减，不然会压肩，同样一个肩斜，胸省、肩省打大，袖窿松量少；相反操作，袖窿松量就大。

原型要求：腰身要圆润，清爽干净无斜扭，从侧面看，前面显胸，后面显臀翘，前面平服不能显肚子大，后面吸腰，侧面均匀悬空，袖窿椭圆朝前，斜切面顺直。见图2-7。

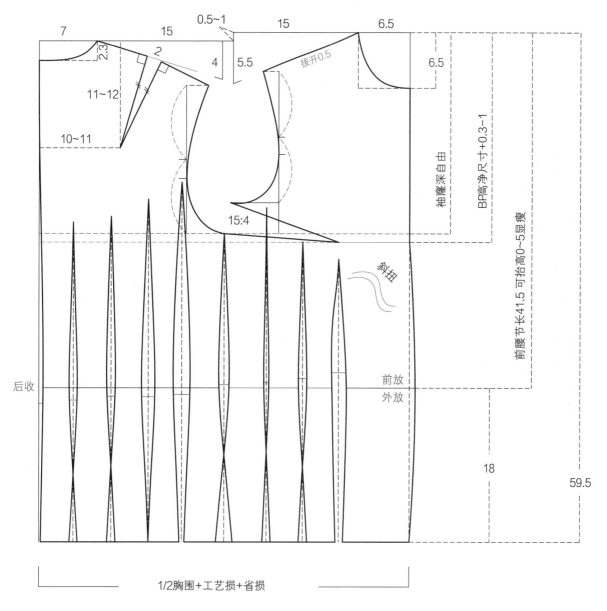

图2-6 设计原型图

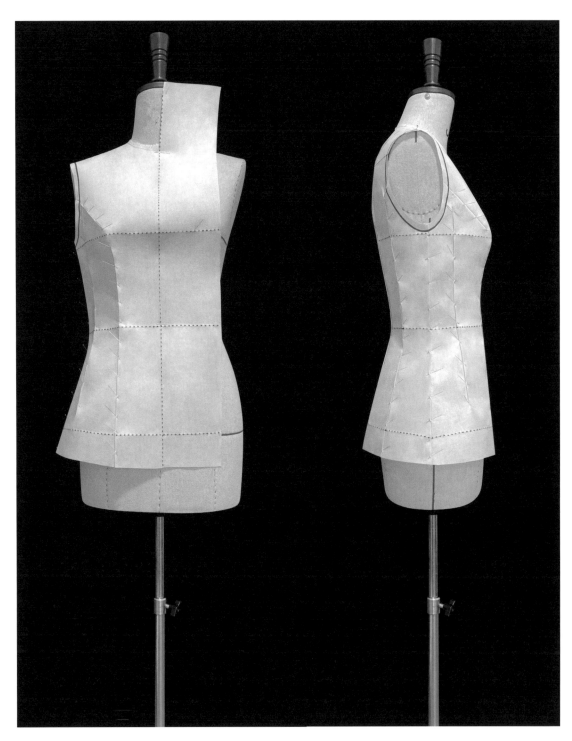

图2-7 六省原型效果图

二、标准体紧身原型

标准体型紧身原型，适合做紧身的婚纱礼服旗袍、贴体紧身类上衣等。同一胸围，袖窿深自由，比如抹胸婚纱礼服可做20~21cm，紧身旗袍连衣裙可以做22~25cm。

后横开宽减0.8~1cm等于前横开宽，做紧身贴体类；减0.6~0.7cm做连衣裙，减0.5~0.6cm做西装外套，减0.3~0.4cm做大衣羽绒服。打版胸围是85cm，打一半是42.5+2=44.5cm围度框架，见表2-2、图2-8。

表2-2　标准体紧身原型打版尺寸表

部位 名称	衣长 到臀	胸围 B	腰围 W	臀围 H	肩宽 S	背宽 BBW	胸宽 FBW	前袖 窿深	领围 N
人体尺寸	59.5	84	68	90	38	35	31	20.5	36
打版尺寸	59.5	85	68~70	92	37.5	35.4	31	22~23.5	36

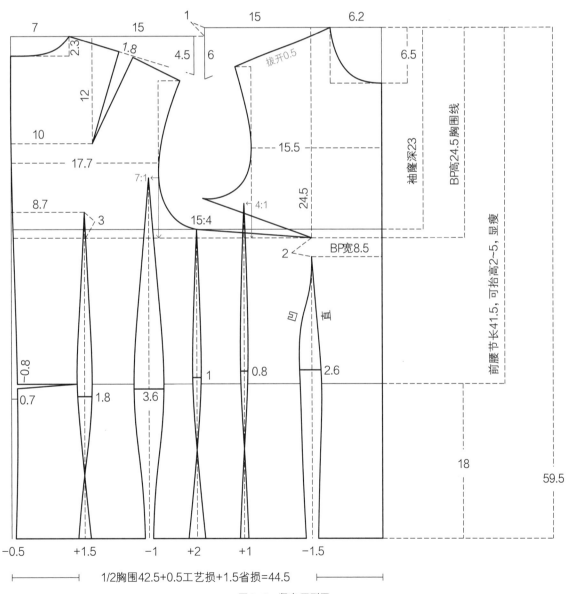

图2-8　紧身原型图

三、标准体合体原型

图2-2（b）标准体人体净胸围加6~10cm为合体原型，此原型可做合体西装、风衣、大衣、连衣裙等。原型只代表一个人的基本体型，不代表款式造型。

总肩斜40度左右，在人台原肩端点位置做立裁，后面22度，前面18度是正常的；在企业打版中肩缝一般会往前借，前面肩斜变成22度，后肩斜变成18度，互借多少是自由，也可不互借。打版是打半身，所以用1/2胸围92cm即46cm+2.5cm=48.5cm，从1/2往前借0~0.3cm定侧缝。见表2-3、图2-9。

表2-3　标准体合体原型打版尺寸表

名称　部位	衣长到臀	胸围B	腰围W	臀围H	肩宽S	背宽BBW	胸宽FBW	前袖窿深	领围N
人体尺寸	60.5	84	68	90	38	35	31	20.5	38
打版尺寸	60.5	92	74~76	96~100	38~39	36~37	32~33	24~26	38

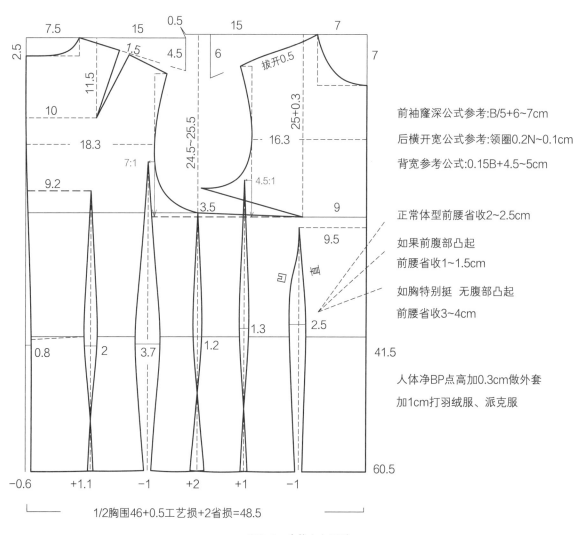

前袖窿深公式参考：B/5+6~7cm

后横开宽公式参考：领圈0.2N~0.1cm

背宽参考公式：0.15B+4.5~5cm

正常体型前腰省收2~2.5cm

如果前腹部凸起
前腰省收1~1.5cm

如胸特别挺 无腹部凸起
前腰省收3~4cm

人体净BP点高加0.3cm做外套
加1cm打羽绒服、派克服

1/2胸围46+0.5工艺损+2省损=48.5

图2-9　合体上衣原型

四、标准体宽松原型

图2-2（b）标准体人体净胸围加12～16cm为宽松原型，总肩斜40度，胸省15度，肩省11度，可以打角度，也可以用15与其他数值相比来表示，省的大小根据体型面料款式而改变。

后肩斜大，肩省可适当减小；前肩斜大，胸省可适当减小。胸省、肩省不能全部转缝里，应分散一小部分出去，衣服挂起来要平面，穿起来要立体。胸省是15：3.5，不是开口处3.5cm。

胸围线跟袖窿深线不是一条线，在工业打版中，只需要画袖窿深线，大货生产中量胸围，是将衣服折成弧线以袖窿底处量胸围。一线工业实战打版与大牌高级成衣技术有所不同。见表2-4、图2-10。

表2-4　标准体宽松原型打版尺寸表

部位 名称	衣长 到臀	胸围 B	腰围 W	臀围 H	肩宽 S	背宽 BBW	胸宽 FBW	前袖 窿深	领围 N
人体尺寸	60.5	84	68	90	38	35	31	20.5	38
打版尺寸	60.5	98	80～90	105	40～41	38	34	25～27	38

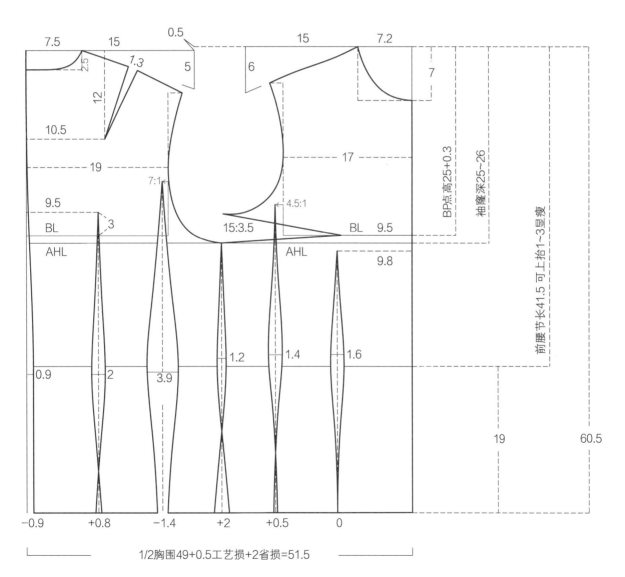

图2-10　宽松上衣原型

五、标准体四省原型

标准体型胸省15:(3.5~4),即13.5~15度;肩省开口1.5~2cm,即9~11度;总肩斜40~41度,肩溜一点的45~50度,肩平一点的36~39度,按照人体体型和面料,依据有弹加斜、无弹放平的原则,再结合款式风格及需求来打版,比如汉服无肩斜无肩缝,而改良后汉服就有肩斜。见表2-5、图2-11。

表2-5　标准体四省原型打版尺寸表

名称 \ 部位	衣长到臀	胸围 B	腰围 W	臀围 H	肩宽 S	背宽 BBW	胸宽 FBW	前袖窿深	领围 N
人体尺寸	60.5	84	68	90	38	35	31	20.5	38
打版尺寸	61	92	76	98	38~39	37	33	24~26	38

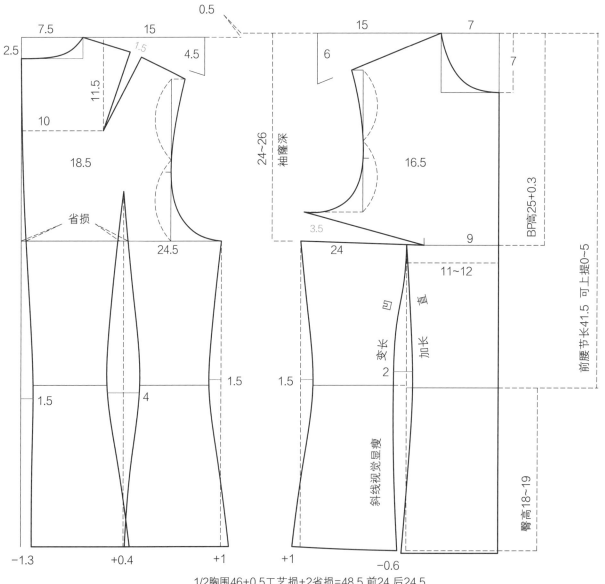

1/2胸围46+0.5工艺损+2省损=48.5 前24 后24.5

图2-11　标准体四省原型

六、平面化四省原型

对韩版流行服版型，个别企业即使是收腰款式也需要平面化，要休闲一点，腰围加大，偏内损减小，肩省不打，胸省减小，适合胸小一点的人穿，否则胸部周围会起斜扭。

腰省显瘦，同一长度斜线比直线视觉更显瘦，前腰省越靠前中，成衣越显瘦；后腰省越靠后中，成衣越显瘦。当然这是不符合人体转折面的，因为人体转折面在侧面，但企业以显瘦为主。

如要追求包容性，可在BP点旁边2~3公分收腰省或破缝，或后面靠侧面收省或破缝，这种做法包容性强，但从前面、后面看腰省没那么显瘦。见表2-6、图2-12。

表2-6 平面化四省原型打版尺寸表

部位\名称	衣长到臀	胸围B	腰围W	臀围H	肩宽S	背宽BBW	胸宽FBW	前袖窿深	领围N
人体尺寸	59.5	84	68	90	38	35	31	20.5	36
打版尺寸	60.5	92	78	98	38~39	36.5	32.5	24~26	36

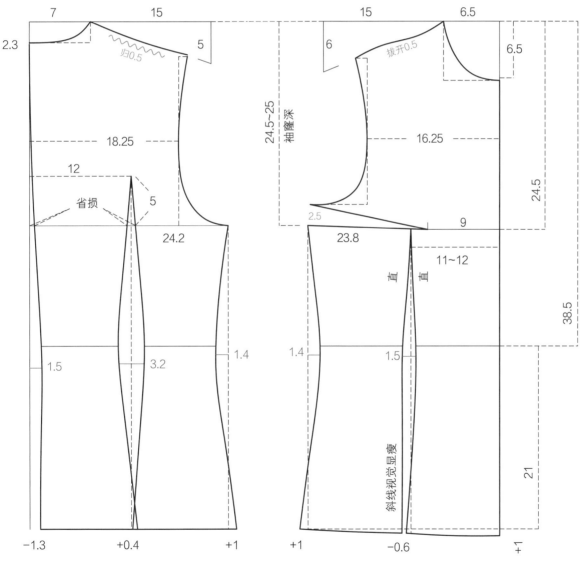

1/2胸围46+0.5工艺损+1.5省损=48 前23.8 后24.2

图2-12 平面化四省原型

七、刀背缝原型

刀背缝原型，前刀分割越高，越精神，显年轻有气质；分割越低，越成熟稳重，或者叫老气；前面门襟如果是斜的，片内缝也往侧缝斜，侧缝摆也斜。胸省与肩省各放0.4cm，在袖窿做垫肩高，垫肩高度1cm厚，围度加0.8cm即可，袖窿原本有松量的少加点。胸省可以往前中转0.5cm，最后烫牵条归缩掉，不然驳头起空，流行服饰不容易流转，还要合并一个乳沟省0.5cm。

用四省原型直接打刀背缝，只要归拔到位，效果跟六面原型一样圆润；相反，用六面原型合并的刀背缝，如果无归拔，效果还不如四面原形的刀背缝。断腰节的款式用六省原型，圆润效果较好。

前刀背缝胸低围要凹进，前大片加长0.3cm，缝要直，才会显胸；后刀背要直顺，后大片要凹，与前片相反。侧面高度合并0.3~0.6cm，合并越多，侧面越悬空。见表2-7、图2-13。

版型要求：衣服圆润柔和，精神显瘦，前胸宽平服；

表2-7　刀背缝原型打版尺寸表

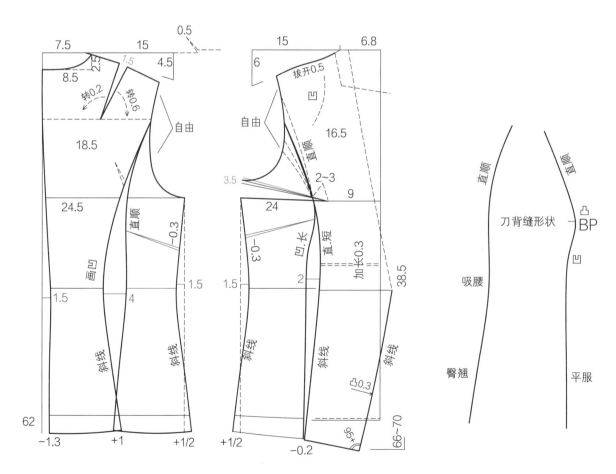

1/2胸围46+0.5工艺损+2省损=48.5 前24 后24.5

图2-13　刀背缝原型图

侧面看，刀背缝线条流畅，符合人体S曲线，前面不显肚子大，后面吸腰显臀，袖窿斜切面顺直，下摆圆顺，侧面均匀悬空，包容性强，无任何斜扭皱折。见图2-14。

前刀背转胸省后有长短，面料不能归的选择反打开同长，能归的就选择归，见图2-15（a）（b）。要让一个地方凹下去就360度拔开，凸起来就360度归。

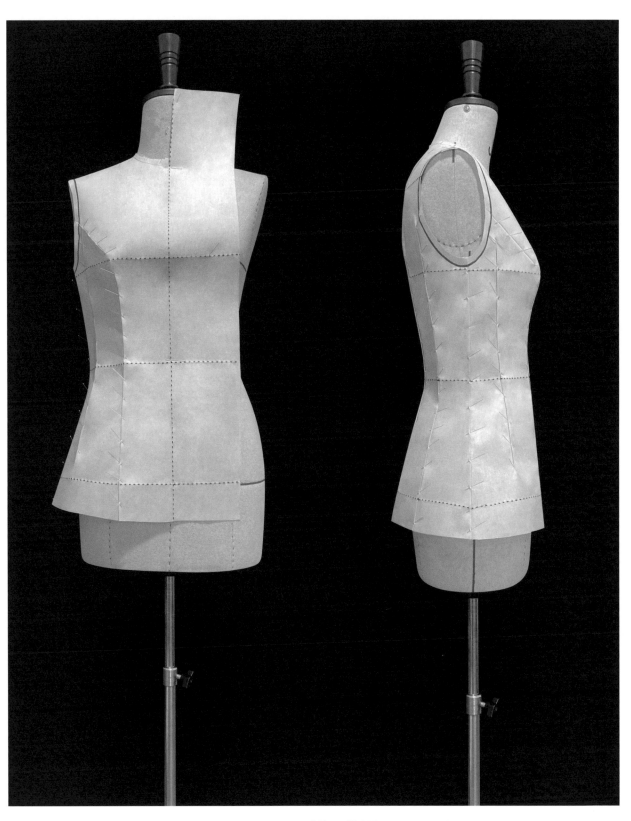

图2-14　刀背缝原型效果图

后刀背一条线凹，一条线直，两条刀背线有长短，以归缩为最佳，反打开同长面料会浮起，做真丝、醋酸、香云纱面料时容易起斜扭。见图2-15（c）（d）。

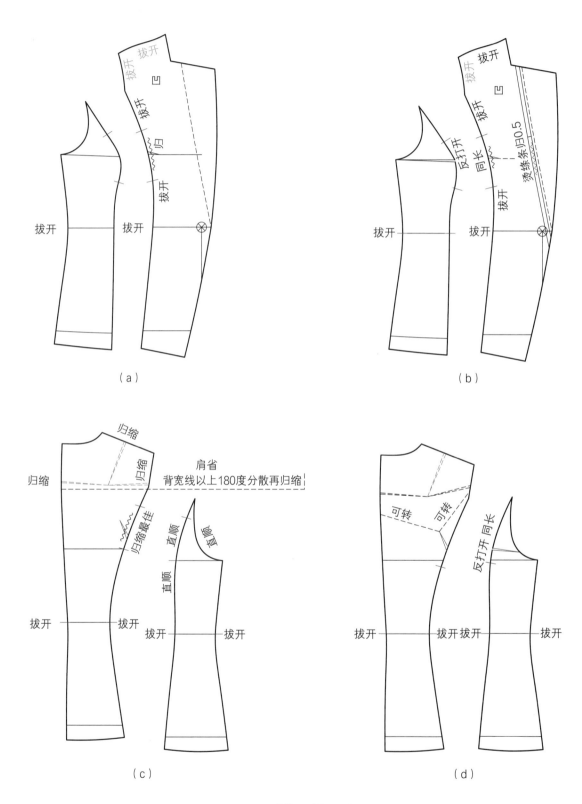

（a）

（b）

（c）

（d）

图2-15　刀背缝原型裁片细节处理图

八、公主缝原型

公主缝原型，腰围线以下自由造型，面料悬垂性好的摆打小一点，面料挺的摆加大一点，臀翘的摆围加大，有造型需要的摆围可加可减；腰围线以上衣身平衡，肩省和胸省各放0.4cm在袖窿做垫肩高，垫肩厚度1cm，胸省可往前中转0.5cm，烫牵条归缩掉，工艺达不到就不转。见表2-8、图2-16。

表2-8　公主缝原型打版尺寸表

部位 名称	衣长 臀下面	胸围 B	腰围 W	摆围	肩宽 S	背宽 BBW	胸宽 FBW	前袖 窿深
人体尺寸	65	84	68	90	38	35	31	20.5
打版尺寸	65	92	76	106	38~39	37	32	25~26

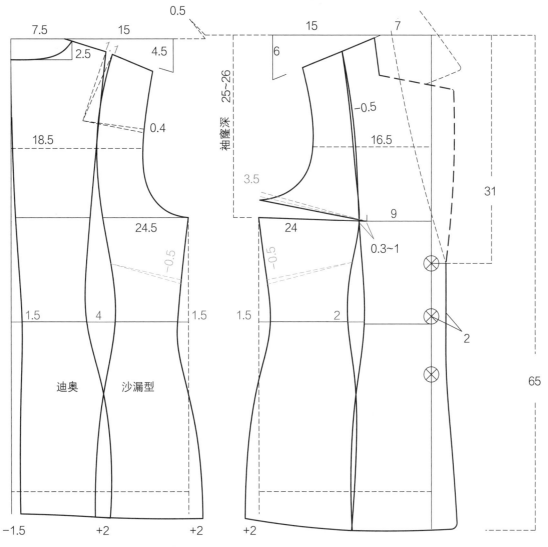

1/2胸围46+0.5工艺损+2省损=48.5 前24 后24.5

图2-16　公主缝原型图

版型要求：公主缝顺直，腰围圆润柔和，下摆沙漏圆润蓬起来，前面显胸，后面显臀，前面平服，后面吸腰，侧面均匀悬空，袖窿切面顺直，腰围无环形皱纹。见图2-17。

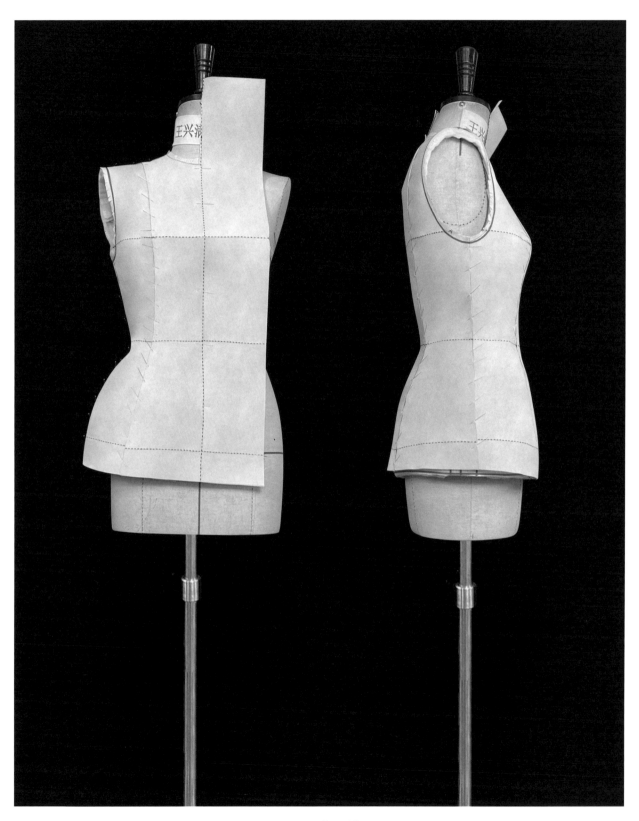

图2-17 公主缝原型效果图

裁片做不做归拔由版型师按公司品质决定。做低端跑量款时，为了追求速度，各裁片一样长，不需要归拔，相应效果差一些；做高端品牌时，要六省原型圆润的感觉，那么就要用归拔工艺，将腰围处拔开，改变转折面的位置，让衣服更加圆润；如果没有归拔，缝在哪里转折面就在哪里。在中臀处做归拔是为了让衣服更加圆润，不刚硬，接近迪奥沙漏造型。

垫肩棉分左右前后，前面占40%，后面占60%，请勿定错，否则会影响穿着效果。前中高度变短，驳头不起空，侧面高度变短，悬空均匀，前中间变长显胸；肩胛骨中间变长，两边高度变短，符合人体体型，衣服才精神洋气。

用六省原型来转四开身，如果没有归拔，还不如直接打四开身。裁片不变形，一切等于零。思维要灵活，断腰节类的用六省原型会更圆润，可以把枣核形腰省转掉；不断腰节类的用六省原型转四开身后裁片要归拔才圆润。见图2-18。

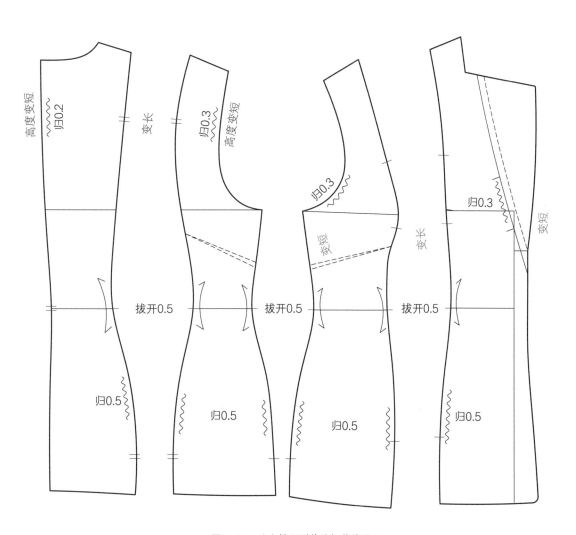

图2-18　公主缝原型裁片细节处理图

九、三开身原型

三开身原型，打六面原型或七面原型来转成三开身，可以看到归拔的位置，空开就归，重叠就拔开，这样做是为了让衣服圆润柔和，改变转折面位置；如果要刚硬转折面的则无须归拔，不过这样做衣服穿起来包容性会差一点，后侧片重叠0.3cm，相当于加大腰省，可以让后袖窿外翘，活动量充足。见表2-9、图2-19。

表2-9 三开身原型打版尺寸表

名称＼部位	衣长臀下	胸围B	腰围W	摆围	肩宽S	背宽BBW	胸宽FBW	前袖窿深
人体尺寸	63.5	84	68	90	38	35	31	20.5
打版尺寸	63.5	92	75~76	102	38~39	36.5	32.5	24.5~26

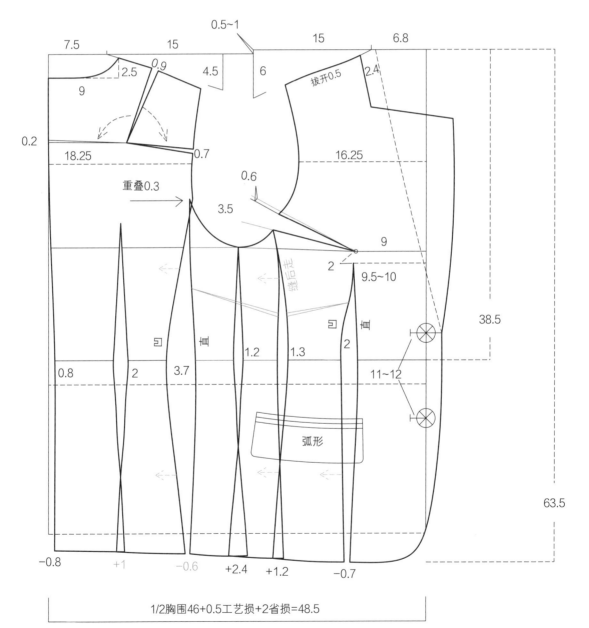

图2-19 三开身原型图

版型要求：前胸宽平服侧饱满，腰省可斜线显瘦，前面显胸，后面显臀而不翘；前面平服，后面吸腰，侧面均匀悬空，侧片线条流畅精神，后腰无环形皱纹，可以按照

大牌要求将腰围处归拔到位，柔和圆润显瘦，也可做刚硬转折面，无归拔，顺应市场流行服要求。见图2-20。

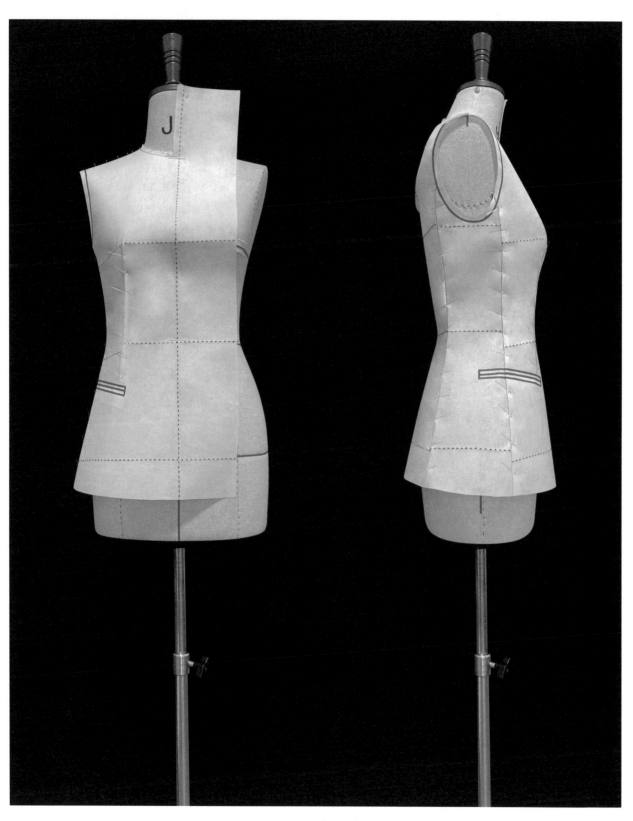

图2-20 三开身原型效果图

直接打三开身，归拔做工到位，就是六面原型的效果，圆润柔和和饱满。相反用六面原型合并，如果不归拔，还不如直接打三开身。

如果有垫肩的衣服，转胸省肩省来做垫肩高，如果垫肩厚度1cm，加0.8cm即可（袖窿本来有松量的少加点），前后各加0.4cm。肩棉分前后左右，前占40%、后占60%，厚肩棉加法后面会讲解。

前面胸省转到腰省里面，胸下产生余量，在侧面直接挖掉；前片开袋处挖掉0.5cm，相当于是一个肚省，可以加大腹部包容性，同时侧片也合并0.5cm，减短侧高度，使其更悬空。见图2-21。

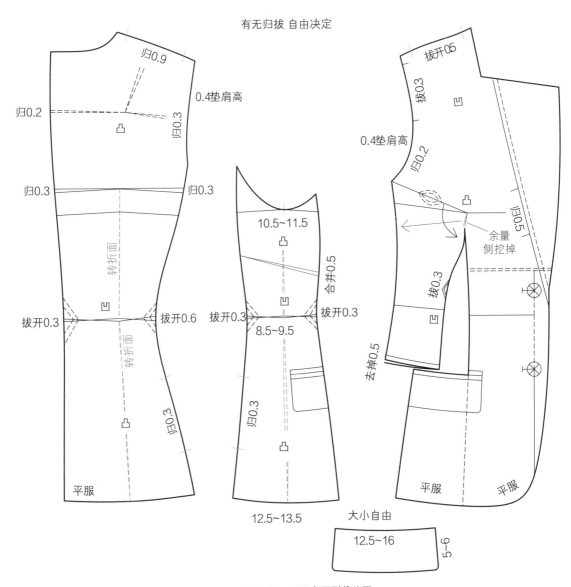

图2-21　三开身原型裁片图

十、特体偏瘦原型

特体一人一版设计原型，现场真人定制设计的原型。整体偏瘦，前侧胯部特别凸起，胸平，臀平，侧面看很薄。见图2-1（a）和图2-2（a）。

偏瘦体的侧面厚度薄，胸省打小，片内腰省收小，前侧胯部突起，前侧下摆加大，臀平后摆围减小，胸平胸省打小，胸在侧胯部的里面，所以前腰省小，前侧加大；肩平肩斜放平。见表2-10、图2-22。

名称 \ 部位	衣长到臀	胸围 B	腰围 W	臀围 H	肩宽 S	背宽 BBW	胸宽 FBW	前袖隆深	领围 N
人体尺寸	60.5	75	56	82	36.5	32	30	18.5	36
打版尺寸	60.5	84	71	104	37	34	31	23~24	36

表2-10　特体偏瘦原型打版尺寸表

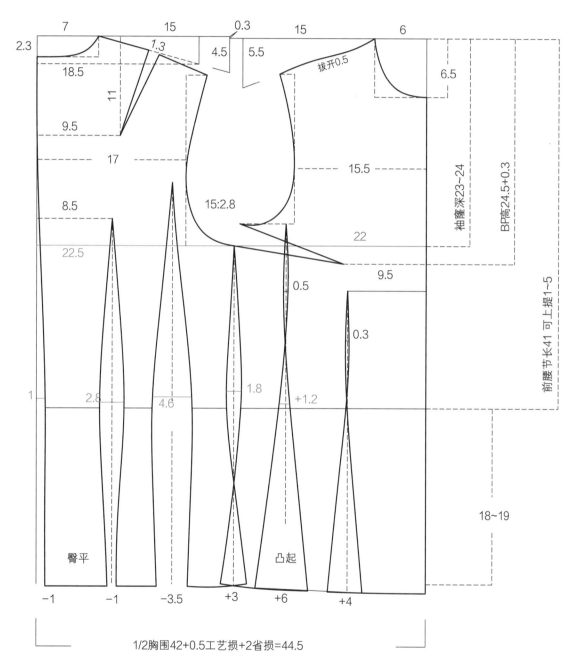

图2-22　特体偏瘦原型

十一、特体偏胖原型

特体一人一版设计原型，现场真人定制设计的原型。
整体偏胖，胸特挺臀翘，见图2-1（c）和图2-2（c）。

中老年女性偏胖体较多，后腰有赘肉，后腰省收小，胸特别大，所以前腰省放大，才会显胸，侧缝往后借。见表2-11、图2-23。

部位 名称	衣长 到臀	胸围 B	腰围 W	臀围 H	肩宽 S	背宽 BBW	胸宽 FBW	前袖 窿深	领围 N
人体尺寸	62	98	83	96	40	37.5	34	22.5	40
打版尺寸	62	108	94	125	41	38.6	35	28~30	40

表2-11　特体偏胖原型打版尺寸表

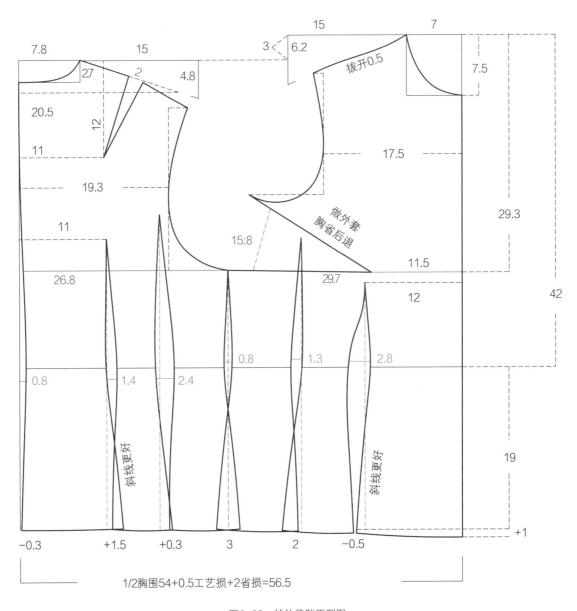

1/2胸围54+0.5工艺损+2省损=56.5

图2-23　特体偏胖原型图

第 **3** 章

转省与版型细节处理

扫码付费
看教学视频

一、全省位置

在打婚纱、礼服、抹胸类紧身上衣时，合并所有省，形成罩杯，全罩杯从BP点上去8cm，半罩杯4cm，领口一圈加防滑条。紧身类连衣裙、旗袍，可以合并一部分后腰凹省，同时加大臀围，后侧缝大力拔开，不然后腰会起环形皱纹。不管是前片、后片，都要中间变长、两边高度变短，才能衣身平衡。

无领连衣裙打版，横开较大时，合并前凹省，相当于肩斜放平，因为没有领子止口填充，前领圈很容易起空；V字领开得低的时候，应合并一部分乳沟省，不然前中起空。插肩袖合并前胸宽暗省0.5cm更佳。

打收腰时装、合体外套时，只需要打胸省、肩省、腰省，西装驳头合并0.5cm乳沟省，防止起空。较硬的皮衣面料打版时，合并后肩沟省，防止起拱不平。

做紧身衣服时，前中有破缝，合并乳沟省，显两个胸凸，中间凹，性感迷人。做高弹紧身裤时合并臀沟省，显两个臀翘，性感迷人。见图3-1。

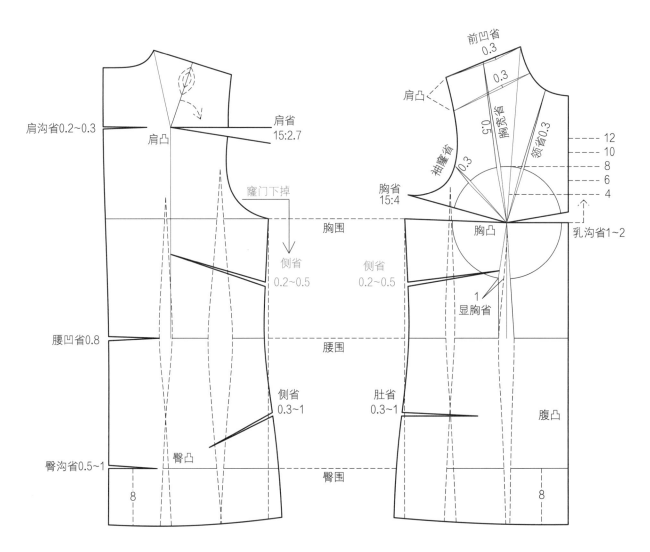

图3-1　上衣全省图

二、平衡转省

转省，即把省从一个地方转到另一个地方收掉，平衡转省。省就是多余的布，把它收掉裁片就会产生立体效果。转省口诀是：就近转移，能近勿远。见图3-3。

常用转省技术有：省转垫肩高、明省转暗省、省转环浪、省转省、省转分割线、省转褶、省转抽皱、省转松量、省转造型，省转归拔等。见图3-2、图3-3。

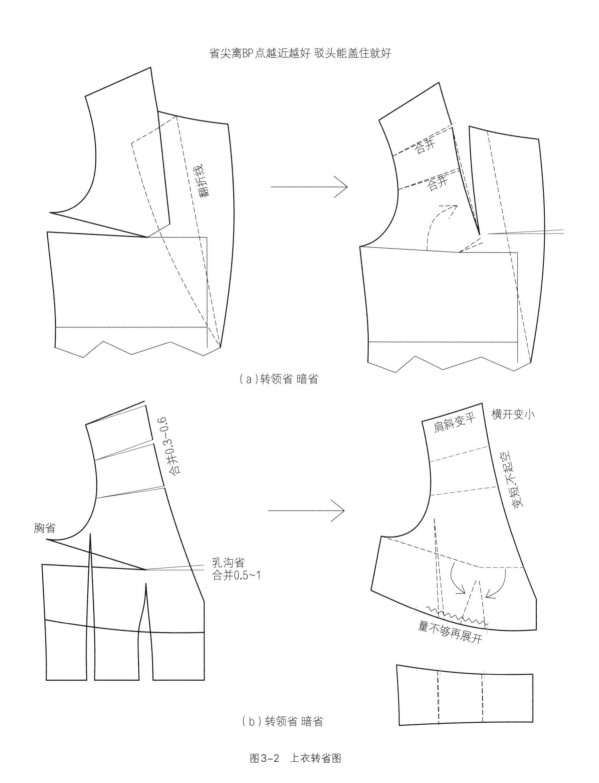

省尖离BP点越近越好 驳头能盖住就好

（a）转领省 暗省

（b）转领省 暗省

图3-2 上衣转省图

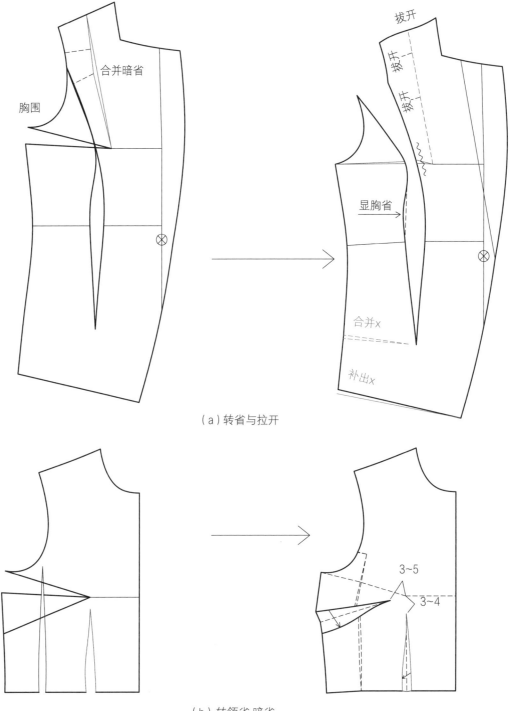

合并暗省

胸围

拔开

拔开

拔开

显胸省

合并x

补出x

（a）转省与拉开

3~5

3~4

（b）转领省 暗省

图3-3 上衣转省图

三、省分散

省分散属于非平衡衣身，衣服放在桌子上是平面休闲的，无胸包、肩包卡住，羽绒服、派克服、卫衣等，容易侧滑后跑，需要用真人立裁修正。把一个省分散到多处，问题就不太明显了。

前中有乳沟省时，若还往前中转，就会前横开变大，前肩宽变大，大的会往小的方向跑，衣服侧滑后跑，前中起空，有些面料看不出来，加少量归拔可处理好版型。后片以肩胛骨十字架展开0.2~1cm，后片往上展高越多，后肩省越大。见图3-4。

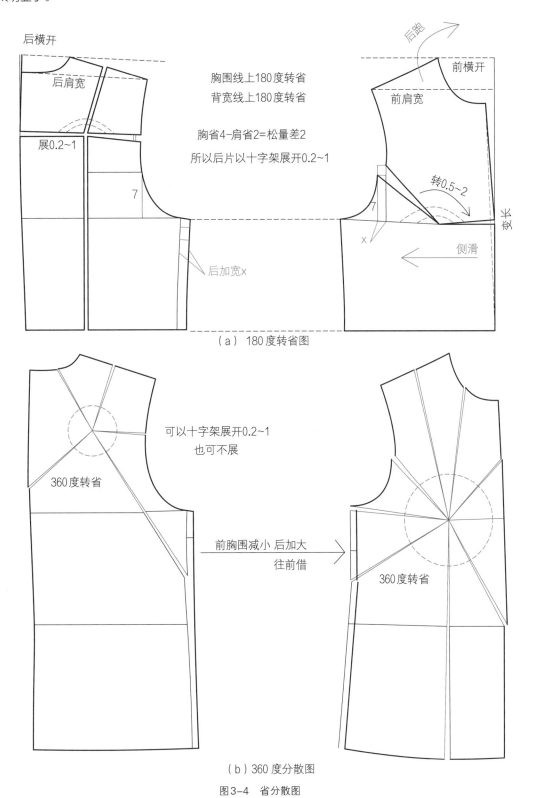

胸围线上180度转省
背宽线上180度转省

胸省4-肩省2=松量差2
所以后片以十字架展开0.2~1

后横开
后肩宽
展0.2~1
7
后加宽x

后跑
前横开
前肩宽
转0.5~2
7
x
变长
侧滑

（a）180度转省图

360度转省

可以十字架展开0.2~1
也可不展

前胸围减小 后加大
往前借

360度转省

（b）360度分散图

图3-4 省分散图

四、省消除

省道消除属于非平衡衣身，相当于不打省，衣服放在桌子上是平面休闲的，人穿起来前吊后吊，前翘后翘，侧面斜扭，无肩包、胸包会出现各种弊病。在做低端服装无工艺的情况下可以用省消除。见图3-5。

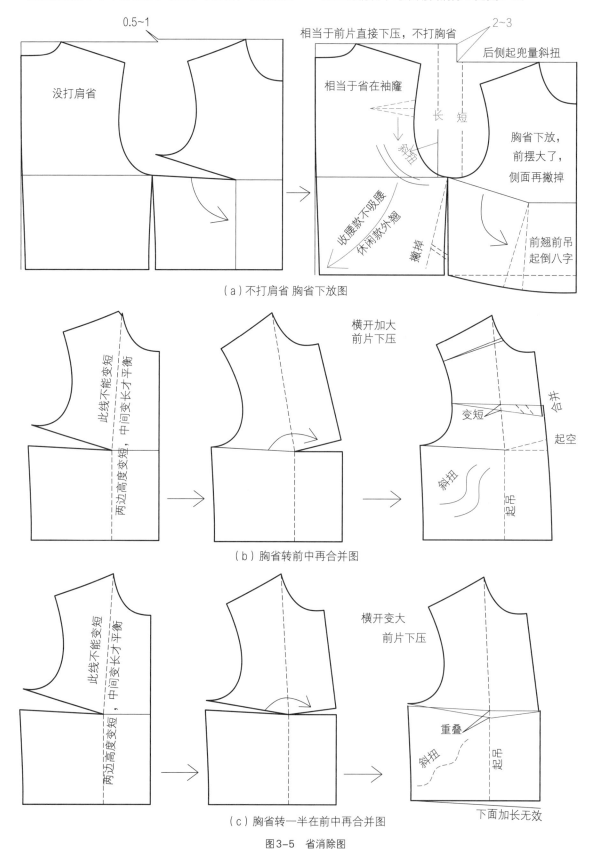

（a）不打肩省 胸省下放图

（b）胸省转前中再合并图

（c）胸省转一半在前中再合并图

图3-5 省消除图

一、归拔原理

低端服装不需要有归拔，个别企业要求衣服很平面很休闲，不打胸省，不打肩省，完全无归拔。

高端大牌服装需要归拔，无省高定大师纯手法系列以及全麻衬西装都要用到归拔工艺；归拔就是让衣服圆润柔和，不那么刚硬；刚硬转折面就无归拔，快时尚或市场流行货用的较多。

缝在哪里转折面就在哪里，在无归拔的情况下是对的，有归拔就能把转折面移到片内。要让一个地方凹下去就360度拔开，凸起来就360度归。

在片内合并枣核省，裁片不变形，一切等于零，有时在电脑上转省很合理，做出来效果很差，面料是平面的，不去归拔就无双曲面，而人体是凹凸双曲面。

样衣裁好后，需要指导样衣工将裁片归拔后再缝纫，半成品边做边烫，成品整烫就会清爽干净，烫工技术决定了衣服品质。

如果面料无弹，要做全归拔，例如风衣面料、羽绒服面料、皮衣面料，就需要用到面料软化剂、面料定型剂等化学试剂。见图3-6。

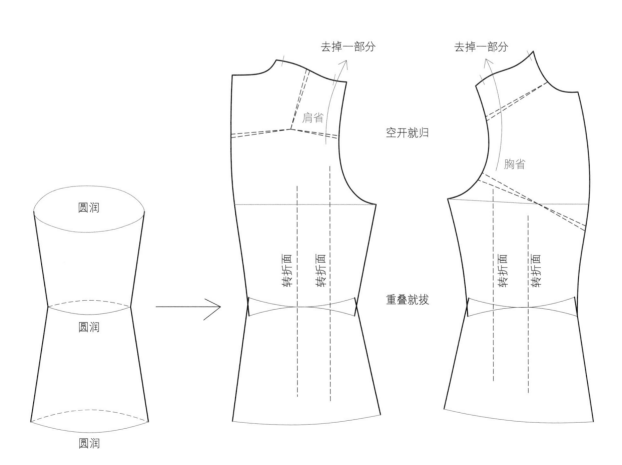

图3-6　归拔原理图

二、常用归拔位置

凹的地方就要拔开，凸起来的地方就要归；衣服有1cm止口，凹的地方止口折不回去，需要拔开，有里布的可以在止口上打刀眼解决；凸的地方止口折回去会产生多余的布，需要归缩。

下摆或袖口等弧度太大时，建议取贴边，或者卷边窄一点，减少归拔量，越宽越难做，下摆容易起扭。下面是一小部分要归拔的位置，见图3-7。

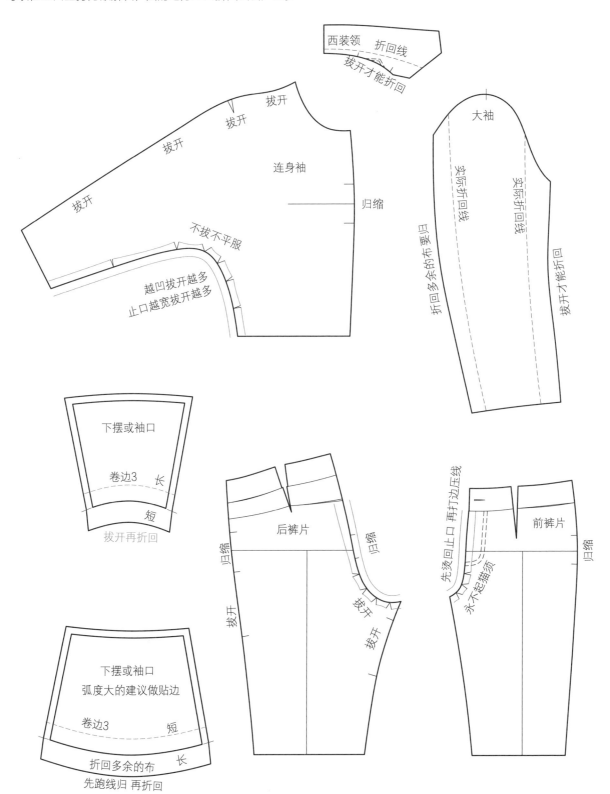

图3-7　小部分归拔位置图

三、贴体类归拔

在烫台上贴一条直线标记线，把侧缝烫成直线，凹进去的就往外拔，凸出来的就往里推。裁片是直丝时，利用裁片斜方向归拔，不要直归直拔。归拔是不分家的，中间拉长，相当于边上归短；边上拉长，相当于中间变短，归拔的手势技巧很重要。

做高端成衣时，在省中线两侧的腰省，一侧放大一侧收小，沿省中线剪开后归拔成一样长再打边打结，胸省收弧线，效果好。侧缝臀线处归拔到位，侧衩不会外翘。见图3-8。

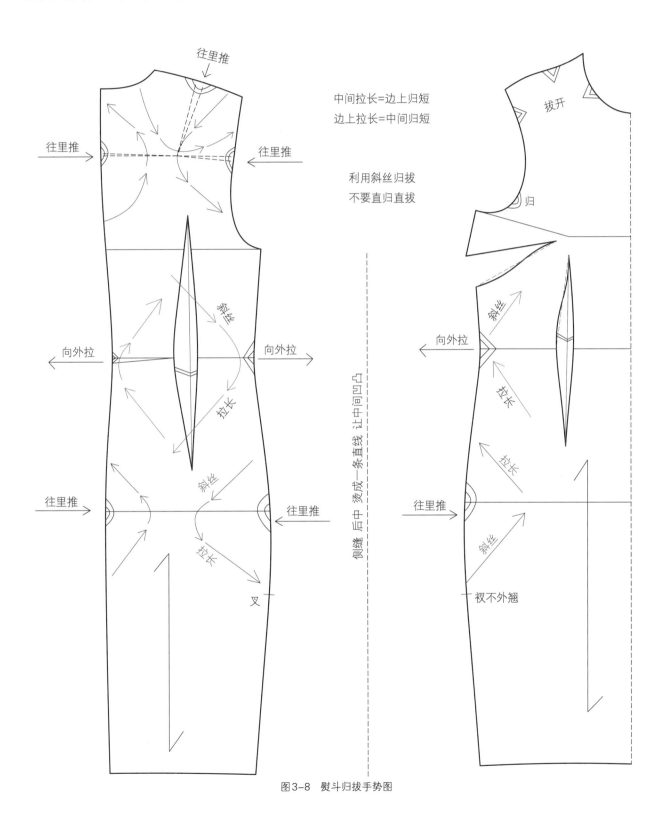

中间拉长=边上归短
边上拉长=中间归短

利用斜丝归拔
不要直归直拔

图3-8　熨斗归拔手势图

四、外套类归拔

西装驳头，不是把翻折线直接归短，而是驳头胸围线一段要往里推成弧线，让前横开变小，这样前中就不会起空；归拔好后，套里布的在翻折线进去0.6cm处烫牵条固定，无里布的则不用固定。双面呢没有里布，有些人以为不能归拔，欧版和韩版服装就会出现衣服前翘后翘，压肩压胸；其实双面呢是最好归拔的，肩胛骨、胸包、驳头归拔好，不用固定。见图3-9。

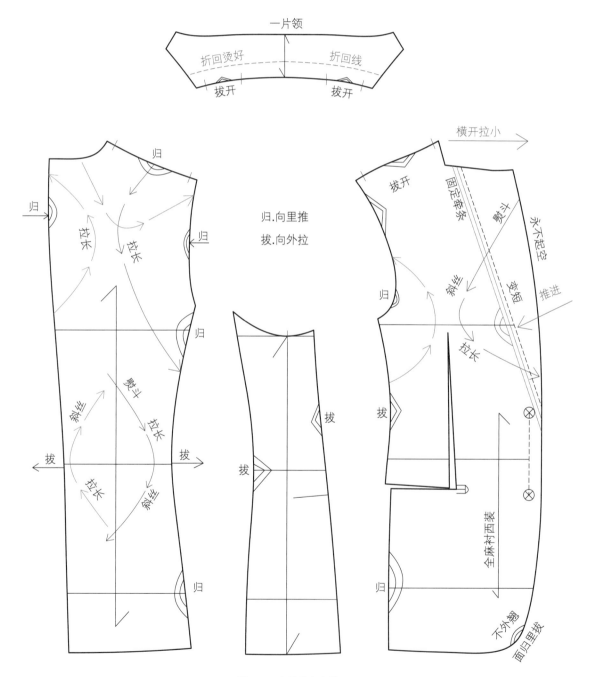

图3-9 大牌外套归拔图

五、直条归拔

　　领圈外翻、拉链起拱不平、可脱卸袖子拉链起拱、织带花边贴不平服、裤腰不贴服等问题：如果花边织带所贴的位置是弧形，可以出一个归拔弧形样版，先将花边织带缩水到位，再烫成弧形贴。见图3-10。

　　装门襟拉链起拱问题，拉链两边织带缩短，中间就会起拱，只需把两边织带拔开，就能轻松解决。T恤领条外翻问题需要将领条对折，拔成弧形，即可轻松解决。很多裙子、裤子腰也是直条，需要归拔成弧形，才会伏贴。见图3-11。

　　防止拉大与卷边起斜扭工艺的技巧是，在拼接罗纹口或有弹力面料的时候，上面垫一层砂皮纸，就不会拉大变形。

图3-10　直条图

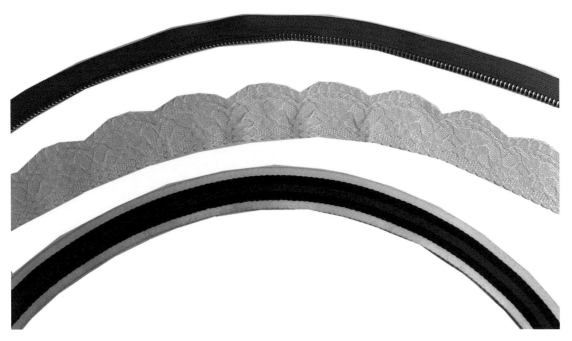

图3-11　直条烫弯图

六、连身袖归拔

很多袖子容易起斜扭，版型与工艺要结合起来解决，工艺上能解决的绝不改版。插三角袖子，三角宽度大于人体净窿门宽1~3cm最佳（11.5~13.5cm），三角可以前短后长，袖底也可以配小袖代替三角，腋下插三角或配小袖，袖窿深位置是不一样的。见图3-12。

对于连身袖、插角袖，将整个前肩袖缝大力拔开，相当于加大第二次比值，让前腋下开口重叠，肩部圆润包容性强，不容易起斜扭，如果是单面呢，前面驳头烫牵条，防止驳头起空，如果是双面呢照样归拔，不用烫牵条，效果更自然。见图3-13。

图3-12　插三角归拔前图

图3-13　插三角归拔后图

七、全麻衬工艺

全麻衬西装，是指前片都用麻衬，讲究归拔工艺，适合高级定制，无法大量生产，整件衣服没有任何黏合衬，纯手工缝制，见图3-14。半麻衬西装，是指面料复合衬布，胸前再加半麻衬，国际大牌女装多数为半麻衬工艺，可以工业批量生产，对设备及技术人员要求较高。黏合衬西装，是指完全用粘胶衬，最多前片上部多烫一层衬，工艺简单，工业批量生产，衣服洗后容易起壳变形。

工艺一定要结合版型，版型不好，就算用全麻衬工艺，也会产生后侧起斜扭、袖子卡手、衣服显胖臃肿、不精神等结构不对导致的问题。

图3-14　全麻衬大牌版型高定西装

一、横开细节

身高160cm，根据脖子粗细，领根围36～38cm左右，在原型后横开宽7～7.5cm，后直开深2.3～2.5cm，后横开宽减0.3～1cm等于前横开宽，前直开深6.5～7cm。这是人体净领围。

当后横开宽从原型7.5cm再开宽时，每增加开宽1cm，后直开深增加0.4cm，做羽绒服、派克服可开深

一些。按照企业实战经验，旗袍后横开7.5～8cm，衬衣8～8.5cm，西装外套8.5～9cm，风衣大衣9～10.5cm，羽绒服11～12.5cm，前直开深等于后横开宽或者大于后横开宽0.5～3cm，一字领或特殊款除外，可灵活运用，开宽开深自由。

从肩斜上开宽开深，没有层次量，领圈小一些更精致，精神一些；从上平线开宽开深，包容性更强一些，但是领圈松松垮垮不精神，两种方法可结合使用。见图3-15。

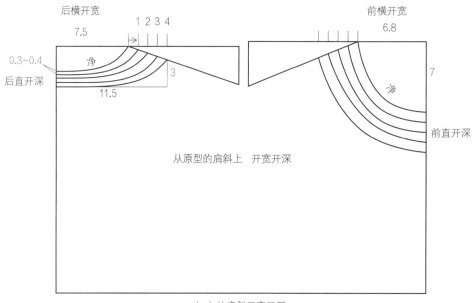

（a）从肩斜开宽开深

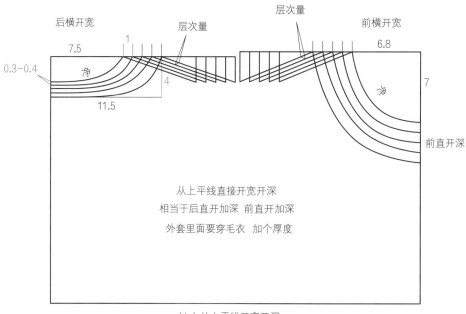

（b）从上平线开宽开深

图3-15　上衣横开宽直开深图

二、肩斜细节

女装总肩斜40度，按人台肩缝贴标记线，立裁出来的肩斜，后面22度，前面18度，后面斜前面平；在打工业款式时，要往前借，前面打22度，后面打18度。同一身高，肩斜是不同的，有小部分特体偏瘦肩平，肩斜37～39度；胖体中有小部分人溜肩，肩斜45～50度。很多衣服人台穿起来四平八稳，人穿起来就前翘后翘，因为人的肩斜会大一些，胸会挺一些，人是运动的，人台是固定的。

在打款式时，休闲一点的，就要前翘后翘随意一点，打25~37度；常规韩版、欧版打38～42度；收腰时装40～45度；个别特殊款式打50～60度；肩斜太大时会压肩，太平则会前翘后翘，要收放自如，按面料灵活打。肩缝侧缝是可以互借的，后直开深与前直开深是可以互借的。见图3-16。

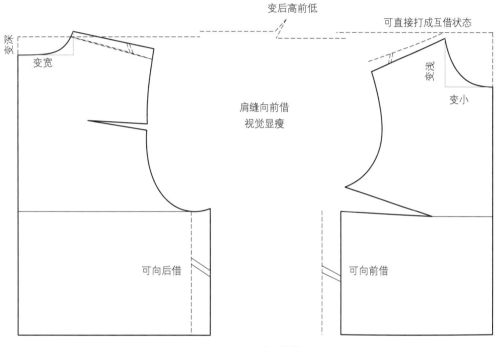

（a）肩向前借

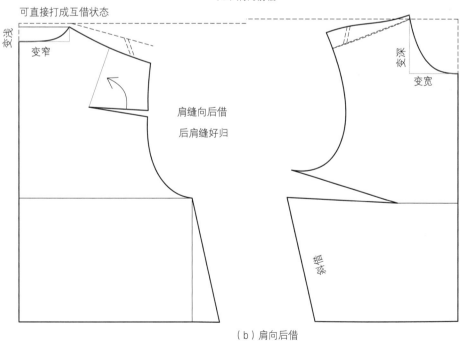

（b）肩向后借

图3-16 肩缝、侧缝互借图

肩斜根据面料及款式，可随意放平或加斜，收放自如，自由发挥。肩越斜越精神，上半身越合体，但是容易压肩紧绷；肩斜越平越休闲，舒适性好，但是容易前翘后翘。见图3-17。

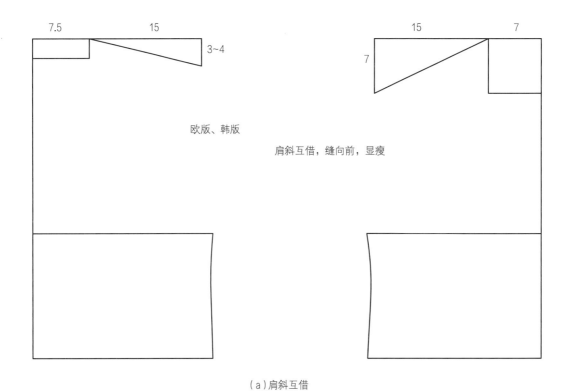

7.5　　　15　　　3~4

欧版、韩版

肩斜互借，缝向前，显瘦

15　　　7

（a）肩斜互借

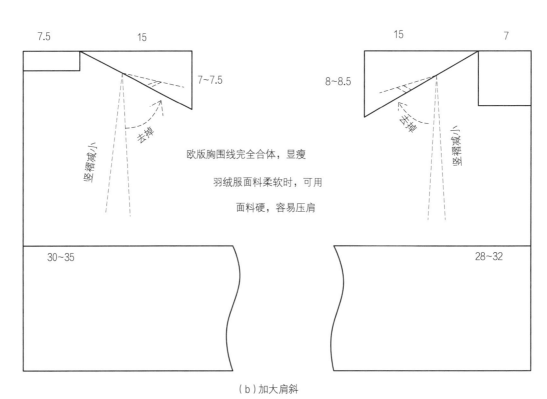

7.5　　　15　　　7~7.5

竖褶减小　去掉

欧版胸围线完全合体，显瘦

羽绒服面料柔软时，可用

面料硬，容易压肩

30~35

15　　　7　　　8~8.5

去掉　竖褶减小

28~32

（b）加大肩斜

图3-17　肩斜细节处理图

三、线条细节

打版线条没有对错，只有适不适合；领圈画得越直离脖子越近，同一领子会更加贴脖，领圈画得越凹离脖子越远，空间越大；袖窿画得越直越容易夹手，但袖子侧面显瘦，手前后好活动；袖窿画得越凹空间越大，舒适性好，但袖子侧面显宽，手前后运动量差，可前凹后直结合使用。

裤子前后浪画得直容易夹裆，但好走路；裤子前后浪画得凹，观赏性好，空间大，但把多余布挖掉了，运动量差。见图3-18。

作为一个专业的版型师，首先要查看设计稿轮廓，触摸面料性能，根据轮廓、面料来打版；在打版的时候就知道样衣做出来的效果，虽然说做的过程中会有很多因素影响版型，但一定要指导样衣工，全程把控样衣品质。

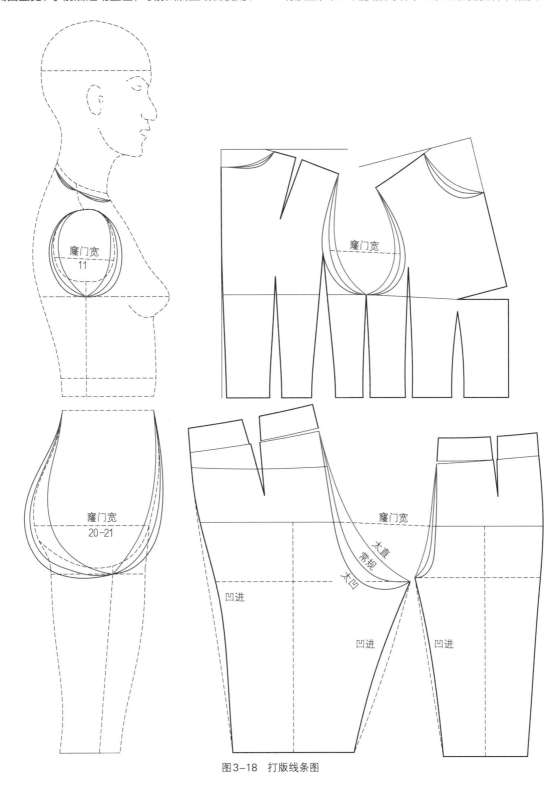

图3-18　打版线条图

以"大师"风格为例，版型师掌握了核心技术，线条自由表达，线条凹凸互借拐来拐去，与正常的线条不同，看起来像"大师"，有自己的特色。个别版型师喜欢用这一套版风，打版风格本身没有对错。见图3-19。

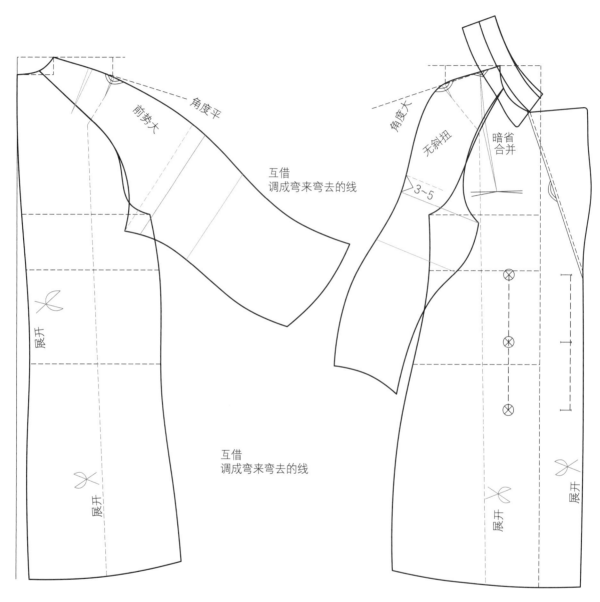

图3-19　大师风打版线条图

四、开衩细节

开衩的意义是什么？摆围小开衩好走路；脚口、袖口、领圈小开衩好穿着；有时候为了装饰美观，看起来复古显瘦。后衩先用手工十字钉好再试衣，不会有外翘的问题。

西装后片开衩容易外翘的原因：比如后摆围太小，臀顶起来衩自然炸开，可加大后摆围；里布没套平伏会导致衩外翘；做工粗糙也会导致后衩外翘；肩省没归好衩会外翘；后衩没有与大身暗撬固定，力学高向低掉落会导致外翘；可加宽缝边拉住开衩使其不外翘。见图3-20。

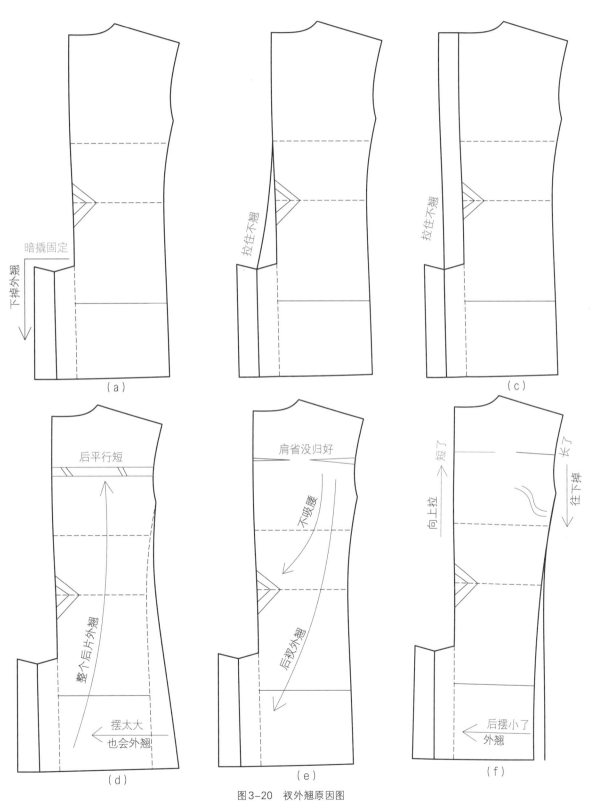

图3-20 衩外翘原因图

为了高效生产，大部分企业都是用简单套衩；标准套衩好看，但是缝制慢。衩宽3.5～4.5cm，长度自由；面布下摆折回来4cm，套掉1cm止口，里布长度就有3cm松量，可减短0.5～1cm，里布长度有2～2.5cm松量，衩上1cm松量，下面松量1cm折回吊角。大牌多数是不做后领贴的；后下摆衩可做成直角不容易外翘，切斜角是为了好做。见图3-21。

面布下摆折回3.5～4cm缝边，再套掉1cm止口，所

面布

面布

左片

右片

5

5 4

4

4

斜角简单
做直角更好

（a）正规套衩

反一面

合体款
2.5松量
阔形款不加褶

封1~2

右片里

松量1

左片里

下拉1

减短0.5~1
前里同减

减短0.5~1
前里同减

面布

面布

左片

右片

5

5

4

4

可做直角

（b）简单套衩

反一面

右片里

松量1

左片里

下拉1

减短0.5~1
前里同减

减短0.5~1
前里同减

图3-21　后下摆开衩图

以里布长了2.5～3cm，做下摆贴、袖口贴以及防风袖口的，里布是没有长度松量的，需要额外加长；面布容易变长的，里布要加长，不然会起吊不平服；羽绒服面布切线，面布容易缩短的，里布要灵活加减。见图3-22。

袖衩面布折回4cm缝边，再套掉1cm止口，里布长

度方向有3cm松量（可减掉点），衩上面1.5cm松量，衩下面还有1.5cm对折回吊角0.75cm。见图3-23。

开衩有数百种，防风袖口，大袖里布需要加长2～3cm，贴边类的里布没有松量，需要加长防止起吊。见图3-24。

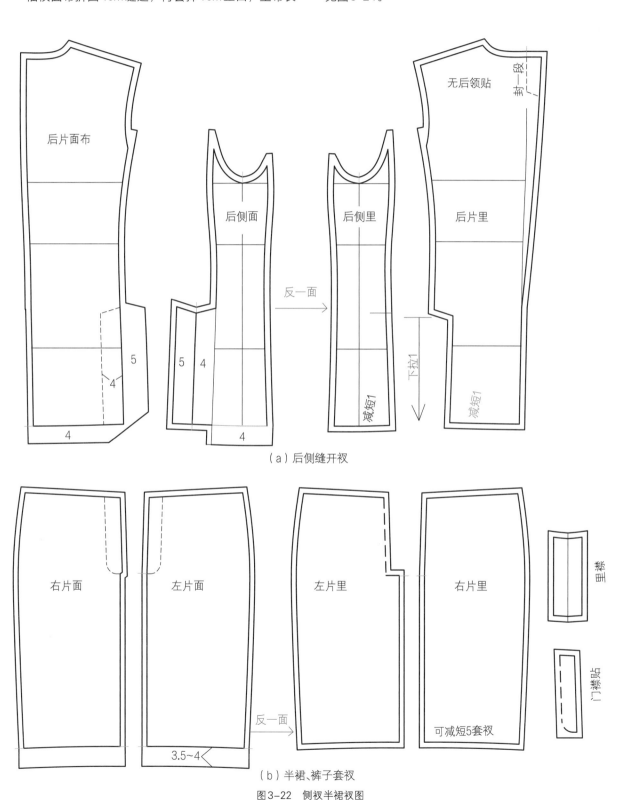

（a）后侧缝开衩

（b）半裙、裤子套衩

图3-22　侧衩半裙衩图

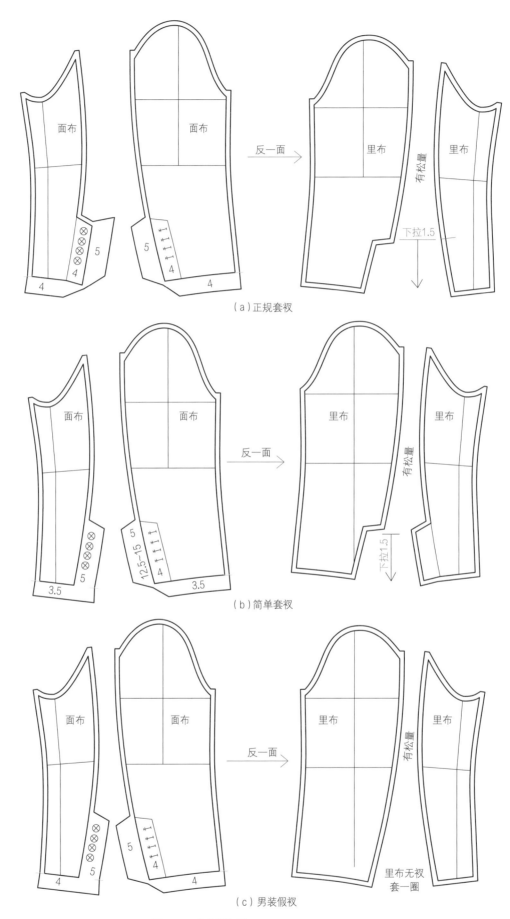

面布　面布　反一面→　里布　里布　有松量　下拉1.5

（a）正规套衩

面布　面布　反一面→　里布　里布　有松量　下拉1.5

（b）简单套衩

面布　面布　反一面→　里布　里布　有松量　里布无衩套一圈

（c）男装假衩

图3-23　专业袖衩图

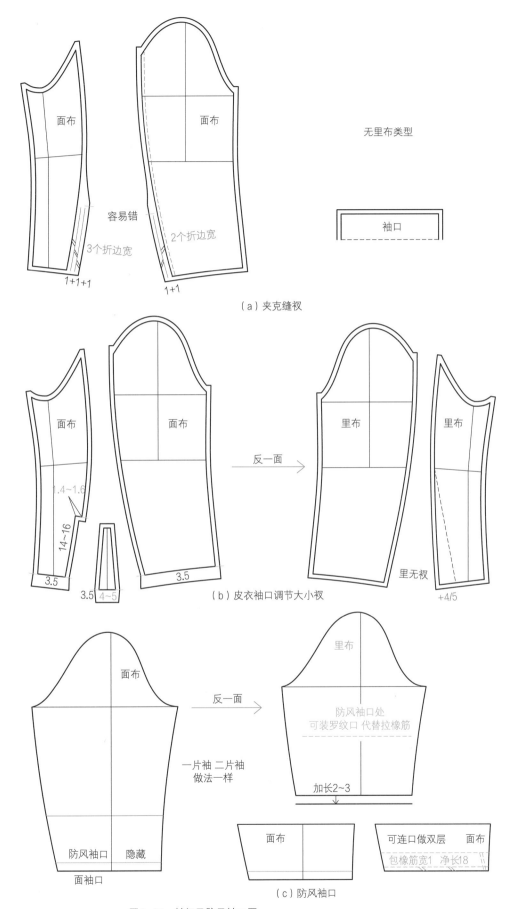

面布

面布

无里布类型

袖口

容易错

2个折边宽

3个折边宽

1+1+1

1+1

（a）夹克缝衩

面布

面布

里布

里布

反一面

1.4~1.6

14~16

3.5

3.5

3.5 4~5

里无衩

+4/5

（b）皮衣袖口调节大小衩

面布

里布

反一面

防风袖口处
可装罗纹口 代替拉橡筋

一片袖 二片袖
做法一样

加长2~3

防风袖口 隐藏

面布

可连口做双层 面布

包橡筋宽1 净长18

面袖口

（c）防风袖口

图3-24 袖衩及防风袖口图

第 **4** 章

欧版、韩版基型与结构知识

扫码付费
看教学视频

一、欧版、韩版衣身平衡

图4-1中，前片BP点、后片肩胛骨点两边收省高度变短，相当于中间变长，款式中收省或转破缝中完全平衡，如果只是分散不归是无效的。叠门叠到另外一边BP点时，门襟需要展开0.5～1cm。

图4-2中，前中后中展开，相当于侧面高度变短，在无缝无省时解决前翘后翘，倒八字。缺点是前中容易起空，前中长了就侧滑，并引起衣服后跑等多种弊病。

衣服挂起来要平面，穿起来要立体，这只是一个概念，

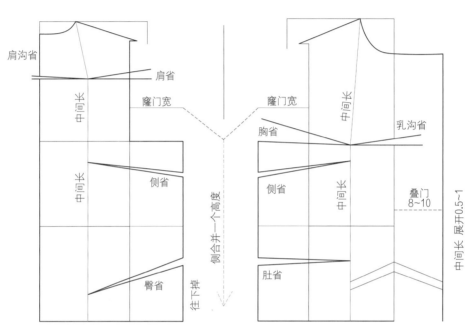

图4-1　平衡结构图

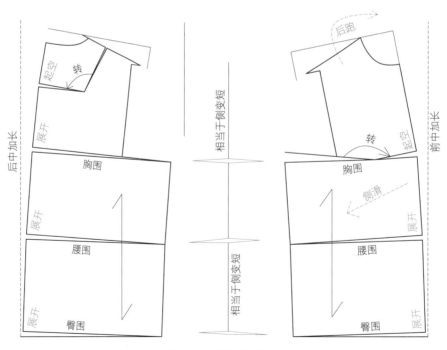

图4-2　非平衡处理图

普通无弹面料无法实现，特殊面料可以。无弹面料是平面的，人是凹凸双曲面，转省后需要结合少量工艺来实现衣身平衡，用熨斗转省技术。

图4-3中，在肩胛骨、BP点上方180度转省，配合少量归拔，廓形可做到衣身平衡。如果无归拔前驳头起空，衣服会侧滑后跑。以BP点、肩胛骨为中心，左右上下调平衡。

图4-4中，胸省全部往前中转，衣服正八字情况较严重，前中起空，衣服会侧滑后跑。后片肩省往后中转，后中鼓包不平，下摆内勾，中长款会勾脚。胸省肩省直接收掉最佳，如果无缝无省就分散转移处理。

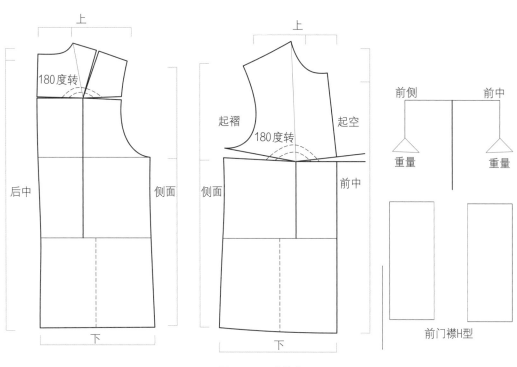

图4-3 180度转省

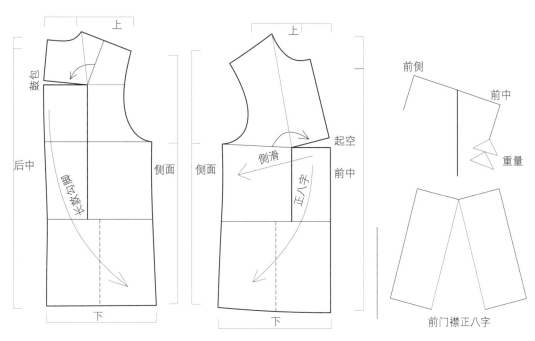

图4-4 转省原理图

二、欧版、韩版基型一

　　此基型为平衡结构，胸省转领省直接收掉的，特别适合对格对条面料，前后四平八稳，清爽干净有型。在国际大牌版型中，胸省常转暗省及破暗缝来解决，领省离BP点越近越好，只要能盖住省尖；胸省、肩省留少量在袖窿做松量。

　　衣长以及胸围大小，根据企业风格以及款式风格来

定。例如净胸围加放14～18cm宽松，加放20～28cm休闲，加放30～50cm廓形。

　　一个好的版型，一定是从片内展开，或者是从片内合并，边缘只是呼应。H型摆，单片下摆比上面胸围大4～5cm，因侧面窿门宽无受力点，会往下坠；侧面胯部顶起来，下摆往里勾，所以下摆大一点才是H型。侧缝不能往前跑，前片外翘，中长款侧缝可以往后跑0.5cm，防止后片勾脚。见图4-5。

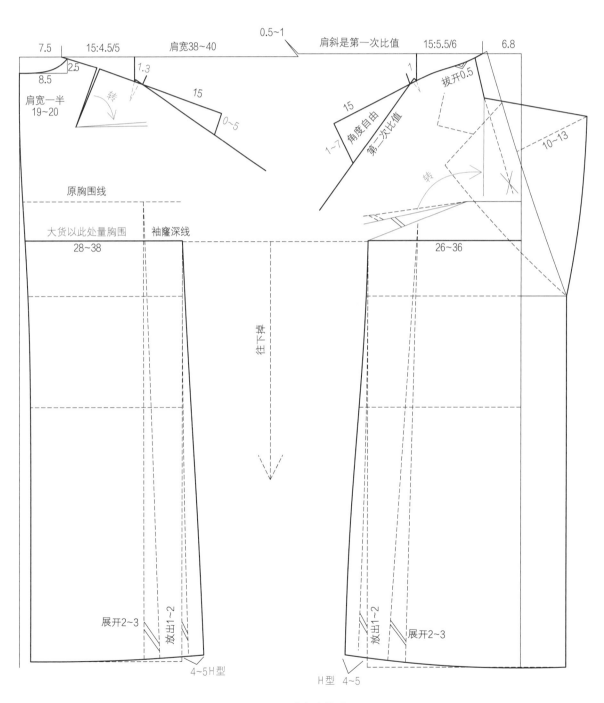

图4-5　收领省基型

三、欧版、韩版基型二

此基型为胸省分散，前面有胸，前长后短，结合少量归拔，才能衣身平衡。胸省往前中转再拉直，胸围小了从侧面补出来，前中后中可展开再拉直，平行出去叠门做扣位。后片没有以肩省十字架展开，是为了让后片精神些，后片每抬高1cm，肩省就要加大1cm，会导致后片松松垮垮。

A摆从片内展开一部分，边缘呼应放出一部分，A

摆窿门宽容易变窄，可补出。A摆类型的款式胸围可以打小点，让上面小下面A，更加有型显瘦，前侧面上提0.5～1cm，相当于胸省往下摆转，前上平线下压；如果不做A摆，大摆侧不要往上提。在打中长款时后片容易勾脚，后中不要展开太多。

在国际大牌原版中，在胸围/4的基础上，后包前为：后片比前片大2～4cm，前面显瘦，后面大气。休闲平面为：前后胸围一样大。前包后为：前片比后片大2～4cm，前面大气，后面显瘦很精神。见图4-6。

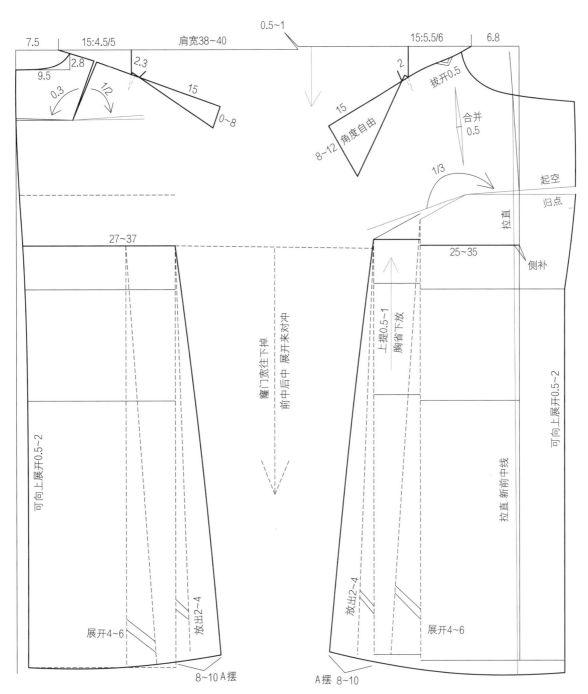

图4-6 省分散基型图

四、欧版、韩版基型三

此基型为胸省分散，结合少量归拔才能平衡。胸省4cm分散，肩省2cm分散，后片还差2cm松量；后片以肩胛骨十字架各展开0.3～1cm，导致后上平线比前上平线高0.5～1cm；优点是后片松量足，缺点是原来肩省2cm，后片抬高1cm，肩省会加大1cm，3cm肩省处理不当，会导致后片不精神。前片胸省360度转省，往下摆方向转就是前上平线下压，容易倒八字及起吊，看面料性能，有些面料看不出来（胸省能归拔掉最佳，后片就无须十字架展开）。

茧型类款式，从片内收小，配合少量归拔，让片内成圆润茧型；不管怎么展开与合并，无归拔最后做出来都是扁的没型。茧型大小自由，面料无弹时摆越小越不好走路，后中开衩处理。见图4-7。

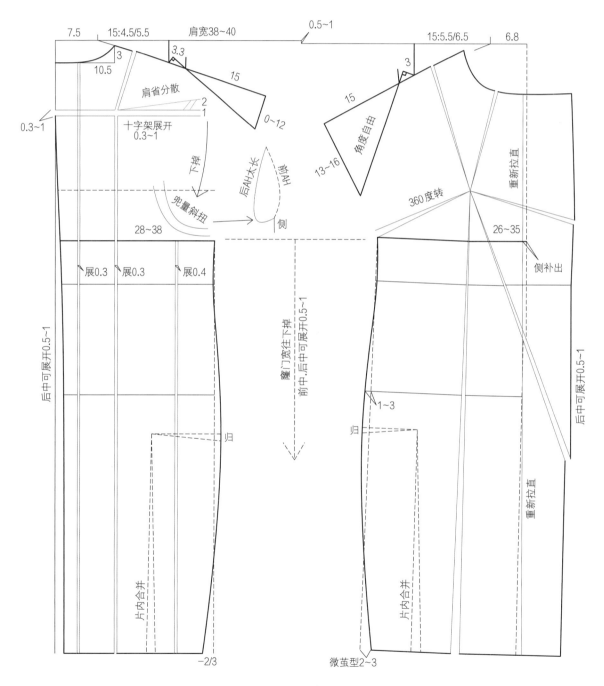

图4-7 后高前低基型图

五、欧版、韩版基型四

非平衡基型，后上平线比前上平线高2~3cm，胸省、肩省不打，优点是打版快速方便，后片松量大，前翘后翘，看起来随意自然，平面休闲，胸顶起前翘显胸大性感；缺点是后面本来就有2cm肩省，再抬高2cm，肩省变成4cm，无法处理，打欧版、韩版时后片不会形成竖缝，会兜在侧面（打男装与童装欧版、韩版时，也会出现此弊病，是后片比前片高太多引起的），肩省塌下来有时后中还会外翘。

不打胸省，其实胸省在下摆方向，容易前片倒八字起吊，前片翘，侧面斜扭，侧缝前甩等。前中后中可展开0.5~2cm，但是解决不了结构问题。见图4-8。

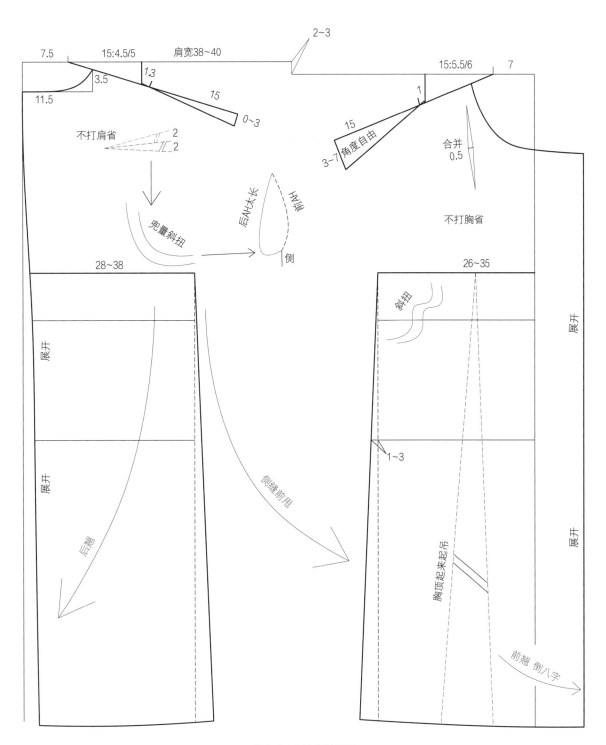

图4-8　非平衡基型图

六、欧版、韩版基型五

此基型在特殊情况使用，例如面料微弹，特别是前中后中连口类，前面胸顶起来会起一个褶，前胸宽就抬高2~3cm，让它在侧面形成一个兜量，变成侧面褶。

如果使用弹力面料，肩斜可加大，或者在片内合并一个高度，原本胸省是3.5cm，前胸宽抬高2cm，胸省变成

5.5cm，可以故意让它塌在侧面形成环形褶，这也是一种风格，根据需求使用。

衣长以及胸围根据企业设计稿来定：在胸围/4单片的基础上，前后胸围一样大，平面休闲；后包前，后片比前片大2~4cm，前面显瘦，后面大气；前包后，前片比后片大2~4cm，前片打气，后面显瘦精神；龟背拐袖，后片比前片大8~16cm；也可以自由设计版型。见图4-9。

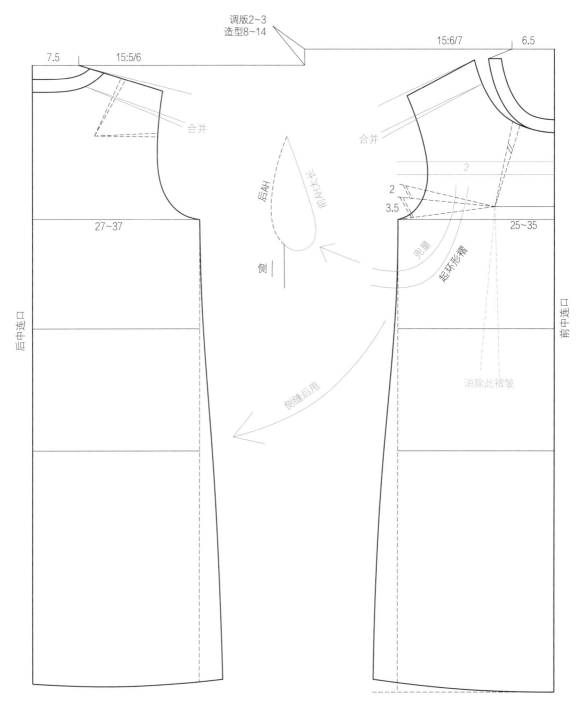

图4-9　特殊基型图

七、欧版、韩版基型六

此基型打龟背拐角袖类使用，属于非平衡结构，胸围/4后片比前片大8～15cm，后AH比前AH长10～20cm，后背宽展高一个量，中长款展高3～6cm，展多了容易勾脚，可加大后摆围来解决；短款8～14cm包臀有型；特殊款16～20cm。形成龟背+拐角。龟背跟拐角可以分开用在款式中，如果不要拐角只要龟背效果，后背宽不往上展开也能做出来，后下摆平行加长6～12cm，后侧缝暗省或打褶，侧面短中间长就是龟背效果。

后背宽每展高1cm，肩省加大1cm，让它在后侧形成龟背拐角，后片抬高，后下摆可以减短才平行。前片胸省，转成暗省收掉最佳，也可分散转移。后高前低，侧缝前甩，前面容易翘，后直开深加深点，往前拎一把，侧缝以及胸省要处理好，就不会外翘。

落肩袖、插肩袖、蝙蝠袖、宽肩袖、几何袖、正常袖、组合袖等均可做出龟背拐角。见图4-10。

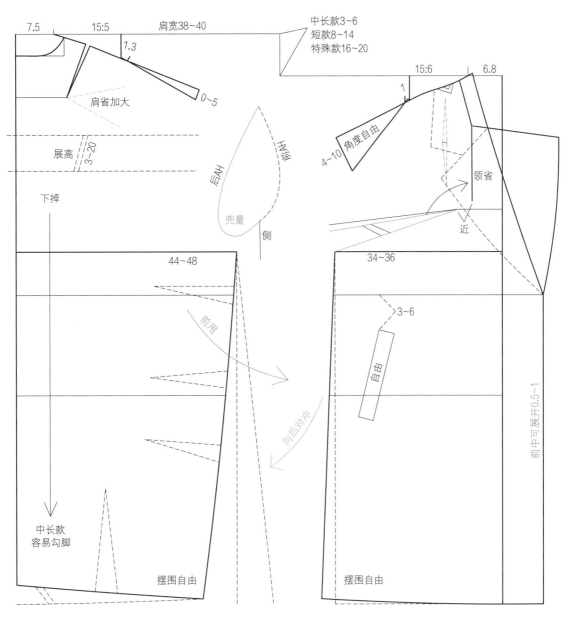

图4-10　龟背拐角基型图

一、空间与包容

图4-11为六面版型，转折面越多越柔和圆润，包容性强，适合高端大牌版风。胸围加放松量位置，例如：加放8cm松量，打版打一半，4cm松量，前多后少。松量多数放在侧面，为了好抬手，增加舒适性。

图4-12为四面版型，刚硬转折面，包容性差，适合快时尚；如果增加归拔也可变成六面版型更圆润；胸围加放量空间，侧面多些，前中后中少些，侧面松量多是为了让手臂好运动。

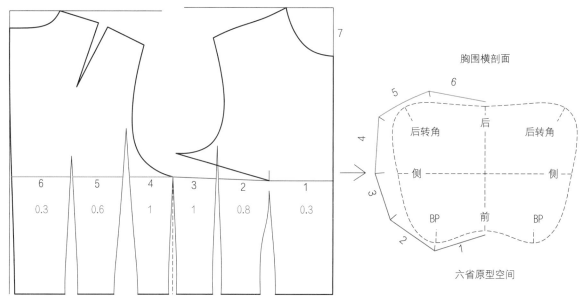

图4-11 六省版型空间图

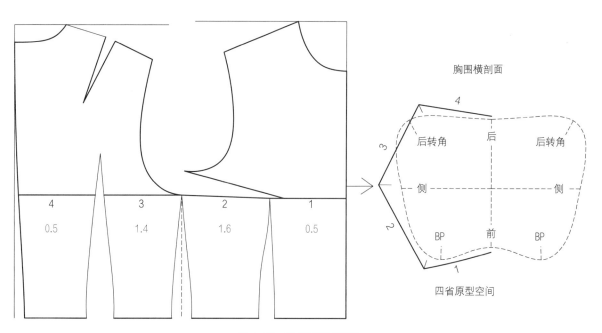

图4-12 四省版型空间图

收腰时装，如欧版、韩版，松量加放的位置为前胸宽、窿门宽、后背宽、前后横开、前中、后中。怎么把松量放在片内？将胸省、肩省加大；背宽、胸宽加大，窿门宽减窄；片内腰省加大，侧缝腰省小，松量在片内。如何把松量放在侧缝？片内省减小，侧缝省加大，背宽胸宽减窄，窿门宽加宽，胸省肩省减小。见图4-13。

后横开7.5cm，前横开也打6.5cm，前中横向很干净，没有松量；相反后横开7.5cm，前横开8.5cm，那么前中松量大。一般松量不加在前中后中，防止外翘，后片有竖向破缝的，后中翘反而更显瘦。凡是竖向分割或收省，前片离前中越近越显瘦，后片离后中越近越显瘦。见图4-14。

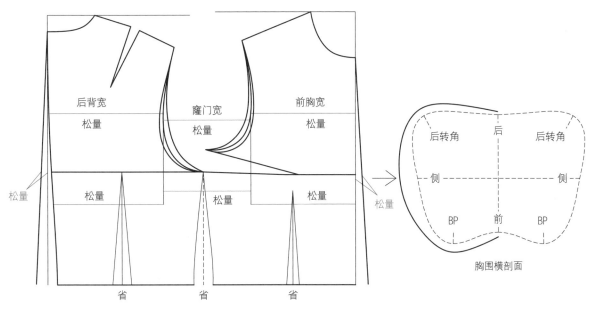

图4-13　松量加放位置图

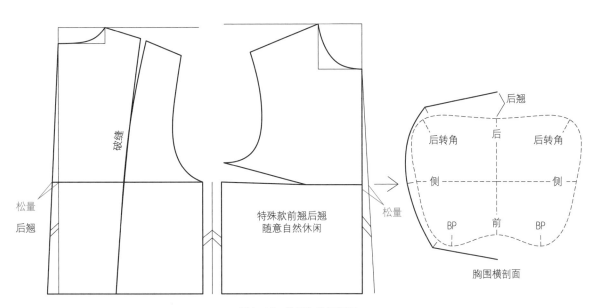

图4-14　松量加放原理图

在企业经常遇到胸围120～160cm、配正常袖、还要显瘦精神大气的情况，如果加放松量位置不对，就会导致窿门宽太大，从侧面看袖子像个羊腿，显胖臃肿。尽量让袖子弯势扣势大一些，袖子配得有特色一点，造型夸张一点，这样才能显瘦。

同样一个围度，有些人打出来的版型显瘦，有些人打出来显胖，因为加放松量空间不同、肩斜不同、肩省胸省大小不同引起的；同一个长度的情况下，围度裁片可以有无数种形状。

图4-15中，要把肩宽、背宽、胸宽加大，窿门宽减小些，AH减短，袖肥才可以打小些，袖窿深25～30cm，袖窿深不要按公式无限加深。图4-16中，先把胸围打小，再从片内展开加大胸围，加大背宽胸宽，摆大了就从侧缝撇掉，也可从片内把下摆合并小。

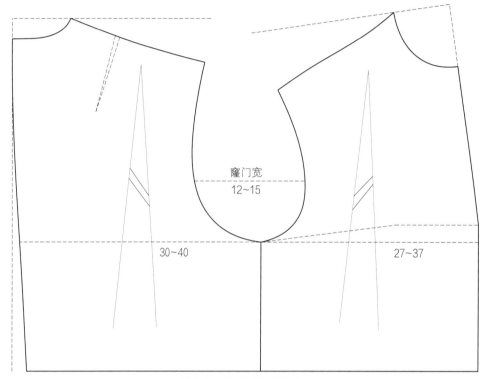

图4-15　胸围直接打大图

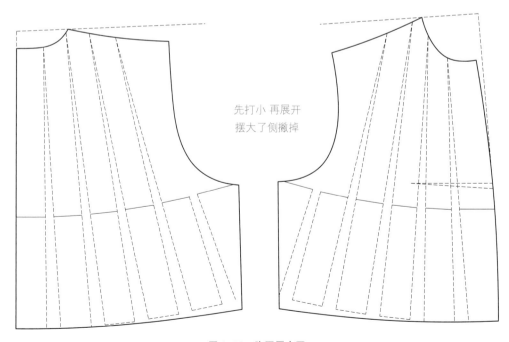

图4-16　胸围展大图

同样，四省有归拔腰围就会变得圆润柔和，包容性更强，前面贴伏，后面吸腰，胖点瘦点穿起来都有型；无归拔就是刚硬转折面，包容性明显差一些，但车工好做，低端产品可用。国际大牌原版版型讲究圆润，体现高端。见图4-17，图4-18，对比区别。

胸围腰围，松量放在侧面的情况最多，这样做舒适性好，如果放在前中后，容易导致外翘。省越大，省尖结束的地方，空间就越大；一般侧缝省不要太大，大了会导致袖窿外翘，好抬手，但是不美观。

欧版版型完全脱离了人体体型，讲究的是造型之美，

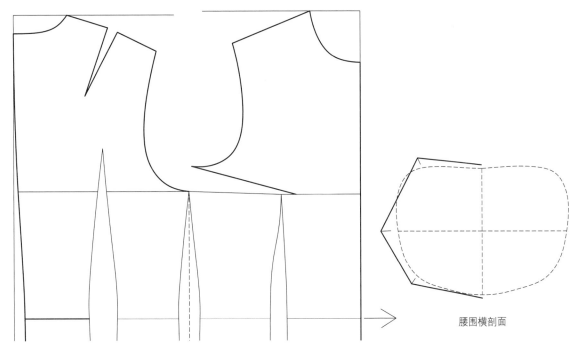

腰围横剖面

图4-17 四省无归拔时空间对比图

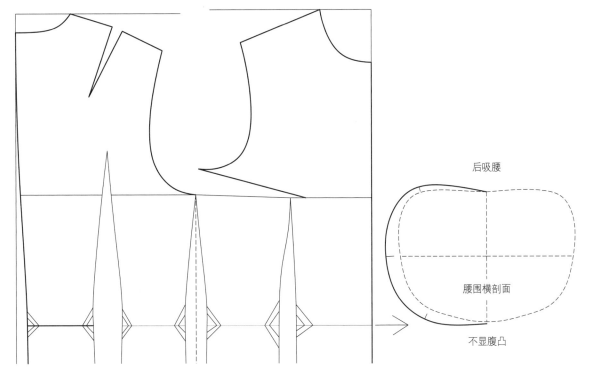

后吸腰

腰围横剖面

不显腹凸

图4-18 四省有归拔空间对比图

精神之美，既要大气还要显瘦。韩版版型早期侧缝微收腰，讲究宽松休闲，近些年韩版也借用欧版风格，韩国东大门很多衣服都是前翘后翘，袖窿很深，松松垮垮，随意自然，韩版里面也有温柔甜美型。

欧版、韩版与收腰时装的松量空间处理方法相近，例如：净胸围84cm，打版胸围124cm，总松量40cm，打版一半20cm，如果要后包前效果，那么后面松量多加一些，后11cm、前9cm松量。前胸宽后背宽减窄，窿门宽加大，松量就在侧缝；相反胸宽背宽加大，窿门宽减小，松量在片内，片内竖绺加大。一个好的版型是从片内展开，或者是从片内合并，边缘只是呼应。

有时要求把前面竖绺减小或者去掉，把第二次比值加大，前胸宽挖窄，前胸围减小加在后片，总胸围没变。见图4-19。

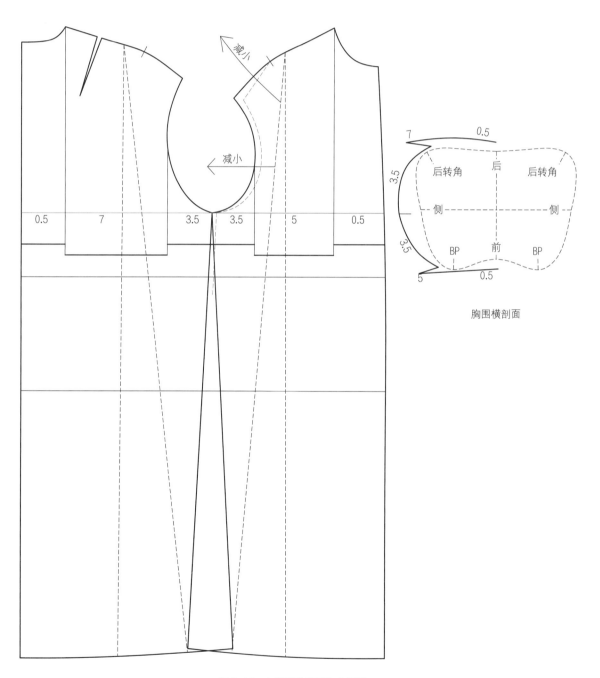

胸围横剖面

图4-19 大廓形款松量与空间图

二、面料与纱向

面料纤维成分各不相同，天然纤维有棉、麻、蚕丝、羊毛、羊绒、皮等；化学再生纤维有黏胶、莫代尔、莱赛尔、醋酸纤维等；化学合成纤维有涤纶、锦纶、腈纶、氨纶等。

面料织法有很多种，门幅宽度自由，布边有针孔，针孔内叫可用门幅。有些面料需要先缩水，松布24小时再裁。面料的横向丝缕斜了叫纬斜，纬斜面料穿在身上是扭

的，不平服。见图4-20。

好的面料才能做出好衣服，例如迪奥西装所用的面料好塑型，既有观赏性又有舒适性；香奈儿小香风成衣所用的面料高贵奢华。真丝面料，尤其香云纱是中老年女性的最爱。

在企业打版要根据面料性能来造型和加工艺量。同样一个版型，面料不同，成衣效果也不同。有时候同一批次的面料，每卷缩率不同，性能相差较大时，需要调多套版裁。

把前中后中均匀展开，前中撇掉一个量在侧面补出

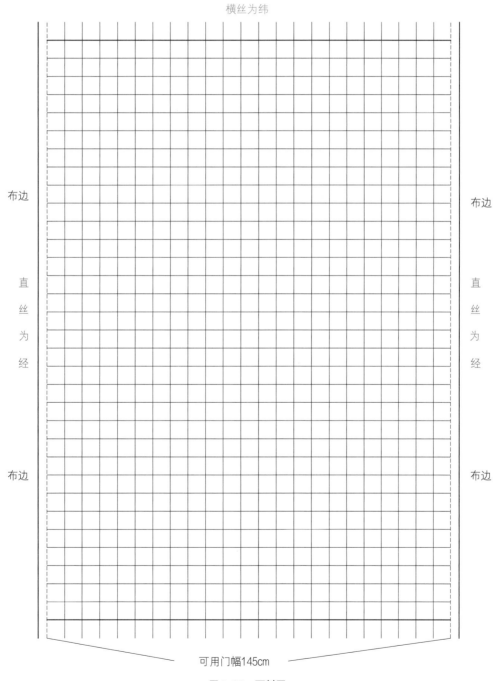

图4-20　面料图

来，可防止前翘后翘，同时改变纱向线受力位置，看上去是倒八字，成衣穿上身就是正八字，不对格对条的情况下偶尔使用。前中容易起空，后中要少展点，因为长款容易勾脚。见图4-21。

还有一种方法，前中后中不展开，直接把前后片旋转成倒八字，同样有效，成衣效果差一些，对格对条面料不宜旋转或展开，可以用打暗省的方法解决衣身平衡问题。

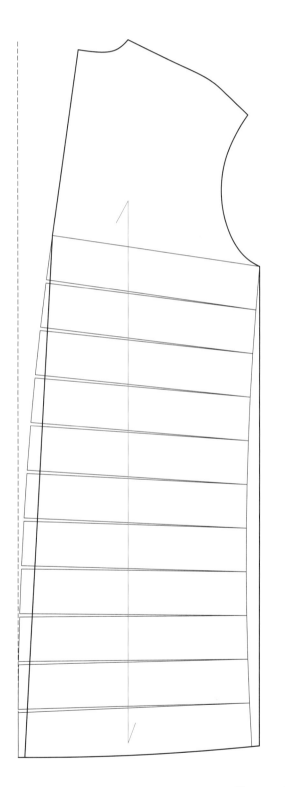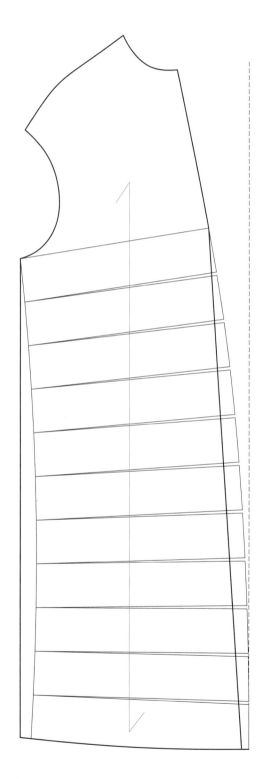

图4-21 前中后中展开图

国际服装版型●女装篇

前中展开或者是旋转纱向，是为了让裁片直丝受力面加宽，窿门宽无受力，侧面容易掉下来；前横开加大后，侧颈点纱线可以拉住，不往下掉，纱线越靠侧面，侧面越不容易塌下来。见图4-22。

这项操作看起来非常奇怪，与传统方法不同，但是效果很好，适合在一些面料蓬松侧缝容易塌下来的时候使用，不适合对格对条的面料使用。此方法为辅助，要衣身完全平衡，前片收一个胸省，后片收一个肩省，就不用这样展开与旋转了。

根据不同款式面料，用不同的纱向；袖子后甩打纱向

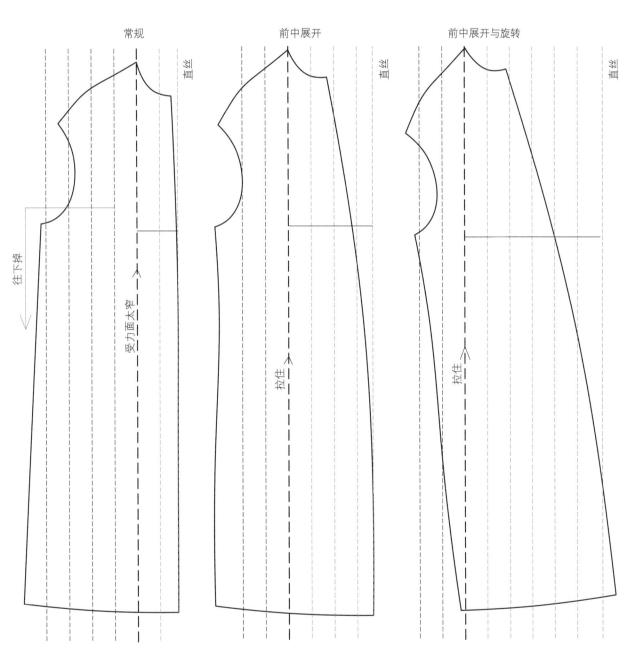

图4-22　不同纱向图

其实是增加前势；侧片纱向是为了防止侧面下掉，加大受力面积；袖口斜丝为了中间波浪均匀；下摆斜丝，为了中间有波浪，要省料或者对格对条，不要用斜丝，常规直丝。

侧片窿门宽无受力点会下掉，旋转侧片纱向，让直丝

加宽受力面；腰围处合并0.5cm，腋下前后侧片同时往上旋转（上抬）0.5cm袖窿就会变浅好抬手。纱向在版型中是至关重要的，版型师要根据公司设计要求、造型要求、面料条纹要求，灵活打纱向。见图4-23。

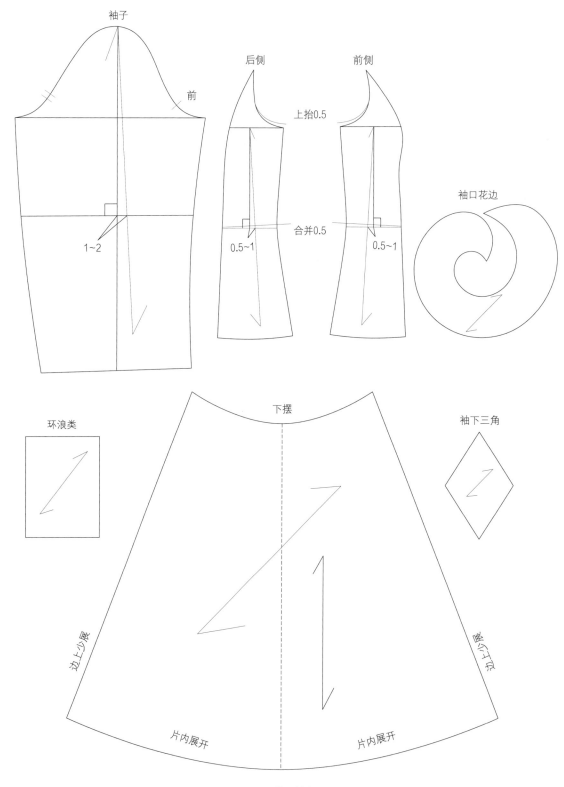

图4-23 常见纱向图

三、分割比例

在企业实战打版，横向分割一般为四六分割，即一边35%~40%，另一边60%~65%，一长一短更加显瘦，不能五五分，以免显胖臃肿。国内成衣的衣长与袖长会尽量错开，更加显瘦些；国际大牌很多袖长与衣长平齐，同样好看。所谓0.618黄金分割，经反复成衣试验试穿表明，用在打版上是不靠谱的。见图4-24。

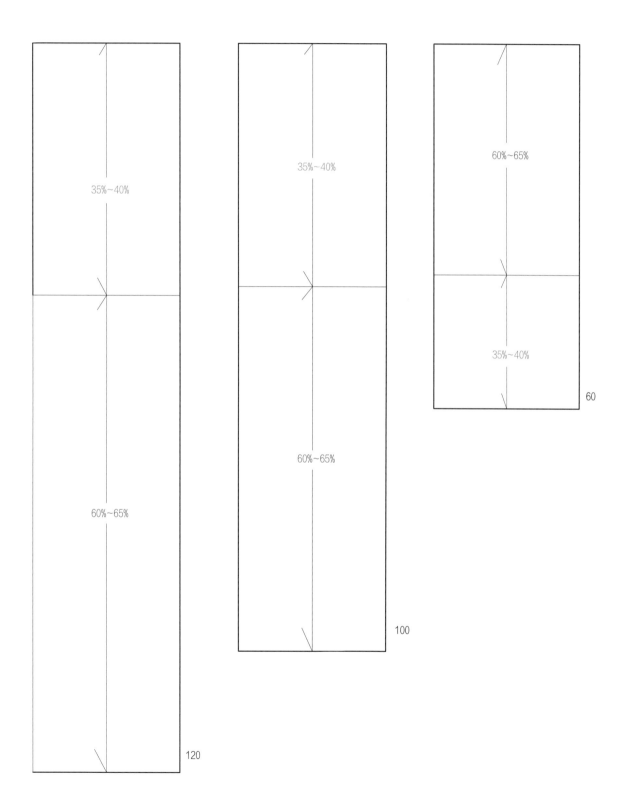

图4-24　横向分割比例图

片内竖向分割，前片靠前中，后片靠后中，虽然显瘦显窄，但是不符合人体转折面。收腰款后侧起环形皱纹的问题可以加大后腰围解决，但是后中又不吸腰了，其实后侧拔开也可解决这个问题。见图4-25。

片内竖向分割，靠侧面，包容性强，符合人体转折面，但是前中后中显宽显胖，见图4-26。这两种方法可综合一下，变成中规中矩。前片一般竖向分割或收省，在BP点旁边0.3~3cm左右为佳；后片要比前面窄，一般企业后片要比前片显瘦。

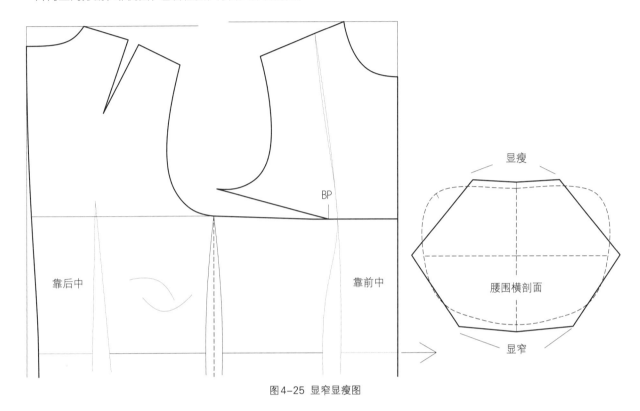

图4-25 显窄显瘦图

图4-26 显宽显胖图

第 **5** 章

手臂姿势与专业配袖

扫码付费
看教学视频

一、人体姿势

90%的服装弊病的产生，都是因为版型跟人体不吻合，跟人体的姿势不吻合，还有10%是工艺缝制做报废了。手臂垂直下落后与水平面的夹角是85度左右，而打版假设用45~65度（15：6~16），角度相差越大袖子斜

扭越多。

在企业审版的时候，手臂垂直下落贴住人体，肩斜加大，胸省肩省加大了，袖山高就需要加高，胸宽、背宽要减窄，手臂贴得越紧，服装弊病越多。袖子斜扭越多，就越好抬手，因为角度打得小。见图5-1。

上臂往外抬一点，肩斜变平，胸省肩省减小，胸宽背

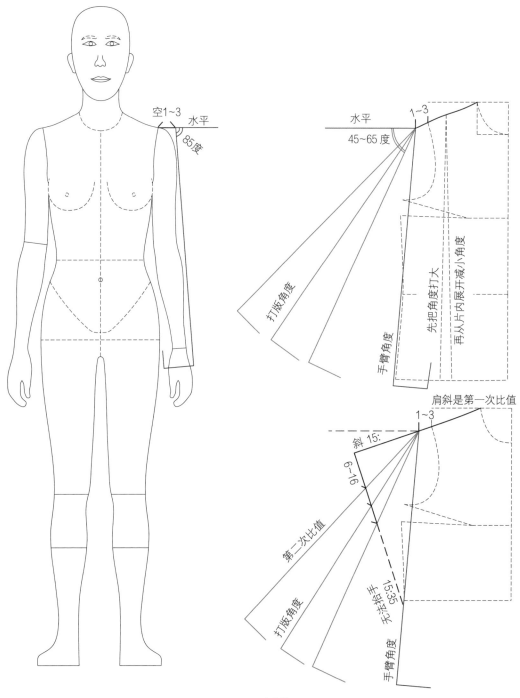

图5-1　手臂姿势图

宽加宽，袖山高降低，手臂越往外抬，服装弊病越少。很多前翘后翘，前片有倒八字的衣服，随着手往外抬而弊病消除。

　　风衣、皮衣、大衣面料厚而硬，前后片无法形成转折面，配袖角度为15:（8~16），不然会产生斜扭无法消除，一片式无省无缝的插肩袖斜扭更明显；卫衣面料垂而柔和，角度打15:（0~7）；最佳配袖角度45度是不存在的，根据款式造型、面料性能、穿着偏好，版型师可自由发挥。见图5-2。

　　袖子斜扭的产生，一般是由于第二次比值的角度不

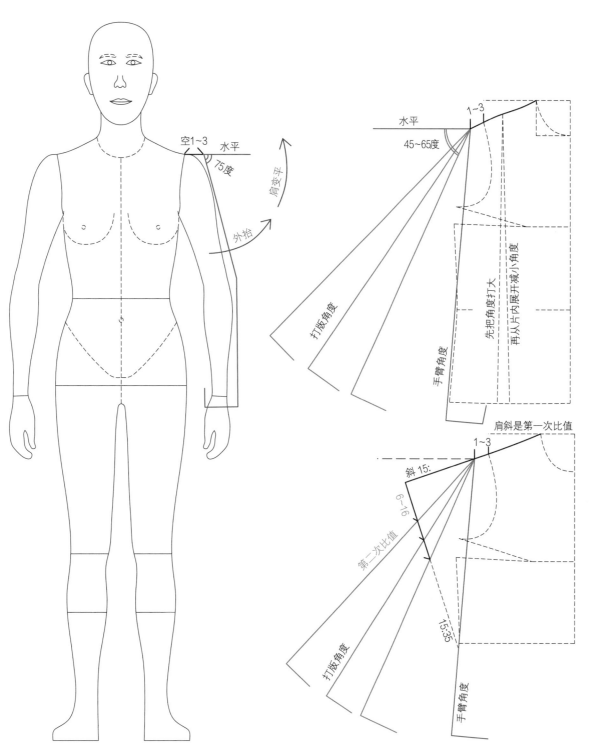

图5-2　手臂外抬图

够，跟人体的手臂姿势不吻合；另外是前势不够，如果袖子往后甩，手臂往前试衣服，也会产生斜扭。

职业不同，体型不同，生活习惯不同，手臂姿势也不同；很多国际模特上臂往后甩1~10度，普通人体前势

1~15度，坐办公室手往前16~30度，最佳前势8度是不存在的，具体要根据款式造型、面料性能，以及职业姿势来定。见图5-3。

正常肩宽的袖子斜切面顺直，窄肩借肩的从里向外斜

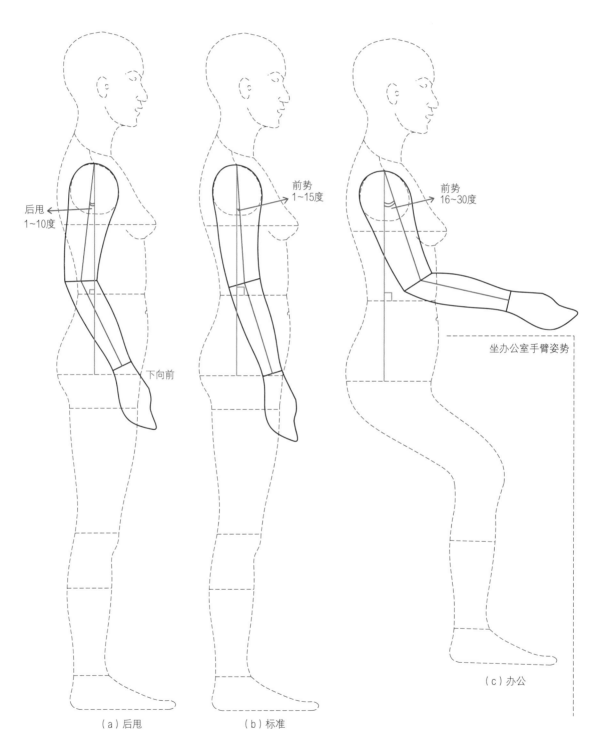

（a）后甩　　　　　　　（b）标准　　　　　　　（c）办公

图5-3　手臂前势图

切面，宽肩的从外向里斜切面，作者设计了少量款式，斜切面是拐弯的。手臂向上抬，袖底缝加长，袖山高降低，袖肥加大；手臂往下压，袖底缝要减短，袖山高要加高，袖肥减小。版型师要会配180度袖子抬手量，以配合不同体型。见图5-4。

版型师要会配360度袖子，如果手臂往前伸，前袖缝减短后袖缝加长；如果手臂往后伸，前袖缝加长，后袖缝减短。袖山头刀眼前移，前势加大；袖山头刀眼后移，袖子后甩。见图5-5。

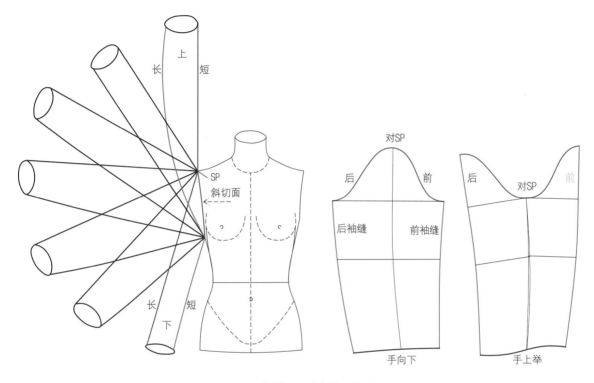

图5-4　手臂外抬180度与袖子关系图

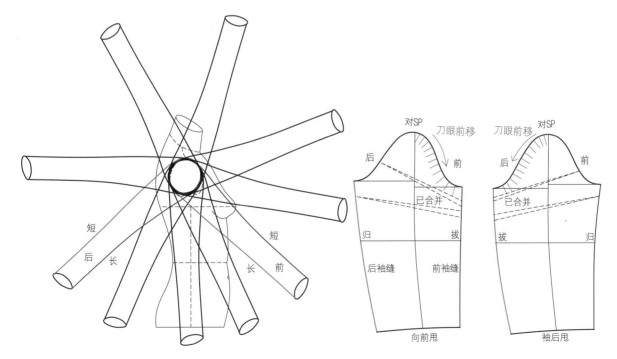

图5-5　手臂360度与袖子关系图

二、袖窿形状

袖窿形状与方向决定了袖子的形状与方向，如果袖窿朝前，就算装上直筒袖也是朝前，特别是打欧版、韩版时，胸围较大，前胸宽较大，袖窿可以随意做造型，袖窿移位技术相当重要。胸围小，前胸宽小，不能大幅移动袖窿，要保证前胸宽松量足够。见图5-6。

在保证前胸宽足够的情况下，袖窿形状可以自由发挥，要敢于创新，不要用固定的公式打。根据人的姿势来挖袖窿，这样才符合姿势，袖子与衣身才不会起斜扭。

袖窿前倾斜，前胸宽减小，后背宽加大，侧缝前移，前肩缝拔开，后肩缝归缩，袖窿前势大，人体弓形强。见图5-7。

部分人群手臂上半段姿势是后甩的，前胸宽加大，后

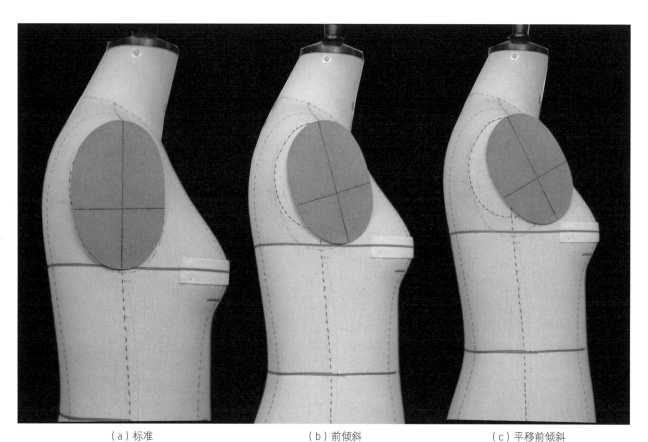

（a）标准　　　　　　　　（b）前倾斜　　　　　　　　（c）平移前倾斜

图5-6　袖窿形状图

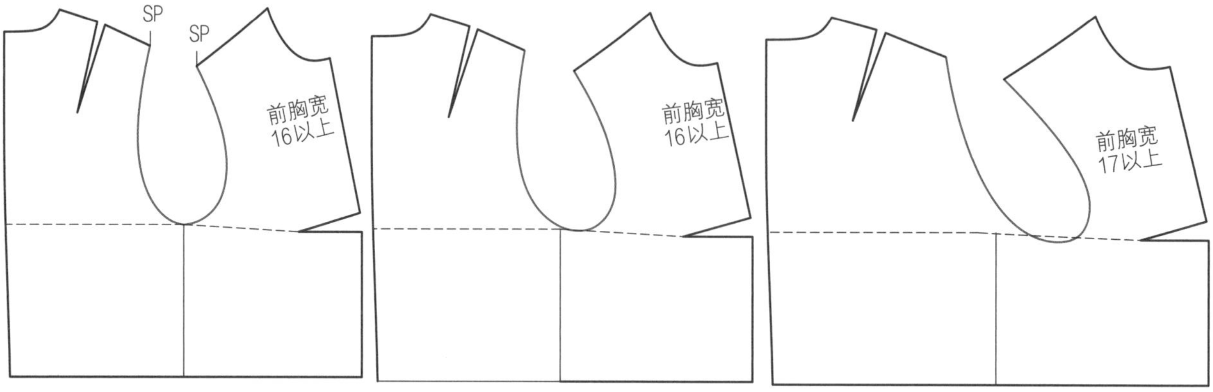

（a）标准　　　　　　　　（b）前倾斜　　　　　　　　（c）平移前倾斜

图5-7　袖窿打版图

背宽减小，前肩缝不用拔，后肩缝不用归。大部分人群手的姿势是向前的，平行前旋，斜向前倾，都是可以的。前胸省留在袖窿太多，袖子会平行后甩，袖窿决定袖子。见图5-8。

袖窿有上万种形状，要根据体型、造型、面料来画袖窿形状，要保证前后舒适性不受影响。很多国际大牌的服装袖窿，更是独特自由造型，没有那么多理论与公式。见图5-9。

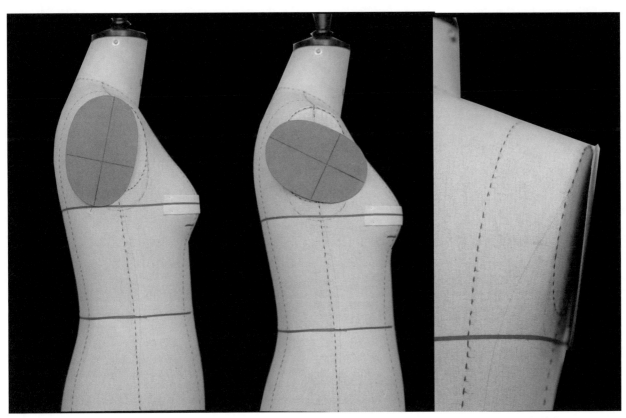

（a）后甩　　　　　　　　　　（b）夸张造型　　　　　　　　　　（c）平行前旋

图5-8　袖窿造型侧视图

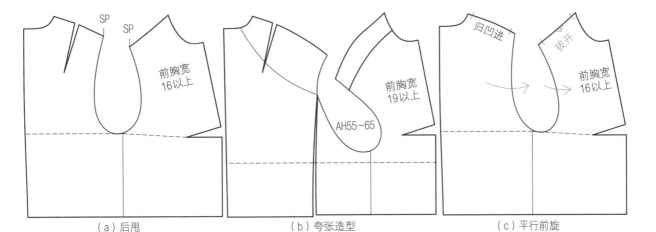

（a）后甩　　　　　　　　　　（b）夸张造型　　　　　　　　　　（c）平行前旋

图5-9　袖窿造型纸样图

三、肩棉与袖窿

下面以国际大牌迪奥原版拆解为例。西装采用半麻衬工艺，袖窿烫斜丝牵条固定，保证了袖窿既有型，又不紧绷；袖窿是连贯的，想要袖窿圆润有型，前片胸省要处理好，后片肩省要处理好，否则袖窿软塌塌的。国内制衣如果要简化生产工艺，先将面料复合衬再裁，然后在前片上半部分再烫一层衬，牵条袖窿一圈归到位。

袖山头很尖，袖壮很肥，袖子呈大八字型，既保证了

观赏性，又能保证舒适性，所有缝边止口均有打边。个别欧洲国际大牌中码袖长有时候是62.5cm，如果成衣要改短5cm，有袖衩的，袖肥放出，要从袖山头减短，先手工装袖子，没有问题了再用机器车缝。见图5-10。

弹袖棉适用于男西装或高端女西装，其大头在前面，装弹袖棉的袖子吃势要大，否则不平；如果袖子吃势少可用单层，弹袖棉宽度要减窄减短；跑量的衣服不需要弹袖棉，但袖子没有戤势。国际大牌的西装大身用厚一点的配色里布，袖子用薄一点的撞色条纹里布。见图5-11。

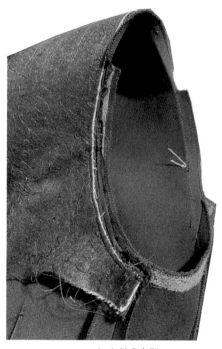

（a）袖窿有型

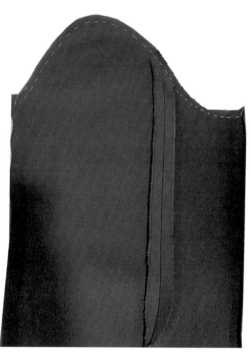

（b）袖子大八字

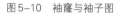

图5-10　袖窿与袖子图

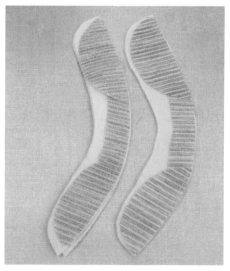

（a）弹袖棉

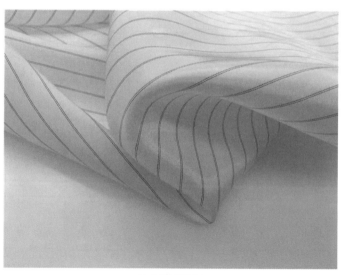

（b）袖子里布

图5-11　肩棉与袖里图

肩棉的定法影响袖子观赏性，肩棉分前后左右四部分，前面占40%，后面占60%，肩棉往前稍微倾斜，前胸宽小，后背宽大，形成人体弓形；肩棉从SP点放出1cm与袖窿止口平齐就好，不能放出去太多，否则袖子凹进不平。如果肩棉从SP点放出2~3cm，袖子吃势要特别大或者泡泡袖才可以，肩棉放出越多，吃势要越大；假设袖子吃势1.5cm，肩上一段止口要修成0.5cm，肩棉从SP点放出0.5cm即可。见图5-12。

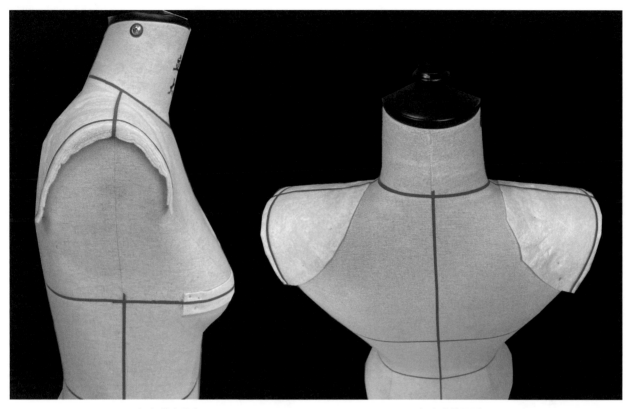

（a）前少后多 　　　　　　　　　　（b）人体弓形

图5-12　肩棉放法图

小肩棉做正常西装用，大肩棉做大宽肩西装用。厚度不等于围度，肩棉1~15cm厚分别加多少围度合适？如何正确计算出围度？下面详细精准介绍。

一般来说，肩棉拱形大于人体窿门宽1~3cm。人体净窿门宽10.5cm，肩棉12.5~13.5cm，在这个状态下测量内圈与外圈的长度，外圈减掉内圈就是要增加的围度，在此基础上可少增加0.2~0.6cm，把肩棉压紧一点。

经过测量，1cm厚的肩棉要增加1.7cm，2cm厚的肩棉要增加4cm，然后再减掉0.3~0.6cm；在工作中有时候1cm厚的肩棉我们只加0.8cm，2cm厚的肩棉只加1.6cm，那是因为前后袖窿本来就有大量松量，撑起来精神一些，翘肩类肩棉特别高的时候就要正规计算，不可猛减，否则会压肩夹手。见图5-13。

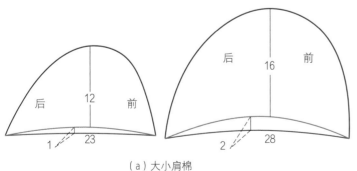 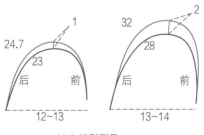

（a）大小肩棉 　　　　　　　　　　（b）拱形测量

图5-13　肩棉测量方法图

下面以法式翘肩袖为例，翘肩袖肩棉可自行用硬网鱼骨做成镂空的翘肩，这样不会压肩，肩棉由版型师自主设计，再拿到肩棉厂定做生产。见图5-14。

测量时要把肩棉折成拱形。如果肩棉无法形成拱形，可用全麻衬纳驳头的针法来定成倒U形。如果翘肩高度8cm，围度加15cm；如果翘肩10cm，围度加20cm；可以减掉0.3～1cm。见图5-15。

（a）镂空翘肩

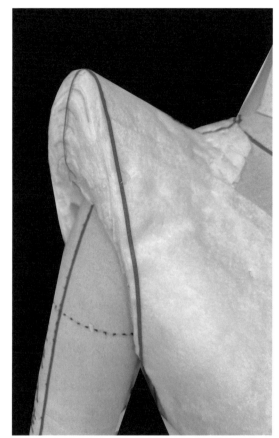

（b）堆加翘肩

图5-14　翘肩设计图

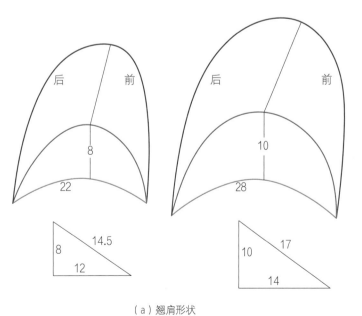

（a）翘肩形状

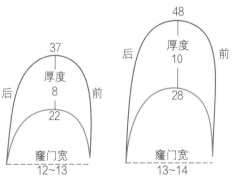

（b）翘肩测量

图5-15　翘肩加量图

四、建模与工艺

作者经常为法国巴黎、英国伦敦、意大利米兰的服装企业设计裙撑、袖撑、领撑、裤撑等，用于秀场走秀、婚纱礼服、舞台装，造型夸张的领袖、下摆、裤型，其内部都需采用支撑。很多解构风格的衣服，要先用鱼骨或钢架把造型做出来，再把面布蒙布上去，受力点选肩部背起来或腰部夹住。见图5-16。

建模一般采用鱼骨加软网硬网，如果要硬一些，可采用铁丝、复合材料、薄钢条、塑料模型等，再用柔软的面料包起来。普通款式也常用到，例如造型夸张的西装下摆，可以采用硬网贴合在反面做，如果不够挺括可以再增加鱼骨；泡泡袖总是塌下来没型，可以在反面用软网抽皱固定，在里面将造型撑起来。

图5-16 实战结构建模图

有时袖窿肩上留一段开缝，长度一般前6cm，后5cm。肩上开缝的袖型，肩部有平顺、柔和、溜肩的感觉；肩上开缝的袖子，弹袖棉要薄一点，最好只用单层（如果袖山头要像男装袖饱满凸起的袖子肩上就不能开缝）。见图5-17。

女装常规袖型，袖窿肩上不用开缝，袖山头凸起，饱满圆润，偏男西装风格。肩上不开缝的袖子，弹袖棉可以厚一点，把袖山头撑圆。休闲袖管可以压挺缝线，前面后面显瘦，侧面显宽。见图5-18。

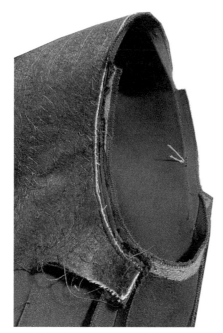

（a）袖窿开缝

（b）袖子平顺

图5-17　袖窿与袖子

（a）女装常规

（b）男装袖

（c）女装休闲袖管

图5-18　不同款式袖子

五、手臂姿势

　　人的手臂在工作或娱乐时有无数种姿势，袖子要根据手臂的姿势来打版。袖子常见有五势：前势、弯势、扣势、拐势和戗势。见图5-19。

　　现代多数的人体手臂都很壮，袖子很容易卡手夹手；理论上说肩宽背宽胸宽较大时，把袖子打尖一点，吃势少一点，也不会卡手夹手（实战中大牌宽肩吃势也很大）；相反肩宽背宽胸宽较小时，把袖子打胖一点，袖子吃势加大，相当于泡泡袖借肩原理。

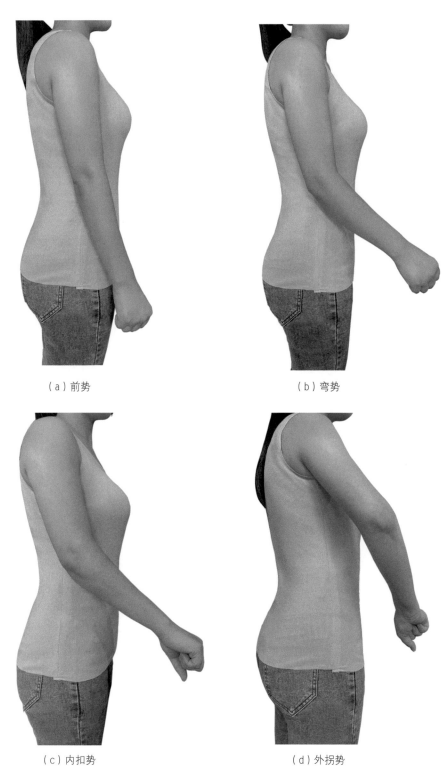

（a）前势　　　　　　　　　　　　　　（b）弯势

（c）内扣势　　　　　　　　　　　　　（d）外拐势

图5-19　手臂姿势图

（a）前袖山斜扭　　　　　　　（b）挂起袖山斜扭　　　　　　　（c）后袖山斜扭

图5-20　袖子各种弊病图

图5-19（a）前势，手臂朝前，1～10度左右。如果袖子跟手臂姿势不一样，就会产生斜扭，出现各种服装弊病。图5-20（a）袖子前势不够，手臂朝前试衣服就产生了斜扭，版型师要根据手臂360度姿势调360度袖型，才算是人版合一。图5-20（b）袖管朝前，袖山头朝后，挂起来有斜扭，应将袖山头刀眼往前移。

图5-21（a）常规配袖都需要调整，也可以直接打成已经调过的样版，一步到位。图5-21（b）加大前势，袖山头刀眼前移0.5～2cm（借越多前势越大），前袖山弧线

短了，后袖平行切0.5～2cm补在前面。

图5-21（c）手臂往前伸，前袖产生斜扭，前袖侧合并0.5～4cm（插肩袖、落肩袖、连身袖、几何袖，均要合并），前袖拔长后袖归短，产生前势弯势，羽绒服切线类后袖收暗省。特别注意，前袖合并0.5～4cm，给人错觉是前面比后面的袖山要高0.5～4cm，其实不是，这里有个误区，当手臂向外抬要降低袖山高，那么当手臂向前向上抬，前袖山高要低，后袖山要高，袖山刀眼前移，前袖侧缝要短，后袖缝要长。

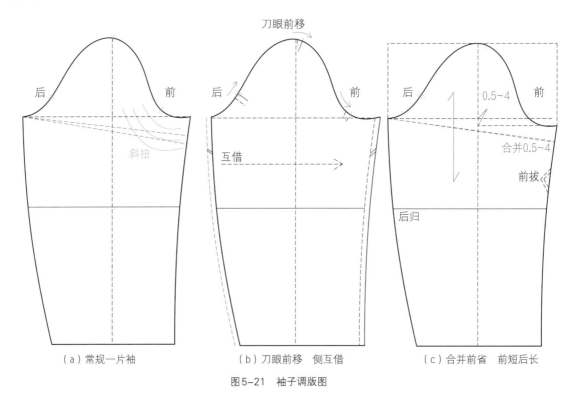

（a）常规一片袖　　　　　　（b）刀眼前移　侧互借　　　　　（c）合并前省　前短后长

图5-21　袖子调版图

图5-19-（b）弯势，手臂向前弯，弯势越大前势越要加大。袖管弯势越大，袖山头前势越小，衣服穿起或挂起时就会起斜扭，是由于袖山头与袖管不匹配引起的斜扭，见图5-20（b），这个是市面上西装常见的弊病。

图5-22（a）当后袖肘省3~7cm的时候，袖山头刀眼往前移0.2~0.5cm，袖底刀眼同步前移。图5-22（b）当后袖肘省8~15cm的时候，袖山头刀眼往前移0.5~1cm，袖底刀眼同步前移。图5-22（c）当后袖肘省16~30cm的时候，袖山头刀眼往前移1~2cm，袖底刀眼同步前移。

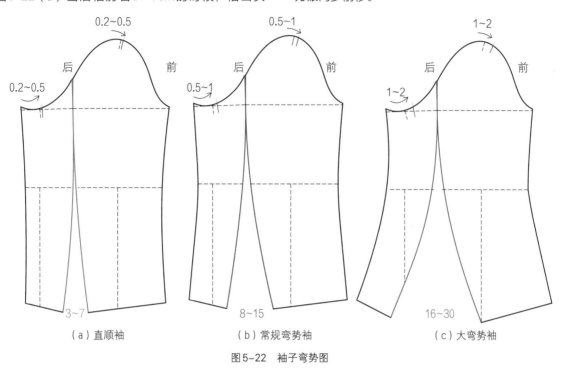

（a）直顺袖　　　　　　　　　（b）常规弯势袖　　　　　　　　　（c）大弯势袖

图5-22　袖子弯势图

图5-20（c）袖子前势很大，手臂往后甩来试衣服，袖子同样会产生大量的斜扭皱褶，袖子跟人体的姿势不吻合，就会产生斜扭。图5-23三种方法原理相同，都是后袖缝减短，前袖缝加长，刀眼后移袖子后甩。

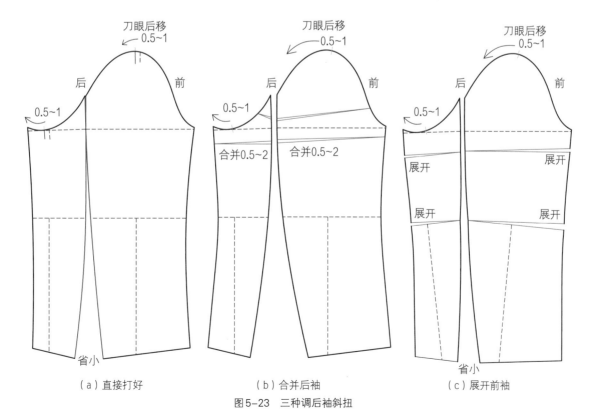

（a）直接打好　　　　　　　　　（b）合并后袖　　　　　　　　　（c）展开前袖

图5-23　三种调后袖斜扭

图5-19（c）扣势，手腕内扣，人的手腕手掌多数情况是内扣或向下的，例如办公打键盘、游泳等；当然也有少数情况手腕手掌是外翻或向上的，例如玩手机，手掌是朝上的。

图5-24（a）大袖前袖肘处收省或者归缩，小袖拔开，扣势特别强；前袖底缝袖口处互借，大袖斜小袖直，起辅助效果。如果大袖前袖肘处拔开，扣势减小或者外翘。图5-24（b）一片纵向错位，另外一片正常，一边归一边拔拼在一起，会往一边扣，形成扣势；如果两块裁片形状长短都一样，拼起来就是平的。图5-24（c）一片袖纵向错位，一边归一边拔，拼在一起会形成扣势，相当于裤管拼

错位了，压脚赶布，一边紧一边松，裤子会扭腿，裤子一般是不允许扭腿的，但这种扭势可以用于袖管内扣。

图5-19（d）袖肘外拐，胳膊外拐，拐势越强扣势越大，男友风款式常用拐势袖。

图5-25（a）小袖袖肘以中心旋转变得更弯，大袖直顺，大袖以袖山头刀眼为圆心，前后袖山线同时旋转，调节与小袖缝的长短。图5-25（b）拐势原理，一片以中心旋转变弯，横向错位，另外一片在上方边上纵向旋转错位，两片拼在一起，导致后袖肘外翘，产生拐势加大扣势。如果两片弯度一样，拼在一起平服无拐势。图5-25（c）大袖很弯，小袖很直，拼在一起，后袖肘内贴，不外拐。

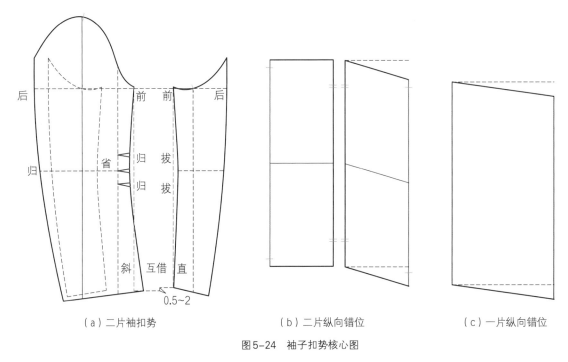

（a）二片袖扣势　　　　　　（b）二片纵向错位　　　　　　（c）一片纵向错位

图5-24　袖子扣势核心图

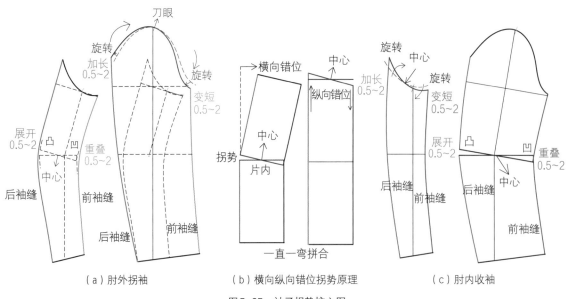

（a）肘外拐袖　　　　（b）横向纵向错位拐势原理　　　　（c）肘内收袖

图5-25　袖子拐势核心图

如图5-26所示，正常袖、插肩袖、连身袖、几何袖等，都可以做出戤势，戤势是袖包衣（无戤势的少数款是衣包袖）；戤势主要是总体吃势加大，袖中间段吃势加大烫平，里面再用弹袖棉撑起来；如果没有弹袖棉，中间段吃势不可大，不然会起皱不平。国际大牌部分女装，要求袖管直顺，微微的扣势，戤势很强是因为大牌的吃势是4～6cm，有弹袖棉，所以戤势很强。男装袖子戤势特别强，首先是袖子吃势很大，然后在圆烫凳上把袖子两边戤势烫好，手工装袖子，真人试穿后没有问题了，再平车缝制，最后手工定弹袖棉、肩棉。

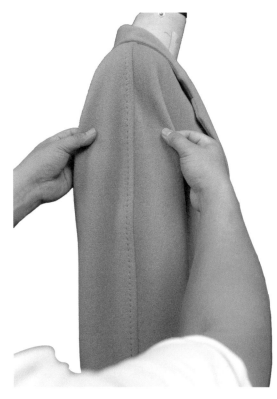

（a）西装戤势   （b）连身袖戤势

图5-26　戤势图

图5-27，先在袖山头上距边1cm车线，距边0.3cm车线，针码调密才能用手抽均匀，袖山头捏2cm宽，折回去1cm，斜切面顺直，再手工装袖，真人试穿没问题了，再平车固定，最后装弹袖棉，肩棉。有些企业做跑量的，袖子吃势小，无弹袖棉，戤势不明显，就没有国际大牌的味道。

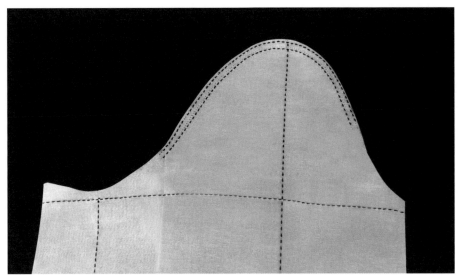

图5-27　袖山车双线抽吃势图

一、袖窿原理

人体净AH为38cm左右，袖窿不能小于此尺寸。袖窿AH，总AH在胸围的47%～55%（无袖除外），例如：胸围92～94cm，在国内AH总长44～46cm，前上平线向下袖窿深24～25cm；在法国巴黎原版大牌AH总长47～50cm，袖窿深26～27cm。

人体净窿门宽10.5～15cm，现代女性手臂偏壮，无弹面料成衣窿门比人体净窿门宽，宽1～3cm最佳，太窄容易夹手；高弹面料成衣窿门可以小于人体净窿门宽，有弹力就不会夹手臂。

收腰的侧缝可以合并一半或全合并，合并越多，袖底挖得越多；也可不合并侧腰省，前后袖底直接挖狠一点就好。掌握核心要领，即可自由发挥。见图5-28。

袖窿决定了袖子的前势，决定了显瘦显胖。窿门宽越窄，袖子从侧面看越显瘦精神，但是容易卡手；窿门宽越宽，舒适性越好，但从侧面看袖子显胖臃肿，有利就有弊，一般就取中间值。落肩袖类窿门宽特别窄，袖窿加深，第二次比值放平，高度塌下来变成宽度，同样不会卡手。见图5-29。

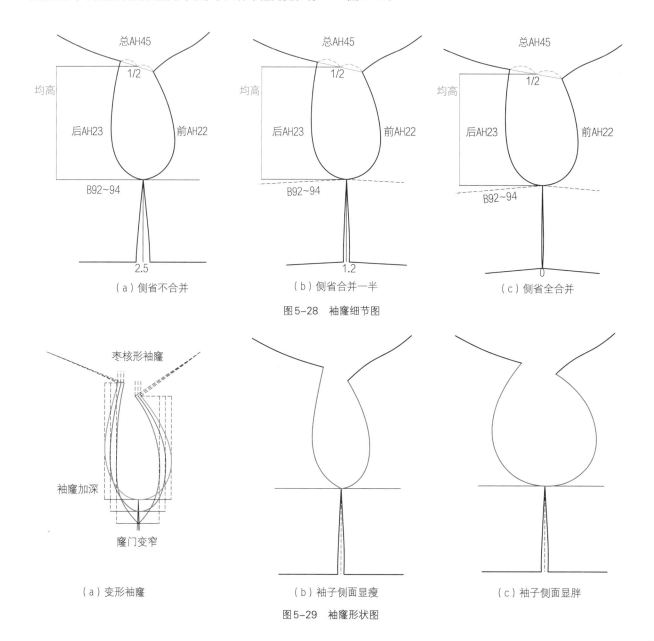

（a）侧省不合并　　　　（b）侧省合并一半　　　　（c）侧省全合并

图5-28　袖窿细节图

（a）变形袖窿　　　　（b）袖子侧面显瘦　　　　（c）袖子侧面显胖

图5-29　袖窿形状图

二、袖肥与袖山高

袖肥参考公式0.18B×2再加减0.5~1cm，例如：胸围92cm×0.18×2=33.12cm袖肥，国内打32.5~33.5cm，国际大牌一般在33.5~34.5cm。凡是有里布的西装，可以把袖窿底1cm立起的止口修成0.5cm，加大袖窿空间。

肩缝拼好，侧缝拼好，套在人台上，测量最高袖山高（袖底去掉1cm止口测量），袖窿越深袖山高就越高；翘肩越高袖山高越高。也可在平面上测量，将袖窿平均高分成6等分，5/6是最高袖山高，西装配袖时以袖山高比最高袖山高低0.5~1cm最佳。也可用袖窿平均高×0.85等于最高袖山高。袖山太高不好抬手，但是能把前后袖窿撑平；袖山高太低，会把前后袖窿高度拉塌下来起皱不平，破坏袖子斜切面。见图5-30。

袖子空间位置，例如：净手臂围净28cm+5cm松量，前面松量占40%，后面松量占60%，吃势越多松量就越多，AH越长的一边松量越多。个别企业要求前袖松量大，就要加长前AH，加大前吃势减小后吃势。

袖子吃势越多袖子越饱满，吃势越少越休闲；垫肩越往外放吃势要加大，袖窿越长吃势加大。贴体袖风格，国际大牌西装（有垫肩的）吃势4~6cm；国内常规西装吃势2.5~3.5cm；吃势跟面料有关，毛料、呢料、小香风面料吃势3~5cm。宽松袖风格：真丝、醋酸、香云纱、皮衣、羽绒服等面料吃势1~2cm；倒装袖0吃势，袖山弧线还可短0.5~1cm。下面吃势分配比例可以自由调节，请勿固定。见图5-31。

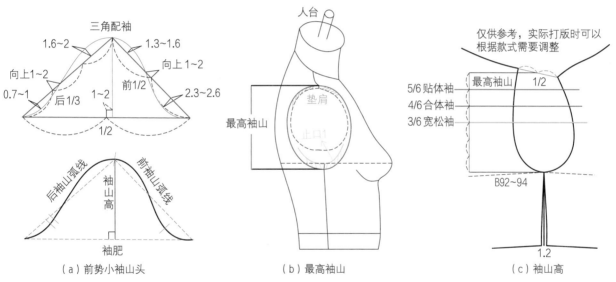

（a）前势小袖山头　　　　（b）最高袖山　　　　（c）袖山高

图5-30　袖山高设计方法图

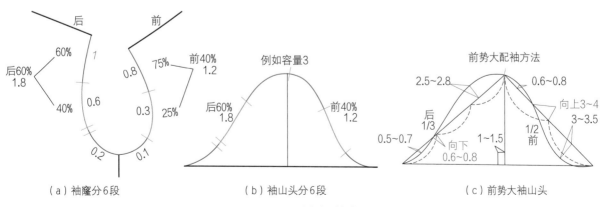

（a）袖窿分6段　　　　（b）袖山头分6段　　　　（c）前势大袖山头

图5-31　袖子五刀眼吃势与前势搭配袖子图

第三节　专业大牌配袖

一、大牌配袖

配袖子的方法有很多，国内外有三角配袖、四角配袖、圆眼配袖、方眼配袖、五刀眼配袖、十刀眼配袖、几何配袖、物理配袖、全联动配袖、剪切配袖、立裁配袖、3D配袖、8D配袖等。

在工业配袖中先确定袖肥，再确定袖山高，常规配袖时袖山高不能超过最高袖山高，特殊袖型如泡泡袖、打褶袖、玫瑰袖、羊腿袖等除外。先确定袖肥，再找前后AH，一般前面AH减0.5cm，后AH不加不减；如果前AH减

1cm，后AH就减0.5cm，以此类推。作者喜欢用总AH，先加减一个量，要吃势大就加，要吃势小就减，然后再除以2，前减后加互借。例如：总AH45−0.5cm=44.5cm，44.5÷2=22.25cm，前面减1cm，后面加1cm，变成后23.25cm前21.25cm，互借多少自由，更加灵活好用。见图5−32。

人体净手臂28cm，如果袖肥33cm，就是5cm松量，一般是前少后多，前面观赏性好，后面活动量大，前面占40%，后面占60%，可以根据个人偏好调整。袖山弧线画顺就好，无须经过某个点。

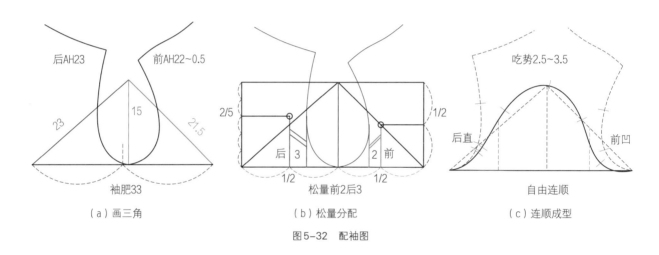

（a）画三角　　　　　　　　（b）松量分配　　　　　　　　（c）连顺成型

图5−32　配袖图

图5−33（a）前袖底多挖，后面少挖，前势大，袖底有隐藏抬手量，隐藏抬手量前面不可见，缺点是后面看会露出隐藏抬手量，国内常用此方法。5−33（b）前后袖底都挖很多，整个腋下小袖都有抬手量，前后都不可见隐藏

抬手量，缺点是手臂向前向后不太好动，国际大牌女装常用此方法。图5−33（c）前后袖底都少挖，手臂向前向后好动，在田地干活除草穿的衣服，可用此方法配袖，缺点是袖底没有隐藏抬手量，前后袖子观赏性差。

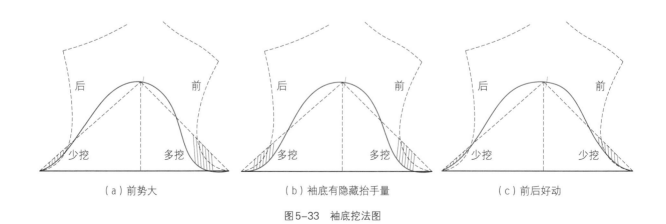

（a）前势大　　　　　　（b）袖底有隐藏抬手量　　　　　　（c）前后好动

图5−33　袖底挖法图

袖子从反面看更加清楚，袖山头就像一座倾斜的山。图5-34（a）是常规袖山头造型，中规中矩，观赏性舒适性都有。5-34（b）袖山头很尖，为大八字型，从侧面看显瘦，舒适性稍微差一些，国际大牌常用此方法（手臂很胖的，请勿用此方法，容易夹手臂）。图5-34（c）袖山头一字型，同等袖肥及吃势的情况下，袖山高降低了，同时还把窿门宽撑大了，优点是舒适性好，缺点是从侧面看显胖臃肿。

作者打版都是直接加隐藏抬手量，无须单独加。图5-35（a）（b）是先把袖肥打小，袖山高加大，使袖山头尖一点，然后再把袖底一段旋高，加大袖肥，降低袖山高，可同时前后都加，也可加一边。图5-35（c）是调袖底小袖抬手量，中间往上旋转高，从中间展开解决重叠，其实就是中间往上加长，相当于两边挖深，加大袖肥，降低袖山高。

袖子配好后，先捏纸样或者做坯样，再让真人试穿，在人身上调节吻合区，调到满意为止；很多时候不吻合才是最佳效果，在极速创新的今天，很多袖窿跟袖子都是非正常的。见图5-36。

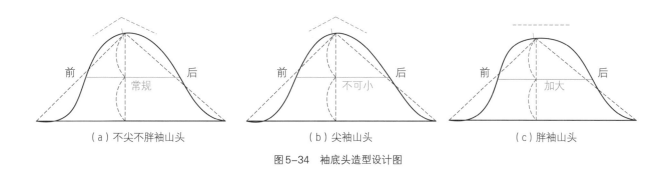

（a）不尖不胖袖山头　　　　（b）尖袖山头　　　　（c）胖袖山头

图5-34　袖底头造型设计图

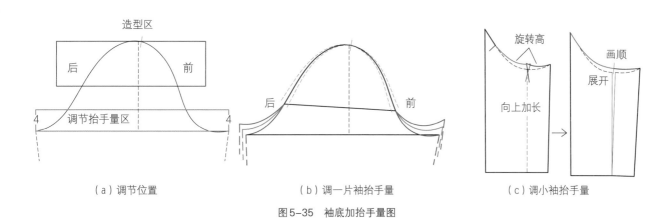

（a）调节位置　　　　（b）调一片袖抬手量　　　　（c）调小袖抬手量

图5-35　袖底加抬手量图

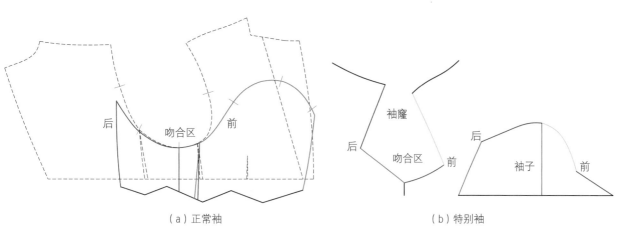

（a）正常袖　　　　　　（b）特别袖

图5-36　袖子吻合区图

二、袖山头造型

图5-37（a），半袖，袖口容易外翘，需加大袖子吃势。图5-37（b），短袖，前袖口紧绷后，袖口起空，可将刀眼前移加大前势，袖底错位互借。图5-37（c），中袖，要尽量避开袖肘，袖子越短袖口越大，袖子越长袖口越小；要想让手臂往前，前袖口不紧绷，后袖口不起空，可将袖山头刀眼前移，袖底互借；再配合袖管往前旋转，前袖缝拔开，后袖缝归缩，如果无法归拔，前袖缝向下加长处理。

图5-38（a），窄肩（借肩）处理，肩越窄，袖肥越要加大，袖山加大，袖山吃势或抽皱量加大，弥补肩宽不足；窄肩类型，袖窿从里向外面斜切面，新SP点微微凹，

不用修圆。图5-38（b），肩越宽，袖肥可减小，肩塌下来，袖山高可以降低，理论原理是这样的，实际工作中的宽肩袖袖肥很大，吃势很大。

图5-39（a），泡泡袖，袖山高先抬高2cm，再抬高3~5cm，泡泡袖要大气，袖山头画胖一点，抽的是横斜向量。假设抽皱10cm，抽皱量少可增加0.5~0.7倍，抽皱量多可增加0.8~1.2倍，打揽增加1~2倍，面料越厚越少加，面料越薄越多加。

图5-39（b），显瘦泡泡袖，袖山头很尖，袖山高很高，抽的是竖斜向量，观赏性好，抬手量差，很多欧版款式要用到夸张泡泡袖，袖山头太尖不大气。

图5-39（c），泡泡袖展开法，原袖山高先抬高2cm，

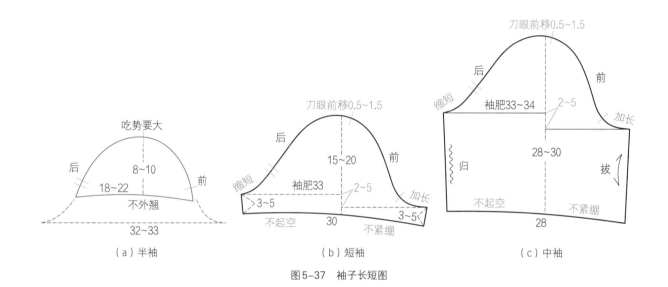

（a）半袖　　　　　　　　　　　（b）短袖　　　　　　　　　　　（c）中袖

图5-37　袖子长短图

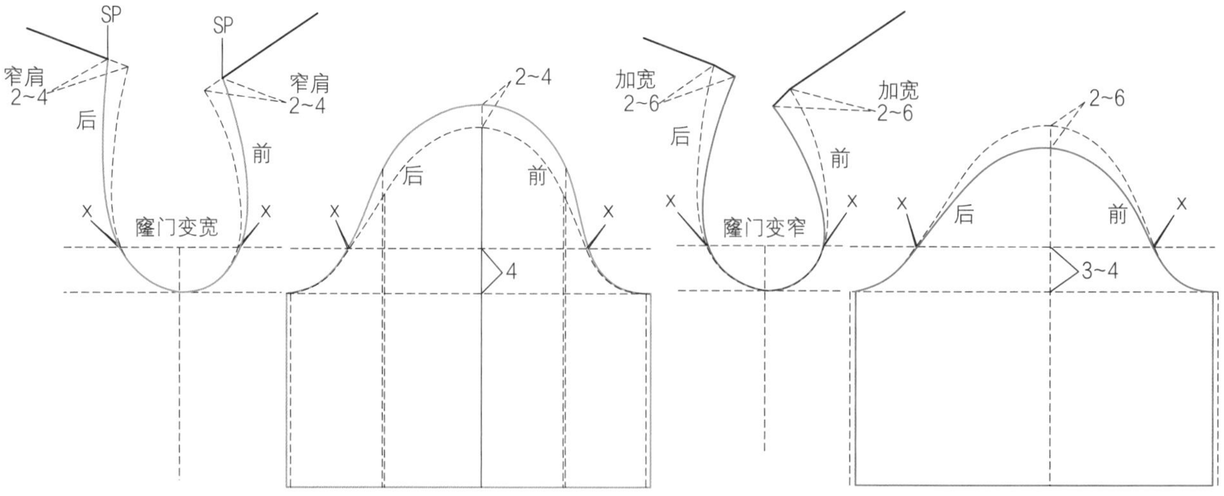

（a）窄肩与袖子关系　　　　　　　　　　　　　　　　　（b）宽肩与袖子关系

图5-38　袖窿与袖子互借原理

国际服装版型 ● 女装篇

再剪切展开3～5cm，实际展开多少根据自己的需求增减。抽皱长短自由，抽皱量大小自由，根据造型或款式需求来设计。

图5-39（d），大泡泡袖展开法，袖中展开前高20cm，展开后高33.5cm，用0.6cm宽橡筋拉成20cm净高；袖山

头一圈再抽皱。泡泡袖可做一片袖，二片袖，三片袖等。

图5-39（e），借肩2cm，袖山抬高2cm后，袖山头吃势太大，画吃势为破缝。

注意：由于近年流行宽肩，部分泡泡袖无须借肩，正常肩宽38～40cm，可以直接配一个夸张的泡泡袖。

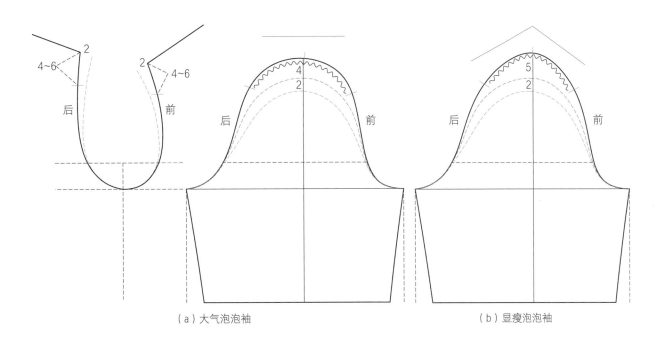

（a）大气泡泡袖　　　　　　　　　　　（b）显瘦泡泡袖

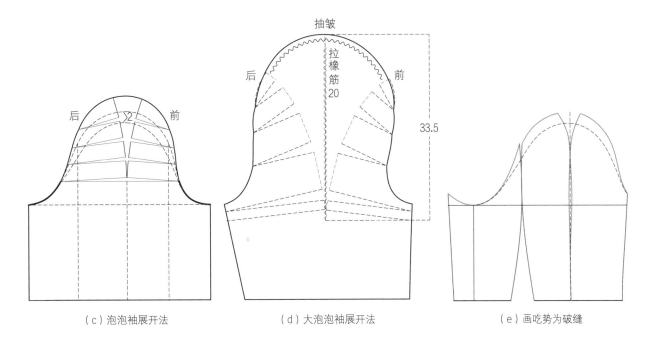

（c）泡泡袖展开法　　　（d）大泡泡袖展开法　　　（e）画吃势为破缝

图5-39　常见借肩类袖型

一、一片袖设计

　　一片袖要做出二片袖的效果，可合并省道，前面重叠就拔开，后片空开就归缩，袖肥小了袖底可以往上旋回，相当于加隐藏抬手量，多片袖用此原型分割合并就好。也可以先打一个二片袖再合并成一片袖，效果也是一样的。其核心原理是前袖肥中心线缩短，后袖肥中心加长。见图5-40。

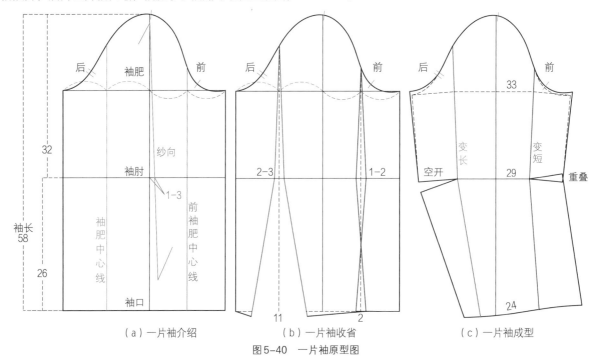

（a）一片袖介绍　　　　　（b）一片袖收省　　　　　（c）一片袖成型

图5-40　一片袖原型图

二、袖子造型设计

　　图5-41为袖子造型设计图。

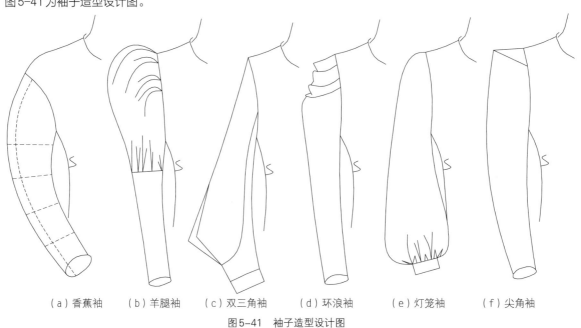

（a）香蕉袖　　（b）羊腿袖　　（c）双三角袖　　（d）环浪袖　　（e）灯笼袖　　（f）尖角袖

图5-41　袖子造型设计图

袖长按人的手臂长度来确定，小个子女装袖长54～56cm，高个子女装袖长62～64cm，常规女装57～59cm。袖肘、腰围、膝围，在造型需要时可以上抬一个量，显瘦精神。

图5-42（a）香蕉袖，就是中间加长，两边减短，跟后片龟背一个原理，羽绒服香蕉袖可以在切线里面收暗省。羽绒服落肩、插肩袖，袖肥50cm左右；春夏天款式打香蕉袖，袖肥要减小。两边不收省也能做出香蕉袖，把两边的省转到袖山头或袖口抽皱即可。

图5-42（b）羊腿袖，先把袖窿加大，AH48～58cm，再把袖山加高袖子加长，袖肥加大，袖肘到袖口一段要小，这样才显得上面像羊腿，很多时候下半段是一片袖，袖口收省，也有其他多种造型方法。下图为最小羊腿袖，上口可以展开成半圆水平，再往上加高30～40cm画顺。

图5-43（c）双三角袖，画好造型即可直接展开，三角的斜度可以自由把握，越往上凹三角就越往上斜，如果展开处往下凸就是三角向下斜。款式图见图5-41（c）。

图5-43（d）环浪袖，袖山加高，面料无弹要用斜丝裁剪才有垂感，环浪大小自由。

图5-43（e），灯笼袖，可将袖子加长，形成兜量，也可套薄里布剪短吊起来，抽皱越多越大气，后边袖口拉筒开衩简化，凡是装袖口的，袖口不能外翘，挂相要好。

图5-43（f），尖角袖，属于自由造型，要把袖山加高，肩宽加大，不能卡手。

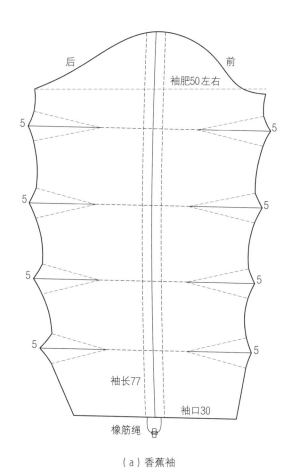

（a）香蕉袖

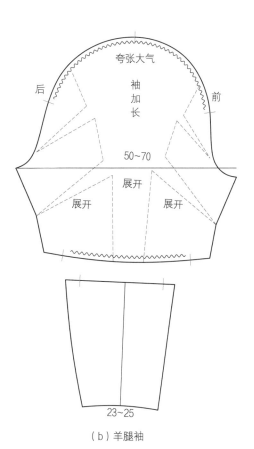

（b）羊腿袖

图5-42　袖子造型图

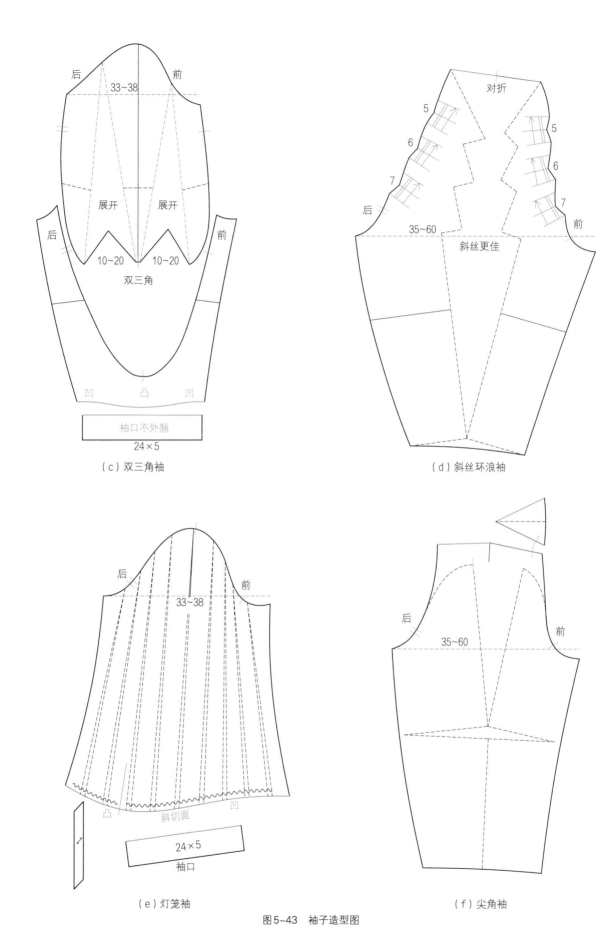

后　　33～38　　前

展开　　展开

后　　前

10～20　　10～20

双三角

袖口不外翘

24×5

（c）双三角袖

对折

5

6

7

后　　35～60　　前

斜丝更佳

5

6

7

（d）斜丝环浪袖

后　　33～38　　前

凸　　斜切面　　凸

24×5

袖口

（e）灯笼袖

后　　35～60　　前

（f）尖角袖

图5-43　袖子造型图

三、斜裁与袖窿松量

斜裁版型流行于20世纪30年代，款式有斜裁上衣、裤子、半裙等。下面以袖子斜裁为例，见图5-44。斜裁过长，围度过小，穿着容易变形；版上长度先减短，围度先加大点，再将袖底缝拼好成螺旋形。

工作中我们经常要加减袖窿松量，要掌握方法，灵活运用，能加大也能减小，要有自己的独特审美，版型收放自如。见图5-45。

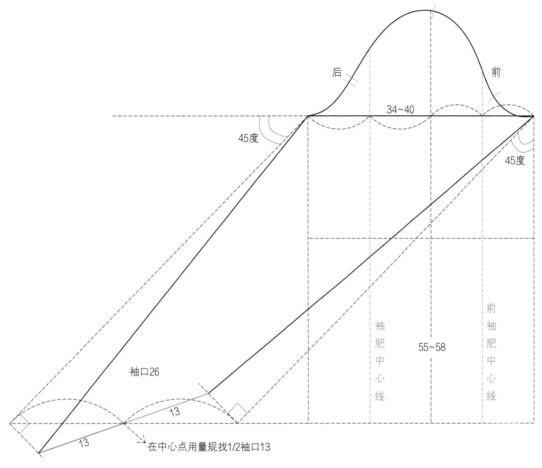

图5-44　斜裁袖子图

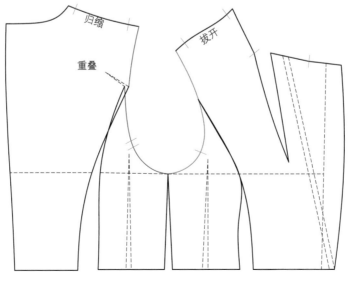

后袖窿加大松量

① 后片腰省加大

② 后侧片重叠

③ 后片向上展开

④ 后窿门宽加宽

⑤ 肩斜放平

⑥ 肩省多放袖窿

减小松量相反操作

前袖窿松量加大

① 胸省多放袖窿

② 前片向上展

③ 前肩斜放平

④ 前窿门宽加宽

⑤ 前片刀背缝重叠

⑥ 前腰省放大

减小松量相反操作

图5-45　袖窿松量加减方法图

一、二片袖原型

二片袖可由一片袖变化而成，也可直接打成二片袖，下面以二片袖或多片袖为例介绍袖型。

图5-46（a），贴体袖眼，袖眼较高，袖肥小，横向宽度小，能把袖窿高度撑起来，观赏性好，运动量差。

5-46（b），把袖底缝往前借2～4cm，相当于平行让前袖管缝隐藏，后袖管缝露出。图5-46（c），宽松袖眼，袖眼高度低，横向很宽，袖肥大，缺点是从侧面看袖子显胖，袖山高不足，会把前后袖窿高度拉扁，前胸宽，后背宽处容易起斜扭，袖窿斜切面不顺直。

图5-57（a），一片袖转二片袖，此袖带前势、弯势、

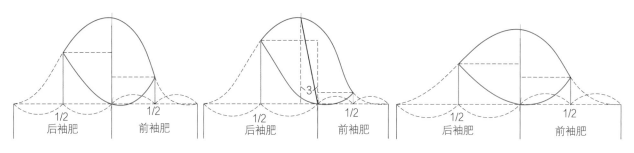

（a）贴体袖眼　　　　　　　　（b）袖底缝前借　　　　　　　　（c）宽松袖眼

图5-46　袖眼高与宽区别图

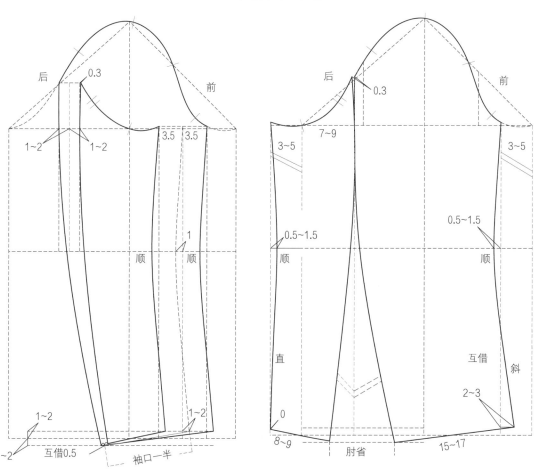

（a）常规一片袖转二片袖　　　　　　　　（b）简化转二片袖

图5-47　一片袖转二片袖图

扣势、戥势，但无拐势。图5-47（b），简化转二片袖，有后肘省，大袖收多，小袖收少，后袖缝内贴；小袖省放大，大袖省收小，后袖缝外拐。后肘省越大袖子越弯，相反越直。合体上衣腋下插三角、腋下小袖等，大于人体净窿门宽0.5～3cm最佳（11～13.5cm），这是作者的经验。

图5-48，袖底缝往前借2～4cm，让前袖缝隐藏，后袖缝露出来，这是借缝原理。袖子弯势前势越大，袖口越斜，前袖缝越短，后袖缝越长。前袖缝袖口处，大袖小袖

缝互借。此袖为基本袖型，可以做一点有特色的夸张风格造型，设计创新。

男装袖子为什么从前面或后面看很薄显瘦，从侧面看袖管很扁显胖臃肿？因为男装窿门宽很大，袖肘有拐势、扭势、扣势，袖管容易变得很扁。男装袖子一般都有前势、弯势、扣势、拐势、戥势5种形态；一般女装5种形态不需要全部用上，可以根据偏好选择2～5种形态设计袖型，也可以根据自己的需求设计一些新形态。

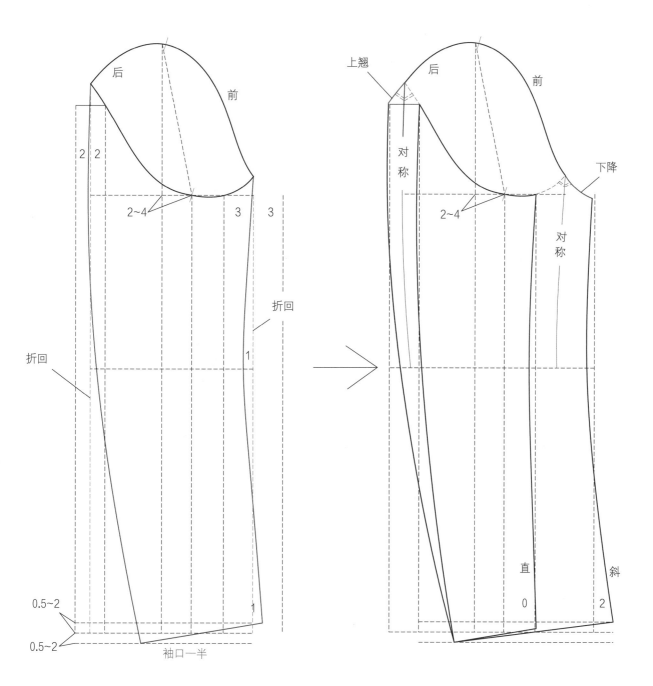

图5-48 一片袖转二片袖图

二、二片袖设计

图5-49（a），袖管圆形直顺，弯势小，有扣势，戤势很强，呈法式风格。从前面看衣服是收腰凹弧形，袖子是直线，一直一凹显瘦。

图5-49（b），袖管弯形，袖肘扁，前势、弯势、扣势、拐势、戤势都很强烈，呈意大利风格。袖口看起来像喇叭型，其实是小袖口，袖口一圈烫衬就圆，并防止拉大。从前面看大身收腰凹弧形，袖子同样是凹弧形，枣核形。

图5-49（c），那不勒斯瀑布袖，主打衣服轻薄休闲，袖管扁，意大利南部风格，肩上不是泡泡袖；由于那不勒斯风格西装或衬衣的袖窿很浅，特别好抬手，袖窿小AH就很短，要想把袖肥打大，只有把吃势加大，吃势一般在4~10cm，袖子装好，袖山头止口朝大身倒，肩部一段手工珠边，肩部自然就会产生很细的拉丝皱。那不勒斯瀑布袖又分两种工艺：一种是袖山止口朝大身倒，类似于男装衬衣倒装袖；另外一种是袖山上口朝袖子倒。该袖又分无垫肩和很薄的肩棉两种，部分装有弹袖棉，部分没有弹袖棉。

在袖管设计中，袖子长短、袖肥大小、袖口大小都是根据设计稿来设计，袖山头一般是前瘦后胖；如前胸宽挖

得太凹，袖山头也可以是前胖后瘦，自由设计。

关于戤势，要不要戤势要根据企业偏好、生产工艺来决定。有戤势的袖子工艺麻烦，首先袖子吃势要大，袖子要先在圆烫凳上烫出戤势，高定用手工装袖，工业用平车装袖，袖子要有弹袖棉撑起来，不然不圆顺，袖子还容易起褶皱。戤势效果见图5-26。

样版图5-50（a），效果图5-49（a），袖管直顺，微扣势。袖管要圆，首先窿门宽不能太大，后肘省小弯势小，不加拐势，袖口一圈烫衬。就像一根吸管，中间扳弯就会扁，直顺更容易圆。

图5-50（b），以袖山头刀眼顺时针旋转0.5~2cm，纵向错位，前袖缝减短，后袖缝加长，前势加大；小袖以袖口中心向前旋转0.5~2cm，横向偏移，前袖缝减短，后袖缝加长；此袖型，扣势强，但无拐势。袖口要圆就烫一圈衬，要扁就不烫。

样版图5-50（c），效果图5-49（b），小袖以袖肘中心向前旋转0.5~3cm，前袖缝变短，后袖缝加长，横向偏移，小袖更弯；大袖以袖山头刀眼顺时针旋转0.5~3cm，让前袖缝减短，后袖缝加长，纵向错位；此袖有前势、弯势、扣势、拐势和戤势。

样版图5-50（d），效果图5-49（c），那不勒斯瀑布

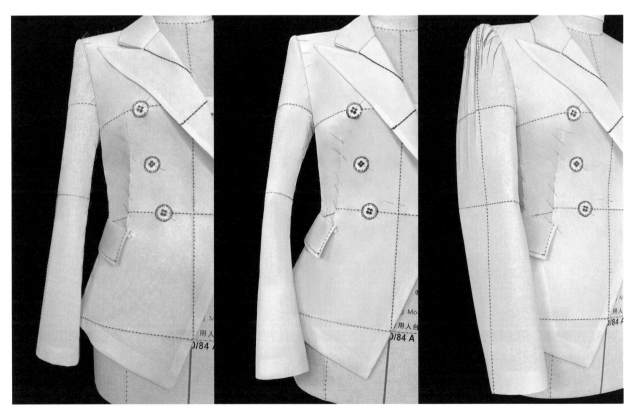

（a）袖管圆常规袖　　　　　　　　　　（b）夸张拐势袖　　　　　　　　　　（c）那不勒斯瀑布袖

图5-49　袖眼高与宽区别图

袖，肩上有拉丝细皱，不是大量抽皱。从前后看袖子扁而显瘦，侧面看显宽显胖，大弯刀袖型，典型的男西装风格袖子，此袖有前势、弯势、扣势、戗势；如果需要拐势，直接增加就好。

注意：袖窿要烫牵条归短0.5～1cm，垫肩厚度，配

袖都要考虑进去，如果袖子吃势太大，技术不好装不上去，车位会把袖子止口拼大，减少吃势，导致袖肥变小，大货就会报废；正确做法是要减小吃势，在样版上降低袖山高。如果袖子吃势太小，袖子不够圆润饱满，袖山高小，观赏性就差。

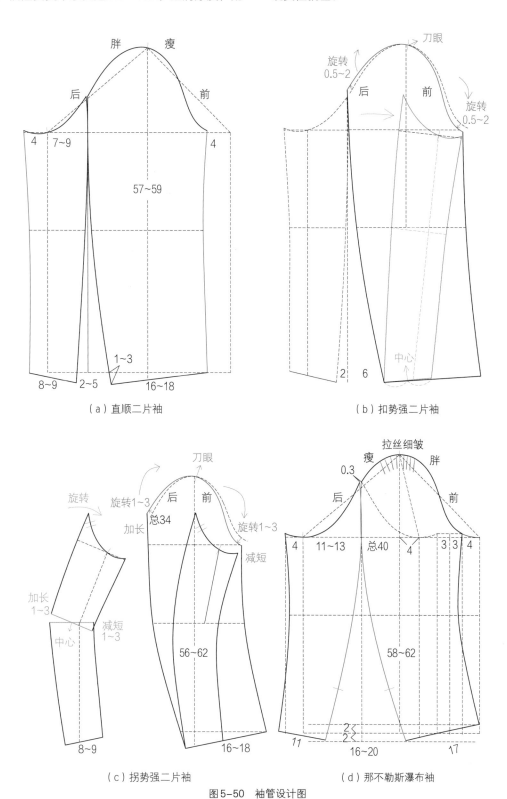

（a）直顺二片袖　　　　　　　（b）扣势强二片袖

（c）拐势强二片袖　　　　　　（d）那不勒斯瀑布袖

图5-50　袖管设计图

三、袖子造型设计

图5-51（a），图5-52，平肩借肩袖，先确定正确肩宽38～40cm，再挖掉2.5～4cm，袖子加出2.5～4cm，相互借，用一片袖改成借肩袖，袖壮处17～18cm，小了容易卡手，省尖之间的距离大于人体净窿门宽0.5～1.5cm，达到11～12cm，宽了侧面显胖，窄了容易夹手，装1cm正常肩棉厚。

此种袖型，两头省尖容易鼓包不平，收省处要烫牵条，省要收尖，两头打结，不能打倒针，袖山头吃势0.5～1cm，袖山止口修成0.5cm，然后距边0.2cm车线把止口抽短，肩棉与止口平齐，不能放出来太多，否则袖子会凹陷。整个装袖子的吃势0.6～0.8cm，不能有大量吃势，否则会不平起皱。

袖窿越浅、离腋点越近，越好抬手，但是空间小容易卡手；袖窿浅AH就越短，在同等袖肥情况下，袖山越低，越好抬手。袖窿越深空间大，舒适性好，抬手量差，可以把袖肥加大，袖山高降低来弥补。

图5-53（a），适合夏天针织面料，造型休闲一点，不用那么立体。

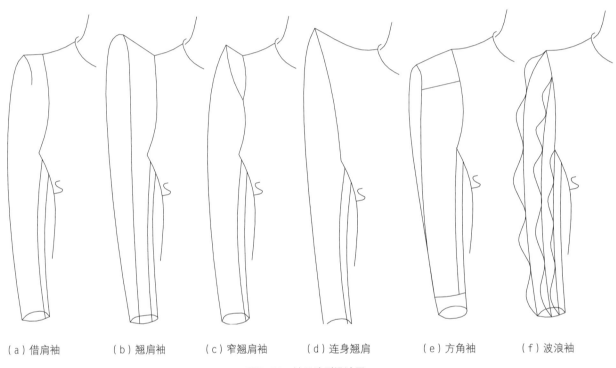

（a）借肩袖　　（b）翘肩袖　　（c）窄翘肩袖　　（d）连身翘肩　　（e）方角袖　　（f）波浪袖

图5-51　袖子造型设计图

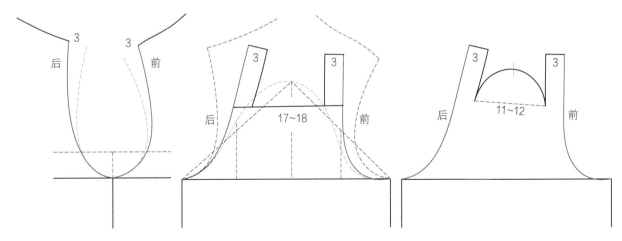

图5-52　一片袖改借肩袖图

图5-53（b），适合面料厚的秋冬服装，装厚垫肩，袖山微微上翘，立体感强。

图5-53（c），袖山头打褶，袖子平肩，装普通肩棉就好。

图5-53（d）（e）（f），袖管造型自由，可以做二片袖、三片袖、四片袖等，用一片袖转成二片袖，方法简单，通俗易懂，分割造型自由，要点是前袖缝短后袖缝长，前势就大。如果要直顺一点，肘省收小一点就好。

图5-51（b），图5-54（a），翘肩袖，法式风格，肩越翘，肩宽越要加大，袖窿越要浅，不然不好抬手。首先肩宽加大4cm（2～5cm均可），然后在大身上切掉6cm，总共10cm宽，假设原袖山高15cm，加上翘肩8cm左右，

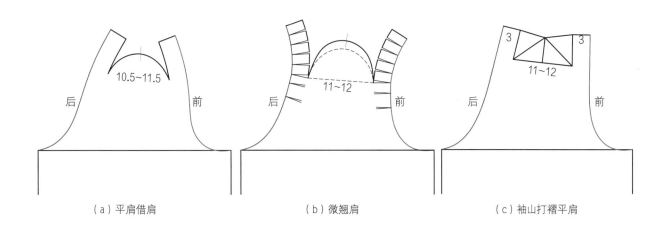

（a）平肩借肩　　　　　　　　　（b）微翘肩　　　　　　　　　（c）袖山打褶平肩

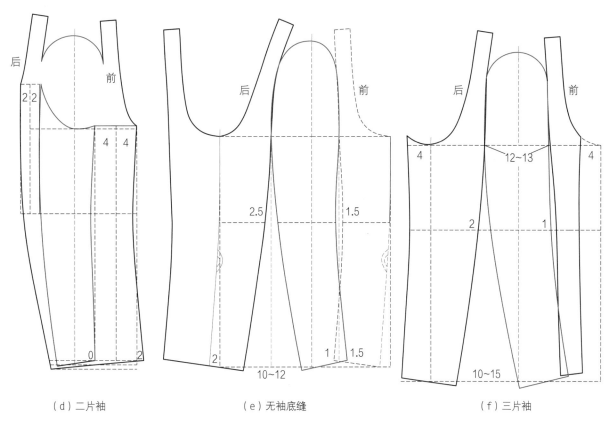

（d）二片袖　　　　　　　　　（e）无袖底缝　　　　　　　　　（f）三片袖

图5-53　多种借肩袖造型图

袖山总高23cm左右，袖山越高越不好抬手，可以把袖肥加大，袖山高降低，但观赏性差。做样衣的肩棉先由版型师来设计，做大货时再拿去肩棉厂做。

图5-51（c），图5-54（b），窄翘肩袖，翘肩宽度3～5cm，肩先加宽1cm，再向里切掉3～5cm宽，切下的肩部合并展开3～6cm，展得越多越翘；袖山抬高2～3cm，与新的翘肩袖窿拼合，袖子吃势自由，用饺子

肩棉。

图5-55，翘肩连身，衣服胸围大小自由，假设翘肩10cm高，前片把胸省4cm放袖窿，肩上再另外展开6cm；后片把肩省2cm放袖窿，肩上再展开8cm。袖山抬高8～9cm，袖山高了不好抬手；把袖肥加大，尽量降低袖山高。归拔要到位，不然肩部起拱，裁片不变形，一切等于零。

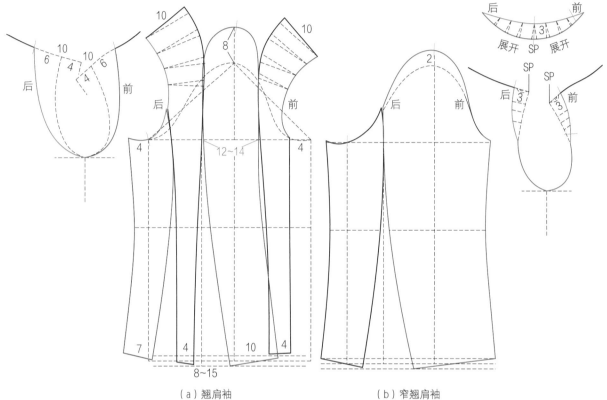

（a）翘肩袖 　　　　　　　　　　（b）窄翘肩袖

图5-54　二片袖改翘肩袖图

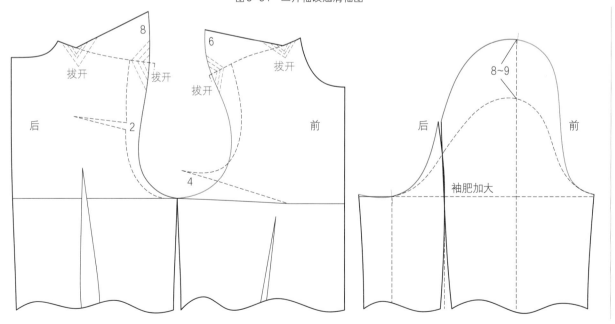

图5-55　二片袖改翘肩袖图

国际服装版型·女装篇

图5-51（e），图5-56，方角袖，造型夸张随意，展现的是袖型轮廓之美，在欧版中运用广泛。袖山头夸张造型的，袖窿AH要加大，胸围大小自由，正常肩宽或者宽肩均可，按方角尺寸画出长方形，袖管尺寸与长方形边长吻合，装袖吃势0.6cm。袖型设计千变万化，要有空间造型概念，思维要灵活。

图5-51（f），图5-57，波浪袖，从一片袖或者二片袖改波浪袖，快速简单效率高，首先画好分割线，把装袖吃势从缝里收掉，然后切割分开，画好造型线连顺。

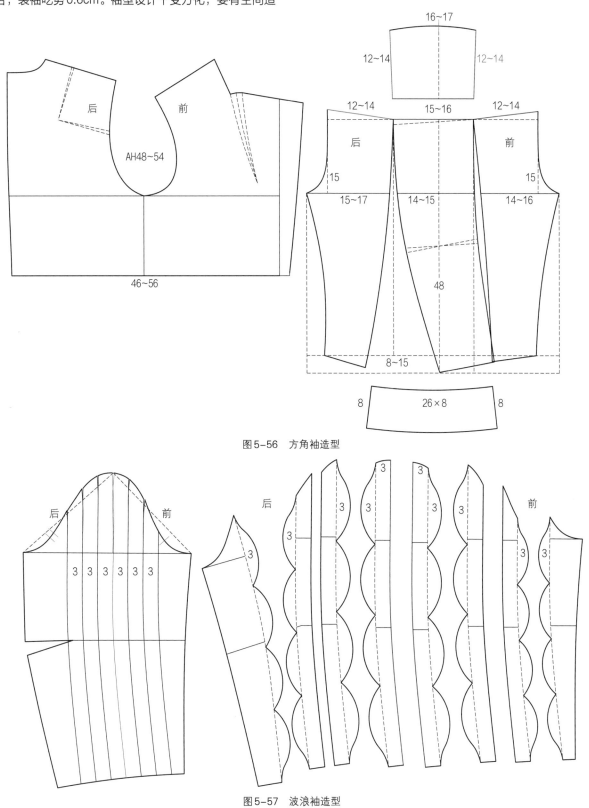

图5-56　方角袖造型

图5-57　波浪袖造型

一、刀眼前移原理

连身袖，指的是袖子与大身相连，落肩袖、插肩袖、蝙蝠袖、几何袖、拐角袖、组合袖等都属于连身袖类型。连身袖打版的方法有很多，教学上一般采用原型剪切法，在企业中一般采用一步到位打法，两种方法下面均有介绍。

欧版、韩版连身袖最容易后甩，而且容易压肩，袖窿决定了袖子方向，先调袖窿再调袖子。图5-58（a），胸省放袖窿太多，前胸宽外翘，袖子水平后甩。图5-58(b)，前袖窿胸省往下掉，袖子顺时针后甩，解决方法一：把袖窿胸省松量归掉或转到其他方向；方法二：袖山头刀眼前移。后袖窿要设计平行往前推，后袖窿逆时针前甩，来对冲前袖窿后甩。

图5-59（a），袖山头刀眼前移，袖底缝互借，袖山头刀眼往前移越多，前势越大。图5-59（b），袖山头刀

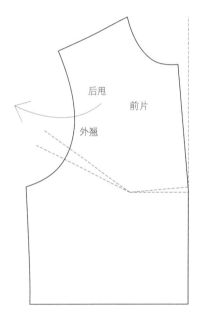

（a）平行后甩

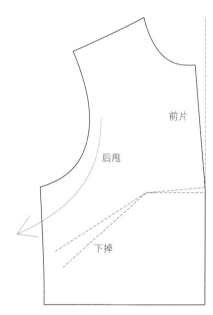

（b）顺时针后甩

图5-58 袖窿影响袖子后甩图

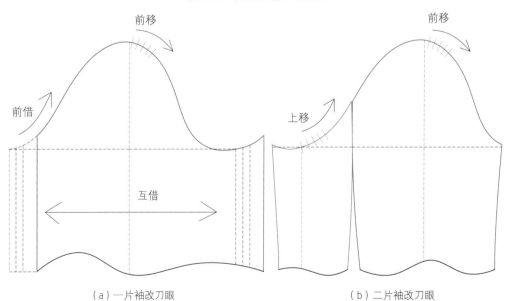

（a）一片袖改刀眼　　　　　　　　　　（b）二片袖改刀眼

图5-59 袖山头刀眼前移图

眼前移0.5～3cm，袖底刀眼往上移0.5～3cm，同步操作就好。

用一片袖变成连身袖，常规一片袖对接上去前势太小，要加大才行；可将一片袖袖山头刀眼向前移0.5～3cm，袖底缝互借，再分割对接上去，如图5-60。如果试衣模特手臂后甩，无须向前改刀眼。改刀眼拼上去后，感觉是后袖山加高，前袖山要降低，以袖肥线补正后，前后袖山高是一样的。

二、袖子旋转原理

加大前势，除了改刀眼，还可以旋转袖山头、旋转袖肥、旋转袖肘等，方法有很多，掌握要点，灵活运用。

图5-61，以袖山头顺时针旋转0.5～3cm，相当于合并前斜扭，前短后长，前拔后归，弯势大前势大。后袖缝长了有褶皱的转褶皱，羽绒服切线做暗省，实在不行前袖缝向下加长，如果无归拔，没有前势，相当于转纱向。

图5-62，以袖肥A点往前旋转0.5～3cm，合并前面斜扭，手臂往前伸，前面要短，后面要长；袖肘以B点旋

转0.5～3cm，还是让前袖缝变短，后袖缝加长，前拔后归，后袖缝太长，可转后袖缝褶皱，或转袖口褶皱均可，羽绒服转接线暗省。能归拔多少算多少，前袖缝可向下加长，减少归拔。归拔越多弯势越大，前势越大；无归拔无效果，相当于转纱向。

特别要注意，旋转袖山、袖肥、袖肘或纱向时，感觉是前面袖山加高，后面袖山降低，相差1～10cm，事实上前后袖山高是一样高的。当手臂平行往上抬，前后袖山高需要平行降低，那么手臂往前伸上抬，后袖山加高，前袖山要降低；手臂往后甩，前袖山加高，后袖山降低。

插肩袖、落肩袖、蝙蝠袖、几何袖等，面料硬时容易起斜扭与压肩，其中风衣皮衣插肩袖更容易后甩起斜扭，因为斜向有破缝撑起来，面料太硬斜扭更明显。如果需要前势大，所有的袖型都需要往前旋转，如果要袖子后甩，往后旋转即可。

图5-63，加大前势，弯势，让前面变短，后面变长，旋转位置有袖山头、袖肥、袖肘，纱向也可旋转。后袖缝长了可转移，后袖缝有褶皱的当褶皱，后袖有破缝的转破缝，袖口有褶皱的转袖口，羽绒服有切线收暗省，归拔等

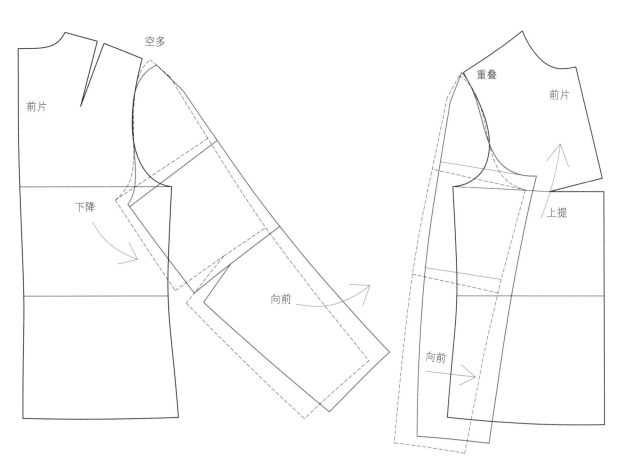

图5-60　连身袖刀眼前移对比图

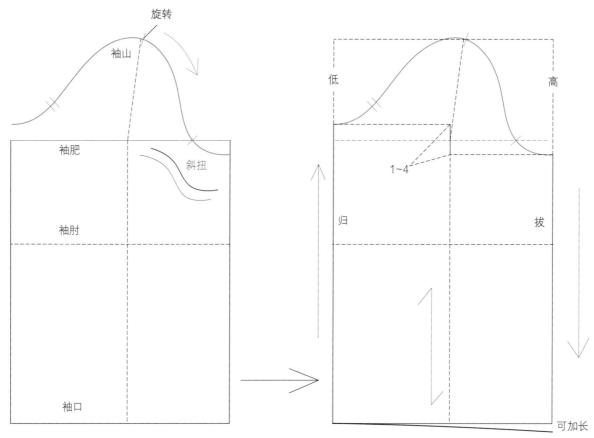

图 5-61　袖山头旋转图

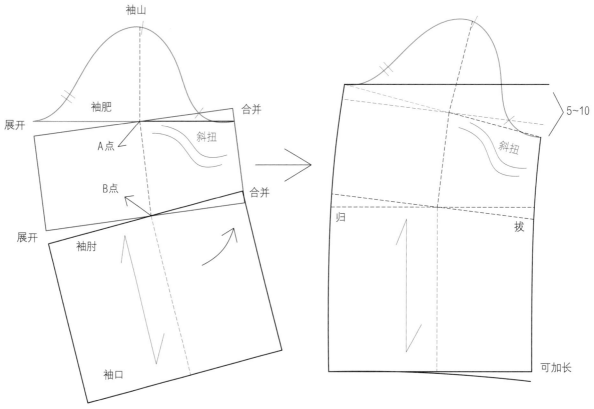

图 5-62　袖管旋转图

处理，实在无法归拔，前袖缝向下加长少量。

旋转后修顺，感觉前面比后面袖山高5~8cm，是因为前面合并了斜扭，旋转了袖管，裁片往后旋转了再打的纱向，其实前后袖山高是一致的。

图5-64（a），所有袖型肩部前势原理，前面变短，后面变长，肩缝向前形成弓形。图5-64（b）（c），前袖缝短后袖缝长，后袖缝长了形成肘省，转到褶皱或破缝里面效果最佳，尽量不做归拔。

图5-65（a），一件好的衣服穿在身上是舒适轻逸的，BP点、侧颈点、肩胛骨三个主要位置受力，SP点悬空。手臂试衣服的角度是85度左右，如果打版角度是35度，面料又硬时，手往下压，侧颈点上翘，导致SP点受力压肩，简单说就是无法满足肩包凸起的要求。解决方法是加大第二次比值或归拔成肩包，形成SP点弧形拐弯。前领圈起空有多种情况，前横开太大，前领圈大时可平行劈掉0.5~2cm，胸围小了侧面补出；后领圈起空多数是衣服

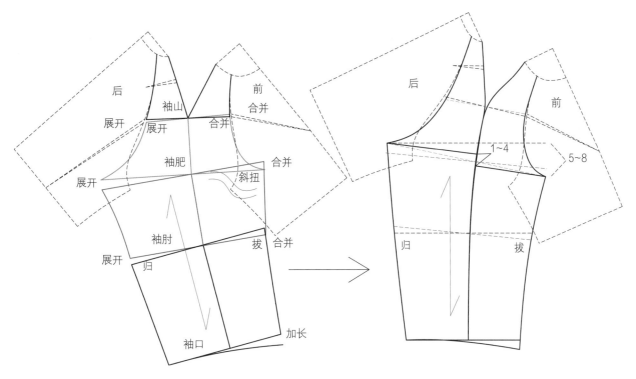

图5-63　连身袖类旋转方法图

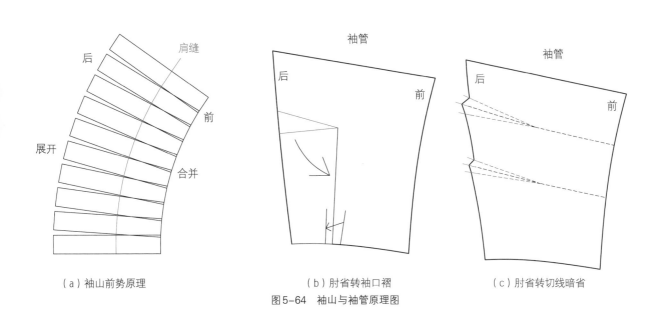

（a）袖山前势原理　　　　　（b）肘省转转袖口褶　　　　　（c）肘省转切线暗省

图5-64　袖山与袖管原理图

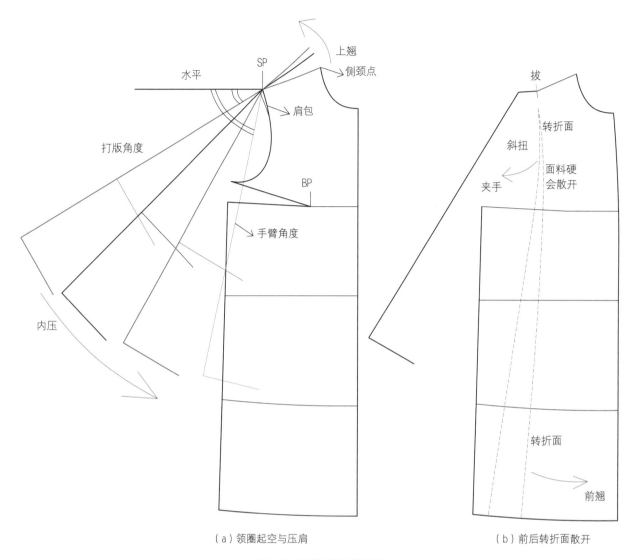

（a）领圈起空与压肩　　　　　　　（b）前后转折面散开

图5-65　连身袖常见弊病图

后跑导致，可调节衣身平衡。

图5-65（b），风衣面料、皮衣面料又厚又硬，打欧版和韩版时，前后转折面容易散开，上面半段散开导致袖子斜扭与夹手，下面半段散开往前跑导致前翘倒八字；解决方法是，对于硬的厚的风衣、皮衣面料、双面呢等，可将胸围减小，第二次比值加大，胸宽背宽减窄，来减小转折面。

二、原型转连身袖

图5-66，前后袖窿线平行上去7cm（4～10cm均可）找一个点，后面袖子对接用，插肩袖分割比例在7：1内为常规，夸张插肩袖可自由分割。不管是一片袖还是二片

袖，先把前袖缝斜扭合并，袖山头刀眼前移，前势调好，画吃势为省。也可以把一片袖或二片袖装好，让试衣模特穿好，在人身上画插肩、连身袖，沿线剪开打刀眼，空开的就归，重叠的就拔，这样更加通俗易懂，准确快速。

图5-67，二片袖或多片袖改连身袖，要先改刀眼去斜扭，要具有前势、弯势、扣势，还可以增加拐势与戗势，无问题再对接上去。袖窿平行上去7cm找一个点，用于袖子对接参考用。

图5-68，用一片袖转成插肩袖，前袖不容易起斜扭，因为打版角度跟试衣服手臂角度相近，袖抬手量跟一片袖相同。空开的归，重叠的就拔，后肩省合并大部分，留少量在后面归，让肩缝形成弓形。插肩分割线可以视为松量显瘦分界线，往上分割袖子显瘦，衣服显胖，往下分割，

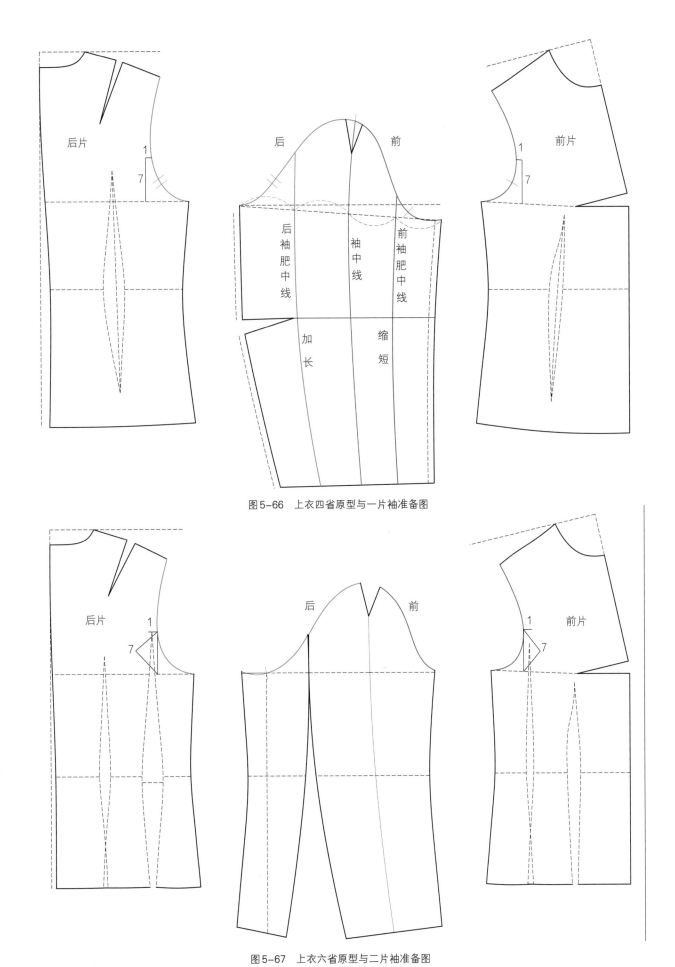

图5-66　上衣四省原型与一片袖准备图

图5-67　上衣六省原型与二片袖准备图

衣服显瘦，袖子容易起斜扭。连身袖弯势前势的要点是，前袖两边拔长，相当于前袖肥中心线变短；后袖两边归短，相当于后袖肥中心线变长。

图5-69，用二片袖转变成插肩袖，分割线于袖窿7cm处相切，后袖窿可以空开0.3~0.8cm，前面观赏性好，后袖活动量好。贴体袖型，观赏性好，抬手量同二片

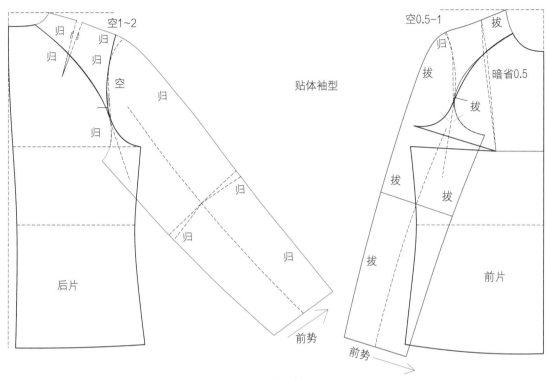

图5-68 一片袖转插肩袖图

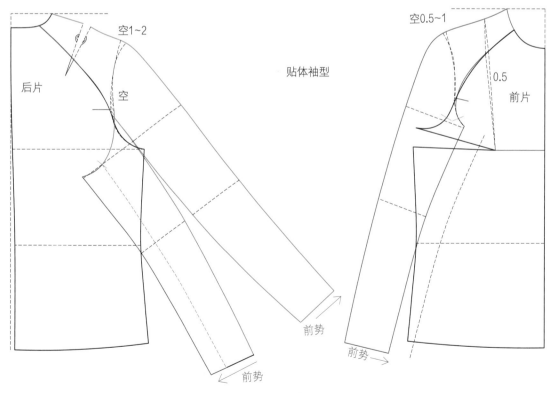

图5-69 二片袖转插肩袖图

袖，原来的二片袖没有斜扭，现在也不会有斜扭。面料又厚又硬的，前面不要转折面，第二次比值加大，不然会起斜扭。测出数据，可直接打版。

图5-70，一片袖转合体袖插肩袖，前面空开1.5cm左右，后面比前面空开大0.5~1cm，这样前势更大。袖子与袖窿空开越多，前胸宽后背宽越大，袖子越容易起斜扭。连身袖弯势前势核心要点：前袖两边拔长，相当于前袖肥中心线变短；后袖两边归短，相当于后袖肥中心线变长。

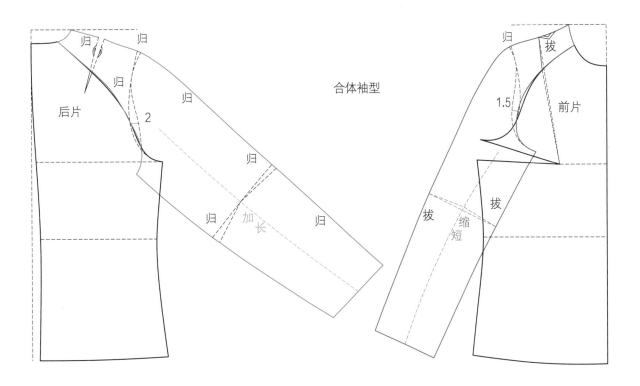

图5-70　一片袖转合体插肩袖图

图5-71，合体插肩袖，连身袖往前旋转位置有袖山头、袖肥、袖肘三个。前势要大，前袖第二次比值要大，后袖第二次比值要小。

图5-72，用合体胸围92cm原型演变成欧版连身袖类型的，均可用此方法。下面以落肩袖为例，前片：袖窿深平行上去7cm找点，胸省分散转移，留少部分在袖窿做松量，胸省松量在袖窿加宽了前窿门宽，后侧向前互借；前袖窿处空开2~3cm，后面空开3~4cm，相差越多，前势越大。后片：肩省分散

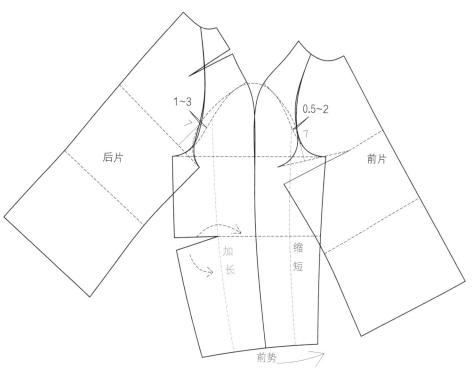

图5-71　合体插肩袖旋转原理图

转移，后片可抬高0.3～1cm，前后片同步袖窿加深，胸围加大，画好造型。胸围大小自由，后包前，后胸围比前胸围大2～3cm；前包后，前胸围比后胸围大2～3cm；平面休闲前后胸围一样大。

落肩袖最浅袖窿深，微落肩2～4cm，从原型袖窿深加深落肩的100%；小落肩5～7cm，从原型袖窿深再加深落肩的80%；中落肩8～14cm，从原型袖窿深加深落肩的60%；大落肩15～40cm，从原型袖窿深加深落肩的50%。

落肩袖没有最深袖窿深，越深越休闲。如果袖窿浅窿门够宽，从前面看越像西装袖；如果袖窿很深，窿门很窄，

从前面看像蝙蝠袖，是韩版风格。落肩越少，第二次比值越要打大些，否则肩部容易起斜扭；落肩越多，第二次比值越要打小些。胸围小或者面料硬，第二次比值加大；胸围大或者面料垂，第二次比值减小。

图5-73，从合体原型或宽松原型演变成欧版插肩袖，原型袖窿深平行上去7cm找一个点，胸省分散转移，后片抬高0.3～1cm；袖子对接上去，前面空开2～3cm，后面空开3～4cm，空开前小后大，前面观赏性好，后面运动量足。胸围加大自由，前后同步增加袖窿深1～10cm，画好轮廓即可完成。袖子往前旋转合并斜扭，加大前势，后肘省分散或转褶皱。

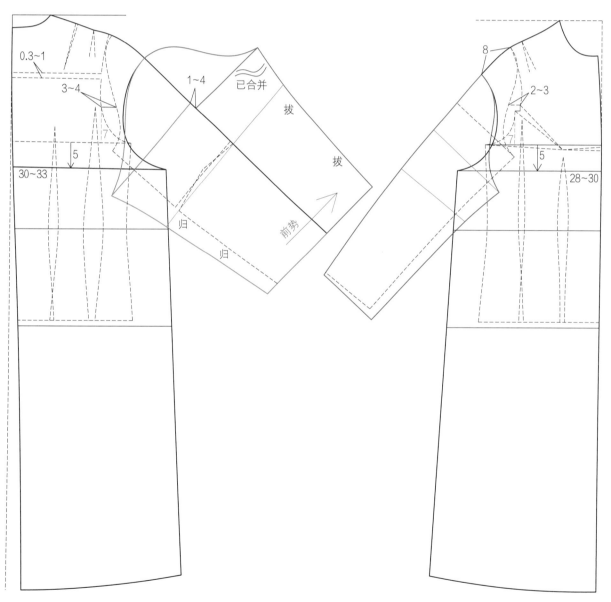

图5-72　用原型转欧版落肩袖图

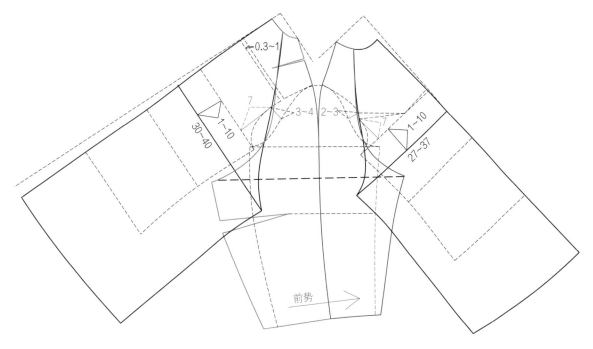

图 5-73　原型转欧版插肩袖图

　　图 5-74，欧版、韩版连身袖款的要点，即袖子与袖窿空开越多，前后转折面越大；胸围越大，前后转折面也越大。企业如果要求把前转折面减小或去掉，可将前袖第二次比值加大，前胸宽减小，前片胸围减小加在后片，这样前面干净显瘦，后片大气；如果要后面显瘦，前面大气，则可相反操作，将前后胸围加大，袖窿开深，袖肥加大，袖山高加高。

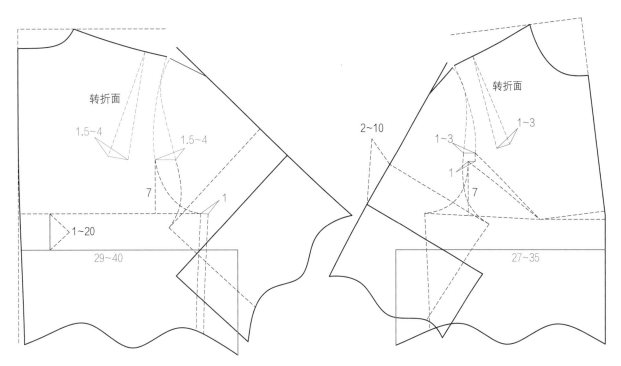

图 5-74　连身袖阔形款空开与转折面关系图

三、直接打连身袖原理

　　一片袖转连身袖，跟直接打连身袖的区别在哪里？以贴体袖为例，一片袖转连身袖比值会大一些，测量得出，前袖15：（18～22），后袖15：（7～10），前后差也很大，观赏性好，前袖没有斜扭，抬手量差些。直接打连身袖，很多人不敢打这么大比值，比值小前袖有斜扭，但抬手量大。

　　图5-75，直接打贴体插肩袖，先确定前袖空开0.5～3cm，再用15比上一个值，确定袖山高14～17cm，袖窿越深袖山越高，画好插肩造型，袖管向前旋转，前短后长。后面空开比前面大0.3～1cm，15比上前面X的30%～50%，前后相差越多，前势越大，后肘省分散处理或者转褶皱。

　　图5-76，袖山头收省或打褶，开口大小自由，收省越大，省就要越长，以免起包。手臂压下试衣服，袖子不要有斜扭，可以先把第二次比值加大，然后再分散转掉一部分做归拔，来减小开口。袖山高低自由，袖山越高袖肥越小观赏性就好，袖山越低抬手量越好观赏性就差，腋下

重叠多少是自由的。

　　图5-77，无肩缝插肩袖，一般用于高弹针织运动服，为了好抬手，采用一字肩；缺点就是手臂压下很容易起斜扭，可以先把第二次比值加大，再分散转移归拔掉，来解决斜扭问题，袖子可以用斜丝，熨斗烫出肩包拐弯，就不会有斜扭；这种类型的插肩袖工业无法大量生产，适合单件高定。

　　插肩袖、落肩袖、蝙蝠袖等，胸围小，无肩缝，要做到袖子没有任何斜扭，技术含量较高，需要用归技工艺处理或弹力面料。在法国巴黎用3D打印，或者机器织造，直接做出肩（凸）包拐弯，袖子就不会有任何斜扭。另外还有Fabrican（喷罐面料）技术，可喷涂液体纤维，手臂摆好姿势后，用液体纤维直接喷上去成为衣服，可以解决袖子斜扭、无省斜扭等一系列问题。

　　插肩袖、落肩袖、蝙蝠袖等，胸围大，无肩缝，大廓形类，完全可以做到袖子无斜扭，先把第二次比值加大，再转到前后转折面里面，下摆大了侧面撇掉，缺点是前后都有一个很大的转折面。连身袖类型同一片袖、二片袖，在片内收肘省袖口省。

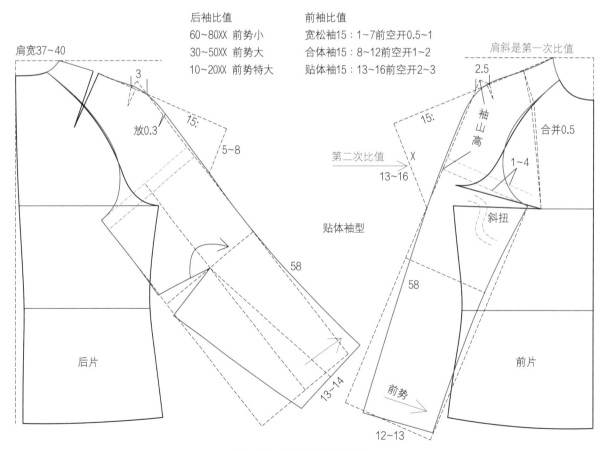

图5-75　直接打贴体插肩袖图

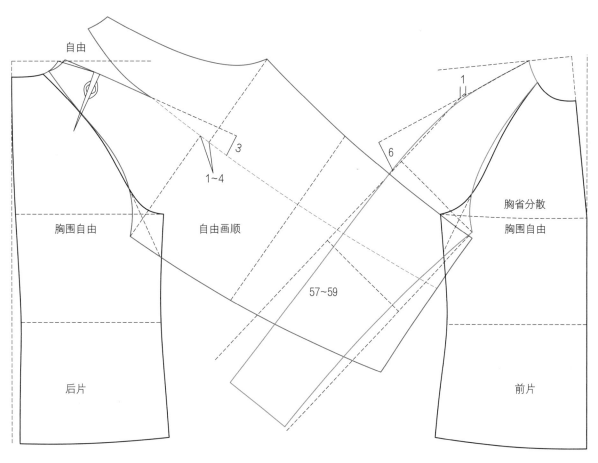

图5-76　袖山头收省插肩袖图

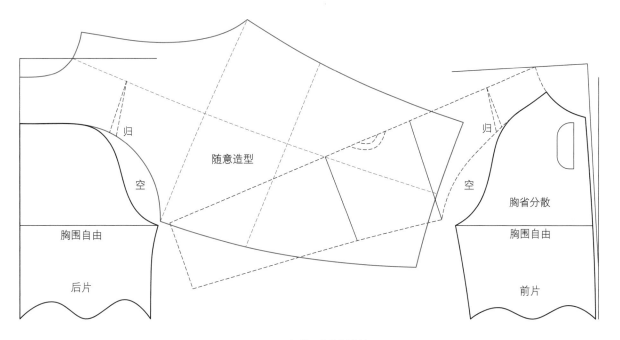

图5-77　高弹无肩缝插肩袖图

四、落肩袖设计

图5-78，落肩袖直接打版，落肩12.5cm，袖窿深32~36cm，落肩多少可以自由设计，如果袖窿深38~45cm，窿门宽又小时，做出来就像蝙蝠袖的感觉。落肩袖可做一片袖，多片袖；一片袖无褶皱时，肘省要分散，留少量做归拔，如果无归拔，就是直筒型没有弯势；二片袖可做前势、弯势、扣势，也可加拐势。

第二次比值小，胸围又大，胸宽背宽加大了，转折面自然产生，并不是展开的。如果要前袖窿直，第二次比值要放平，前胸宽加大；相反如果要前袖窿凹，第二次比值要加大，前胸宽减小，前转折面也减小。

前后第二次比值，相差越多前势越大，假设前袖15:10，后袖15:（6~8），前势很小，但是当手臂抬到某一个角度，前后转折面会同时散开；假设前袖15:10，后袖15:（1~2），前势大，但是当手臂抬到某一个角度时，前面转折面散开了，后面转折面就无法散开。

落肩袖袖山头容易鼓包，袖山头一段吻合，袖山高不要太大，就不会鼓包。落肩袖类型为倒装袖，袖山弧线一圈短0.5~1cm，袖山平装无皱褶就好，袖山不能拔开，否则袖山头会凹陷，袖窿可归一点。

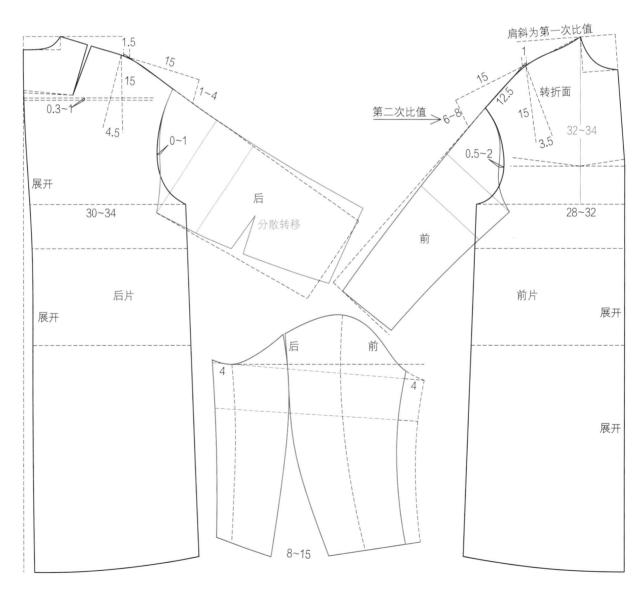

图5-78　落肩袖直接打版图

五、连身袖设计

图5-79，插角连身袖，前片胸省分散转移，前袖第二次比值15：（6~9），后面15：（2~4），相差越多前势越大，前袖腋下空开2cm止口，前袖加大弯势，后袖同步向前弯，从SP点量袖长55~65cm。

袖窿深24.5~26.5cm，拼三角深32~36cm，人体净窿门宽10.5cm，腋下窿门宽以及小片三角要大于人体净窿门宽1~3cm，即11~13cm，小片三角越窄越隐藏，越宽越舒适，腋下三角小片，前面同大身前袖缝长，后面同大身后袖缝长；三角可以是后长前短，也可前后一样长。笔者原创立裁转平面的方法极为简单，挖一个缺口，配一个三角就好。

前肩缝拔开，相当于加大第二次比值，不容易起斜扭；假设前袖第二次比值是15：6，后袖是15：0.5，前势大

的缺点是当手臂抬到某一个角度时，前面转折面散开，而后袖转折面无法完全散开，因为前后转折面大小不一样，不同步是正常的。

图5-80，连身袖配小袖，先确定袖窿深24.5~28.5cm，袖窿越深，空间越大，舒适性越好，缺点是不好抬手；再确定窿门宽10~13cm，越宽舒适性越好，缺点是小袖容易露出来，越窄就越隐藏，容易卡手。前片腋下留2cm止口，小袖好拼进去，小袖直接配，宽度11~13cm，大于人体净窿门宽1~3cm，小袖前袖缝同大身前袖缝等长，小袖后袖缝同大身后袖缝等长。要把转折面改窄，确定转折面位置凹一点，再拔开，半成品小烫喷气定型，成品再定型就好，半裙卡波浪个数原理。

腋下不管是拼小袖、三角、直条、刀背片等，都极为简单。第一步，设计大身袖子长度55~65cm，再设计前势及腋下挖孔；第二步，设计窿门宽、小袖宽；第三步，设计小袖弯势前势。

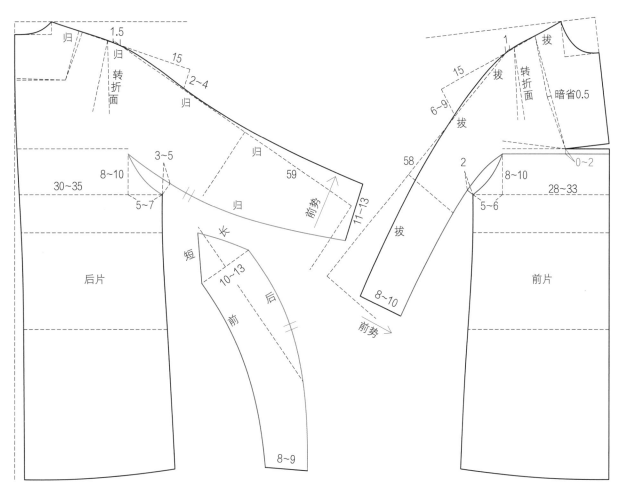

图5-79　连身插角袖图

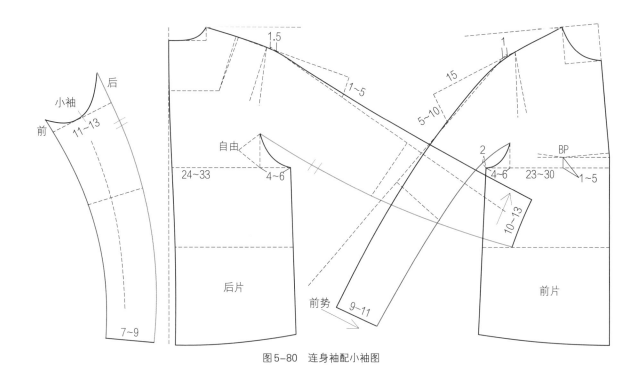

图5-80 连身袖配小袖图

图5-81，蝙蝠袖型，前片胸省分散，第二次比值15：（0~3），特殊时候为了好抬手还可以往上反比，后面15：（0~2），袖长55~65cm，具体根据企业的设计稿设计，常规袖长从SP点向下量是58cm。蝙蝠袖可以变化成落肩袖、插肩袖等，加分割造型线。

此袖型技术难点在于侧缝不一样长，可以利用前后胸围差来调节；前后第二次比值差调节，利用袖口处一边放出一边收进调节。蝙蝠袖腋下要拔开，不然止口有内外圆扯住不平。所有连身袖的核心要点都是前袖肥中心线要变短，后袖肥中心线要变长，这样前势才大。

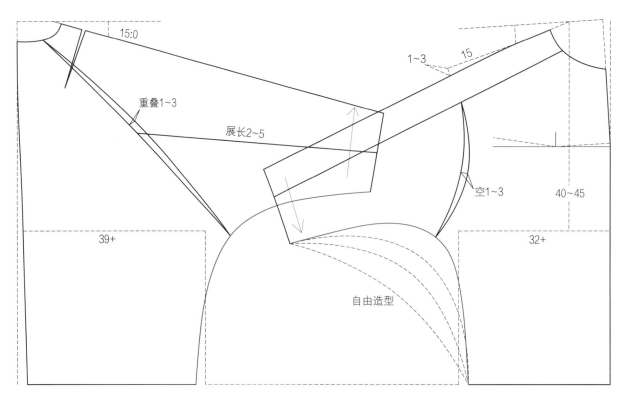

图5-81 蝙蝠袖加分割设计图

图5-82，腋下插三角，用立裁转平面方法极为简单，不需要任何公式，效果又好。首先前片胸省分散转移，大身袖子画好前势，袖窿深度BP点下去1~3cm，三角深度从袖窿深下去7~10cm，前后窿门宽8~13cm，窿门越宽舒适性越好，三角容易露出来，窿门越窄腋下三角越隐蔽，容易卡手，建议窿门宽大于人体净窿门宽10.5cm。

前袖腋下空开2cm拼三角用，三角宽度8~13cm，越宽舒适性越好，三角露出观赏性差，三角越窄越隐蔽，但是容易卡手。前后三角可等长，也可后三角长一些，加大前势。

前袖肥中心线有很多暗省合并前袖，两边拔开中间变短，前袖肥中心线要变短，后袖肥中心线要展长，才符合手臂往前伸的姿势。

连身袖弯势前势要点在于，前袖两边拔长，相当于前袖肥中心线变短；后袖两边归短，相当于后袖肥中心线变长。插角类的随意挖一个孔，配一个三角宽11~13cm，

长度与大身吻合即可。

图5-83，腋下拼小袖，侧片刀背缝，前片胸省转刀背缝里面，前后画好正常袖窿，按图中前后比第二次比值，确定袖山高度14~16cm，袖窿越深，袖山越高，画好袖子与刀背交叉造型。

打一些合体的连身袖，尽量用合体的二片袖去对接上去画顺就好，效果好，又快速，前提是原先的二片袖没有问题，对接上去之后，空开的就归，重叠的就拔。

前后肩部SP点都有空开，SP点可以前后归，也可以选择前面拔开，后面归；要求肩缝形成弓形，衣服挂在那里袖子自然往前甩，清爽干净，大牌企业特别讲究衣服的挂相要好。

图5-84，衣身与袖子图，胸省转到刀背缝里面做归缩，袖子带前势、弯势、扣势，可以增加拐势，小袖袖肘处向前旋转1~2cm，大身袖子与小袖调整一下长短即可。

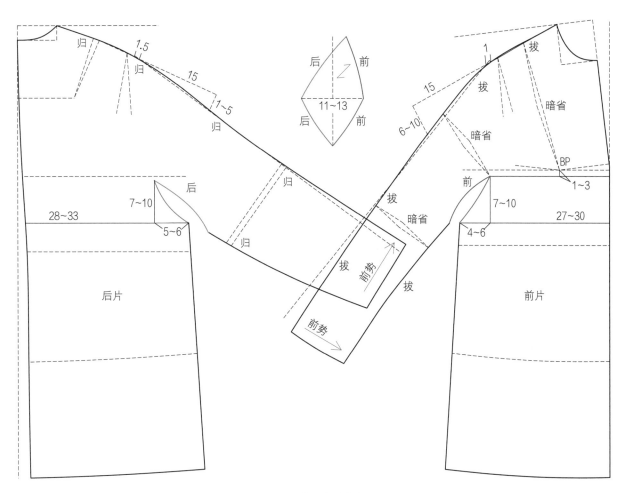

图5-82 插三角连身袖图

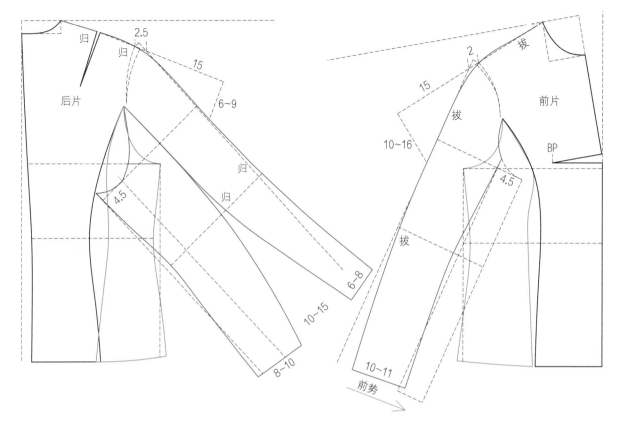

图5-83　连身袖配小袖分侧片图

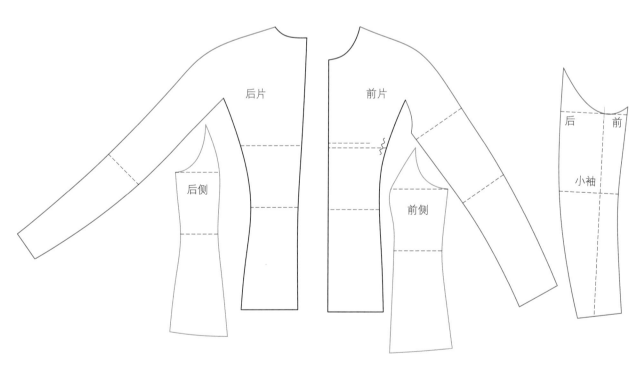

图5-84　连身袖裁片图

六、插肩袖设计

图5-85，欧版阔形、韩版休闲款，立裁转平面直接打插肩袖，高效快速；在面料又厚又硬的时候，例如风衣面料、皮衣面料、双面呢等，袖子最容易起斜扭，需要把前片第二次比值加大，腋下重叠多一点，增加抬手量；既有西装袖的观赏性，又有运动服的抬手量，前袖合并了斜扭，导致前袖底缝短，后袖底缝长，前拔后归。前袖肥中心线合并短，后袖肥中心线加长，符合手臂前弯姿势。前后片SP点都有暗省空开，前后都归缩一点，满足肩包形状。手臂试衣角度要与袖子角度相近，才不会有斜扭；也可先把角度打大，再从片内展开。要根据面料来打版，掌握核心，灵活运用。

图5-86，很多企业要求手臂往前伸，袖子不要有斜扭，第二次比值又不能太大，那就先把角度打大，然后在前胸宽后背展开加大转折面，原本就有转折面，现在加大了，下摆也加大了，从侧面撇掉；片内展开，给人感觉是把第二次比值变平了，其实袖山一直很高，而且面料硬的，无法形成转折面，此方法在欧版、韩版服装上可以使用，在合体时装中不要转折面时，请勿使用。

如何把转折面改窄？首先找到转折面位置画凹，打刀眼拔开，裁片裁好在人台上先烫好转折面再做，否则无法卡住此位置。所有归拔都是先烫好再来缝制，并不是一边拼缝一边归拔。要注重版型与工艺结合，才能去掉袖子斜扭；如果乱打乱做，风衣皮衣面料，袖子永远都会有斜扭问题解决不了。

图5-87，插肩分割设计，分割线向上弧，袖子精神显瘦，大身显胖，袖肥小，不容易起斜扭，合体时装常用；分割线向下凹，休闲自然，大身显瘦，袖子显胖，袖子松量大，袖子更容易起斜扭，韩版、欧版服装常用。袖子弯势要大，前势要大，前袖肥中心线变短，后袖肥中心线变长。

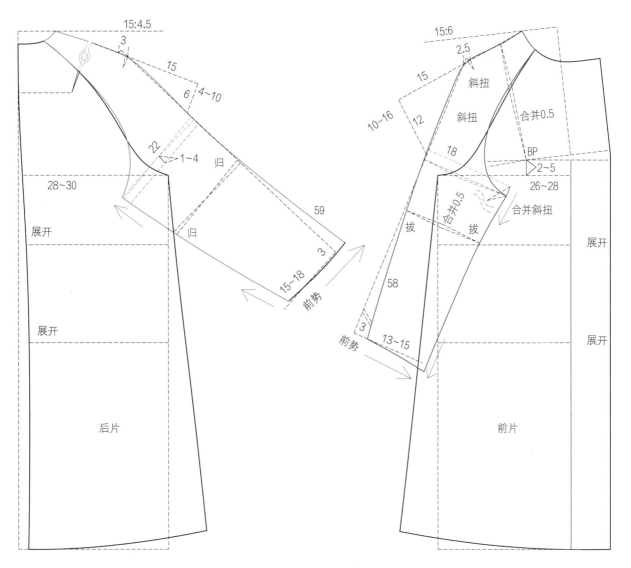

图5-85 欧版插肩袖直接打版图

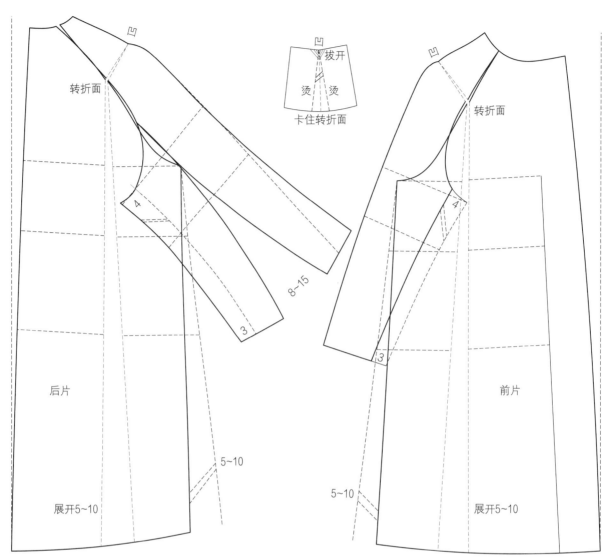

凹

凹凹

凹拔开

烫烫

卡住转折面

转折面

转折面

4

4

8~15

3

3

后片

前片

5~10

5~10

5~10

展开5~10

展开5~10

图5-86 欧版加大转折面方法图

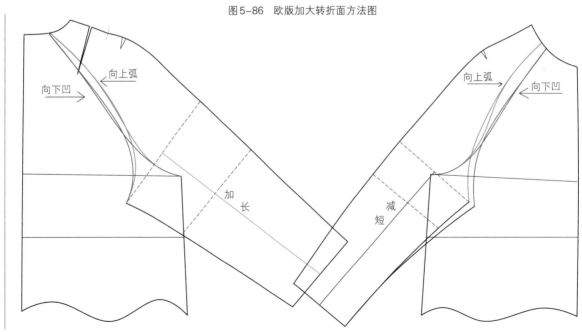

向上弧

向上弧

向下凹

向下凹

加长

减短

图5-87 插肩分割线设计图

国际服装版型 ● 女装篇

七、宽肩袖设计

图5-88，宽肩袖设计，肩部刚硬男性化，可以说肩越宽越显得大气，也可以说肩越宽越显胖臃肿，就看你怎么审美。正常肩宽38~40cm，小宽肩42~48cm，中等宽肩49~55cm，大宽肩56~80cm。宽肩袖的技术要点在于大身前后片转折面，如果要转折面大，从SP点往上翘；如果要转折面减小或去掉，从SP点往下斜1~3cm，同时连同肩斜加大，前胸宽后背宽减小，转折面减小。

宽肩类用大肩棉或定做肩棉，如果不想宽肩塌下来，就在肩棉内加鱼骨或用塑料片撑起来，如果微微塌下来就用正常肩棉，同时跟袖山高有关，袖山高可以把袖窿高度撑平，袖山低会把袖窿高度拉扁，前胸宽，后背宽会起横向褶皱。

宽肩袖型，宽肩越大胸围越大，宽肩小胸围也要减小，窿门宽在12~15cm左右最佳，如果是小宽肩，胸围又特别大，胸围先打小再从片内展开，下摆大了侧缝撇掉，不然窿门宽太大，从侧面看袖子显胖臃肿。肩宽背宽胸宽足够大，能满足人体一圈围度，袖山头可以画尖一点显瘦；要舒适性就把袖山头画胖一点，把肩部撑宽。

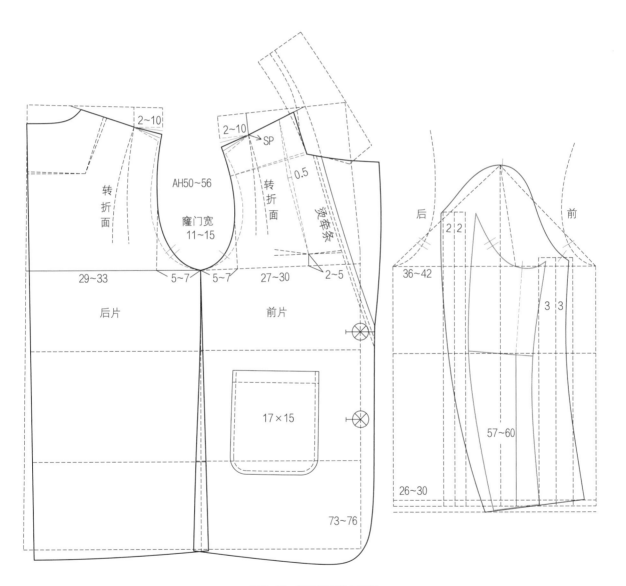

图5-88　宽肩袖直接打版图

八、几何袖设计

图5-89，几何袖，拐两次弯或者多次弯的袖子均为几何袖，有的在SP点肩端点拐弯，有的在袖山头拐弯；宽肩掉下去导致SP点拐弯叫宽肩几何袖；落肩袖袖山过高导致袖山头鼓包拐弯，叫落肩几何袖。

胸围120～140cm均可，衣长自由，确定第二次比值，落肩12～13cm，画好袖窿深30～32cm，窿门宽11～13cm，AH控制在48～58cm，袖子吃势2～6cm，袖山高15～17cm，袖窿越深，袖山高越高。每个位置都是自由的，可以根据企业需求来打版，也可以根据面料来打版，可用小香风面料、呢料、西装面料等来做几何袖。

前后片本来就有转折面，将其展开再加大转折面，也

有个别企业要把前面转折面减小或者去掉，后面可以有转折面，把前面第二次比值加大，前胸宽挖凹些，前胸围减小加在后片。

袖子配二片袖带拐势的，袖肥36～42cm，袖长57～63cm，可以自由设计，常规袖长58cm，袖口26～30cm。袖山头越尖，从侧面看显瘦，但是容易夹手；袖山头画胖一点，舒适性好，但容易显胖臃肿，取一个中间值即可。

只要把胸省肩省处理好，窿门宽、袖窿深、袖山高组合好，袖子斜切面自然顺直，很多时候袖山太低，与袖窿高度不吻合，袖子会把大身袖窿高度拉扁，前胸宽后背宽起横向褶皱；袖山太高，袖子容易起横向褶皱不好抬手。

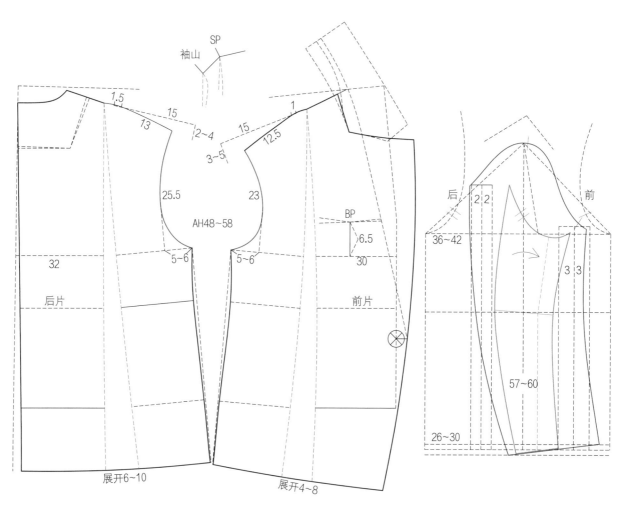

图5-89 几何袖直接打版图

九、拐角袖设计

龟背拐角袖，衣身后中长侧面短就会形成龟背，或者后袖窿比前袖窿长5～20cm，也会形成龟背；后胸围比前胸围大8～20cm，后袖窿比前袖窿长8～20cm，后袖就会形成拐角。龟背跟拐角是两种技术，可以组合使用。龟背拐角袖，后片抬高破坏了衣身平衡，侧缝前甩导致前翘、前倒八字，以及衣服后跑，后直开加深一些，要往前拎一把，BP点少量归拔形成胸包定住，前肩缝拔开，后肩缝归缩形成弓形，符合人体体型。

图5-90，龟背拐角袖，正常落肩袖打好，中长款后片抬高3～6cm，多了容易勾脚（短款抬高8～13cm），后胸围展开10～15cm，可以平行展开，也可上展下摆不

动，袖子与大身同步展开，后AH与后袖山弧线长度要相近，此时后AH比前AH长10～20cm，后背形成兜量拐角。后片往上抬高了，人穿龟背量容易掉下去，后片下摆往上减掉2～10cm，保持下摆水平。

如果从侧面看拐角面太宽，想要改窄，前后AH相差少一点即可，后片少抬高一点，后胸围少展一点。打欧版、韩版版型一定要收放自如，能大能小还能刚好。

图5-91，蝙蝠拐角袖，同样是后片抬高2~6cm，中长款少抬一点，摆太小容易勾脚，大摆不影响，后胸围比前胸围大10～20cm，后片半成品整烫一下形成拐角，不烫拐角不稳定。胸围大的可以做一字，肩上不打第二次比值，袖子依然不会起斜扭，前后转折面很大，如果转折面要减小或去掉，就要加大第二次比值。

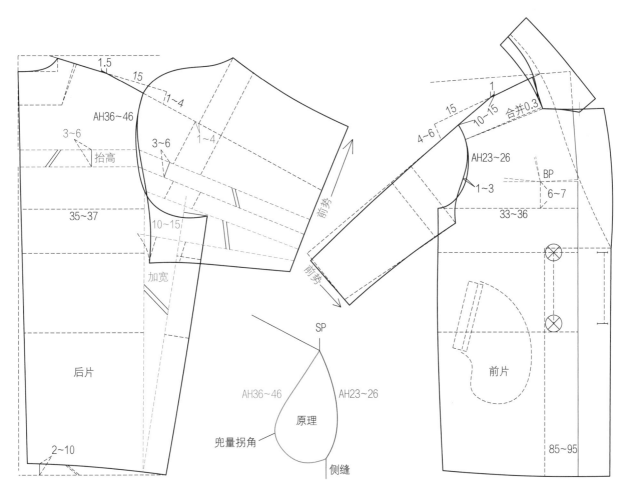

图5-90　落肩拐角袖图

正常袖、宽肩袖、落肩袖、插肩袖、连身袖、几何袖、泡泡袖、打褶袖，都能做出龟背拐角，只要掌握技术核心即可，后AH比前AH长10～20cm，像蝙蝠袖看不到AH长短，只要后面抬高3～15cm，后胸围比前胸围大10～20cm，自然产生拐角。

风衣大衣面料较硬，后片往上抬高了，人穿起来会往下掉，为了下摆水平，后下摆往上减掉2～6cm；羽绒服龟背明显些，往下掉得会少一些。

图5-92，插肩拐角袖，先按正常欧版、韩版打好插肩袖；再将前片胸省分散，前片插肩袖对接到后片去，后片抬高5～7cm，后下摆展开35～40cm，形成大摆，按图再把袖子画顺。这三片袖型有极大的学习价值，在欧版、韩版中经常这样互借随意造型。

后片抬高人穿起来衣服会掉下去，可将后片下摆向上减短7～9cm；龟背拐角袖摆围大小自由，可以做大摆、小摆、H型、倒梯形、南瓜形、灯笼形、西瓜形、蝴蝶形等。

拐角袖型也可以用于中式服装，形成中西结合的风格，要敢于创新尝试。

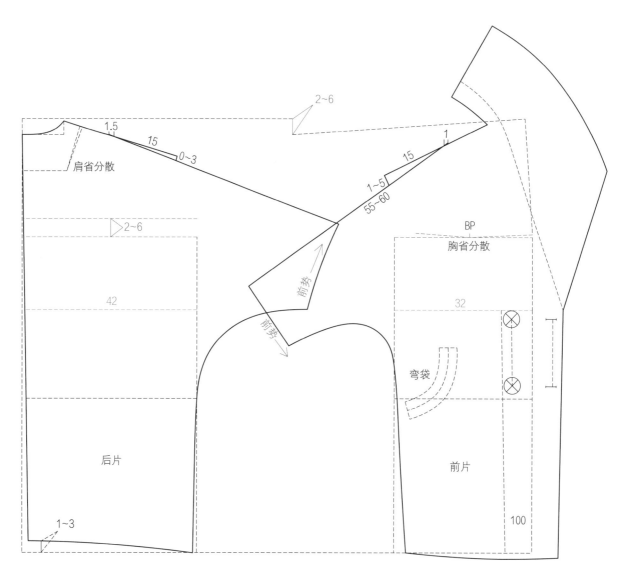

图5-91　蝙蝠拐角袖图

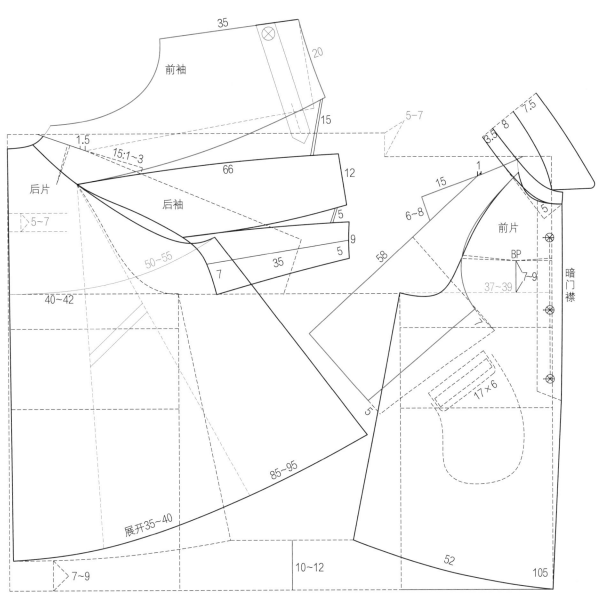

图5-92　插肩拐角袖图

十、组合袖设计

组合袖，在工作中我们经常遇到两种以及多种袖子组合在一起，常见的有前落肩后插肩、腋下拼小袖，前面连身袖后面落肩、腋下拼小袖或者插三角等。

图5-93，前片落肩后片连身袖，腋下拼小袖；后肘省10～15cm，后袖缝弯刀形，像男西装大弯刀袖。组合袖只要掌握要点是极为简单的，记住不管几种袖型拼接组合，都要在腋下设计小袖、插角、拼条等来过渡与前后衔接，组合更加顺畅，工艺简单好做，小袖、三角、拼条，上面宽11～14cm，下面口宽8～10cm，总袖口24～34cm；千万不要强硬把两种袖型拼在一起。

图5-94，组合袖，羽绒服胸围要打120～160cm，还要配正常袖，正常打版会出现窿门特别宽，从侧面看袖子像个羊腿，显胖臃肿。

要让衣服显瘦，有多种方法，比如事先把胸围打小一点，再从片内展开，形成转折面，下摆大了，从侧面撇掉。袖窿深不要开太大，胸宽背宽加大，来减短AH，袖肥自然，小了显瘦。另外一个常用的方法是，先确定肩宽40～45cm，袖窿深28～32cm，袖底合并后会变浅，袖山高20～25cm，袖肥48～50cm，把大小袖弯势加大，夸张一点来掩盖显胖，小袖跟侧片合并，形成大袖与腋

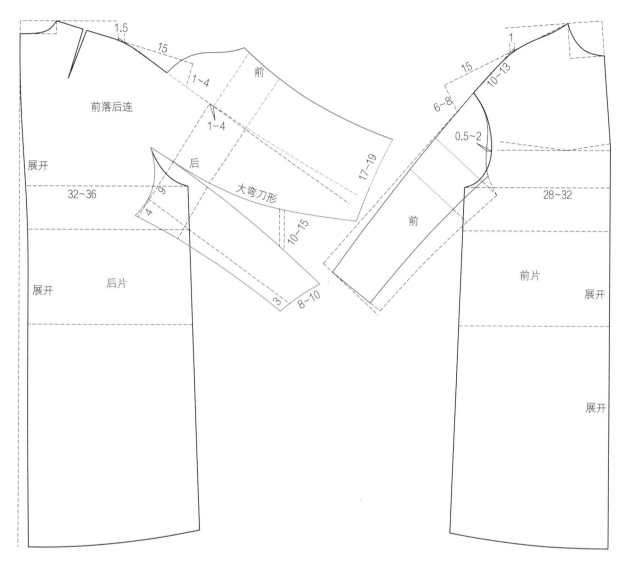

图5-93 前落后连组合袖图

下拼条，看起来整个袖子有结构造型。打版就是第二次设计，直接决定了产品成衣效果。胸围大小袖与侧片要宽一些，达到15～19cm，不管是腋下、小袖，还是插三角，大净窿门宽（10.5cm）1～10cm。

帽子正常打好后，合并在一块再做大身，形成特色，帽子气眼垫一块本布，以免露出胆布，帽绳长125～130cm。肩缝合并，没有肩缝；后背去掉了一块，袖子也去掉了一块，缺一个量，因为胸围大，袖肥大，不会紧绷。小袖与侧片合并，袖窿就上抬了。

图5-95，欧版羽绒服多种组合技术，这类款式在法

国巴黎秀场较多，是有结构、有造型的款式，要用用最简单的技术，打出最好的效果。

假两件羽绒服，里面一件与外面一件在挂面衔接，袖子按连身袖打，比值大小自由，落肩20cm左右，袖窿往前倾斜，袖窿随意挖一个孔，AH55～65cm就好，前胸宽38～40cm，太小手臂不好动，袖子配直顺一点，因为袖窿向前，袖山头刀眼向前，此袖子不好往后甩，其效果是往前抱住的，是特殊款式，秀场款式，属于创新的小众款式造型。

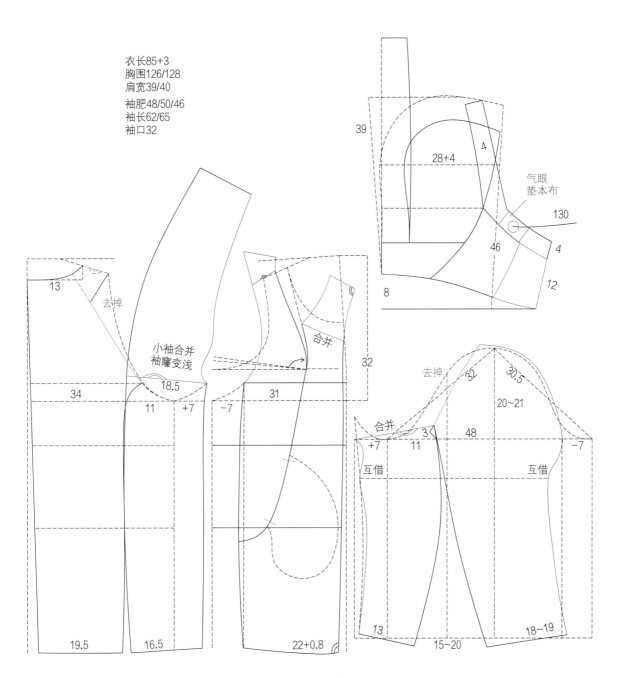

衣长85+3
胸围126/128
肩宽39/40
袖肥48/50/46
袖长62/65
袖口32

图5-94 组合袖羽绒服图

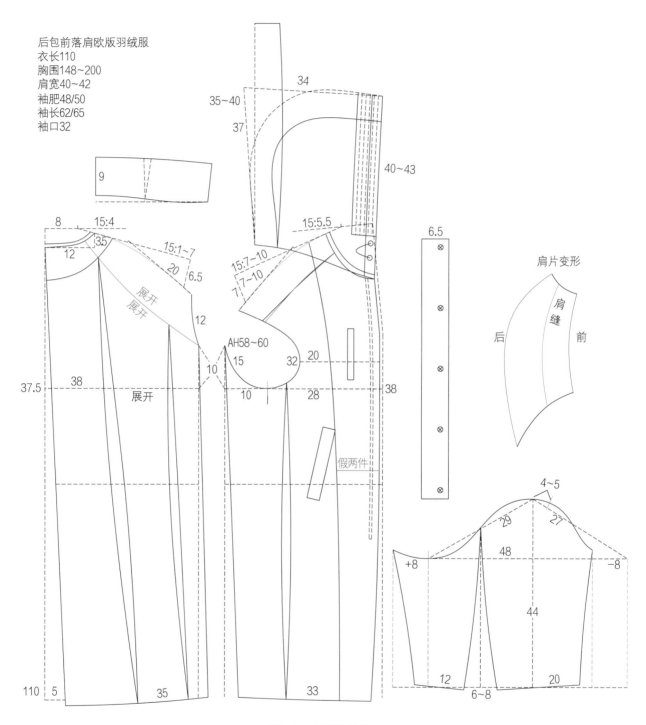

后包前落肩欧版羽绒服
衣长110
胸围148~200
肩宽40~42
袖肥48/50
袖长62/65
袖口32

图5-95 欧版羽绒服图

第 **6** 章
领圈与配领造型设计

扫码付费
看教学视频

一、配领原理介绍

配领的方法有很多，如测量法、领基圆、投影法、公式法、3D配领、手工立裁配领等，不管用什么方法，都主要是测量出倒伏量，以及穿着效果与角度。

图6-1（a），人体脖子是下大上小，人体净角度为10度左右，同样的160/84A，每个人的脖子粗细有差异，人体下口净领围36~38cm，上口33~35cm，脖子净高7~9cm。在原型领圈情况下，角度只能打10度左右，角度大了夹脖子，如果领圈开宽开深，领子角度可以加大；旗袍类可打10度左右，衬衣类可打10~15度，西装类可打20~25度，大衣类可打30~35度。

图6-1（b），新手最容易出的错误，连衣裙配贴领戳到脖子里面去了，导致卡脖，衣服后跑。不管用什么方法配领，领子不能戳到脖子里面去，只能贴服脖子或均匀空开一圈。关门领领口围要大于人体净脖子围度2~3cm，不然会卡脖子。套头衫类，面料无弹，领圈要大于58cm，如果是针织高弹，能拉开到58cm也可以的，例如秋冬天的T恤，领圈40~45cm，但是套头时能拉开到58cm，领圈打四线装加砍车，领圈有回弹。领圈小了可以用后中开水滴衩、前中开门筒、肩上开衩等方法，轻松解决。

图6-2（a），关门领类型，例如衬衣领、夹克领等；关门领如果要扣起来穿，倒伏量一定要大，不然面领倒领点处凹陷起扭，如果前上不扣第一颗扣子，领子会往两边跑，是倒伏量不够导致的，但是看起来特别休闲自然。如果前上解开一颗扣子，要领子不往两边跑，那么领座起翘要大要弯，翻领要倒伏量特别大。

图6-2（b），开门领类型，西装类、驳头完全敞开，翻折线容易起空，归拔工艺要到位，侧颈处面领内凹不平，就是倒伏量不够，展开0.5~2cm即可。

前颈窝有扣子扣起来的，叫关门领；驳头完全敞开的叫开门领；又能敞开又能扣的叫多用领；没有领子的，只有领圈，领圈可以自由造型，这种叫无领。

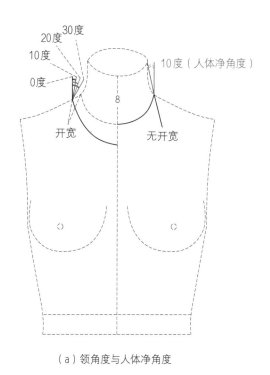

（a）领角度与人体净角度　　　　　　　　（b）正确与错误领

图6-1　角度与配领易错图

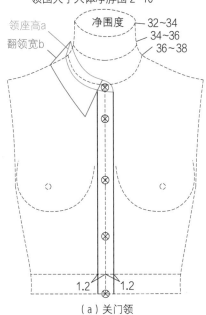

领围大于人体净脖围2~10

净围度 —— 32~34
34~36
36~38

领座高a
翻领宽b

1.2   1.2

（a）关门领

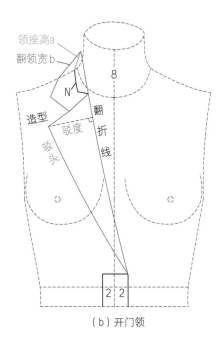

领座高a
翻领宽b

8

N

造型

驳度

翻折线

驳头

2   2

（b）开门领

图6-2　领穿好正面图

图6-3（a），接近原型领圈，叫同一斜切面，前直开深很小，此时领座侧颈点处少展开一点，展0.1～0.6cm，前直开越深，领座侧颈点展开越多。在人身上做立裁，领座侧颈点处向上0.2～0.4cm，做大牌或高定不用修顺，做跑量要修顺。立领类型，领底缝边要折回归拔或者打刀

眼，领子才圆，不然会起扭。

图6-3（b），横开加宽，前直开较深，非同一切面，领座侧颈点展开0.5～2cm，不然会把前片衣服往上拉扯不平。领条侧颈点向上凹，为了大货好做可以修顺，但效果会差些。

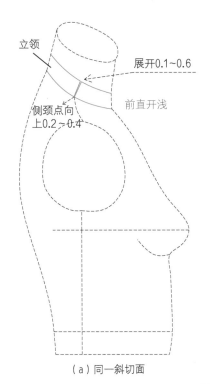

立领

展开0.1～0.6

前直开浅

侧颈点向
上0.2～0.4

（a）同一斜切面

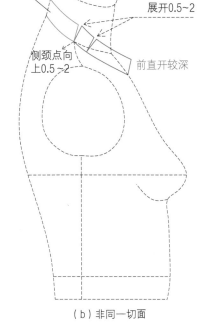

立领a

展开0.5~2

侧颈点向
上0.5~2

前直开较深

（b）非同一切面

图6-3　领座侧面图

图6-4（a），西装领类型，翻折线下去0.8cm做分割线，分割线拼合后，开缝朝上的止口修成0.3cm，太宽会影响翻折线；a领座宽、b翻领宽，分别指侧颈点位置的领座、翻领宽度。

图6-4（b），衬衣领类型，翻折线从翻领内线平行进去0.3~0.6cm登高量为正常，如果翻领倒伏量小，登高量会更大，是翻折不回去导致的。

图6-5（a），开门领类，倒伏量主要加在侧颈点，正常领子后中一段永远都是直的，直上直下，如倒伏量不够，翻领侧颈处会内凹。正常情况下b比a大，需要加倒伏量，两者相差越多，倒伏量加得越多；如果a比b大，直接在a上面画分割，无须加倒伏量。

图6-5（b），关门领类型，倒伏量主要加在侧颈点、领前段。门襟最上面一颗扣子不扣，领子要休闲，随意一点，倒伏量减小。如果领口要圆润，前上扣子解开；要领子不往两边跑，领座要弯，翻领倒伏量要加大。

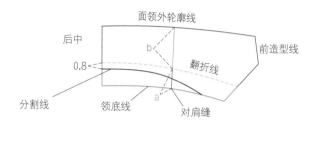

（a）西装领类

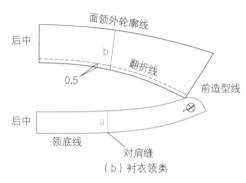

（b）衬衣领类

图6-4 领子名称图

2个位置

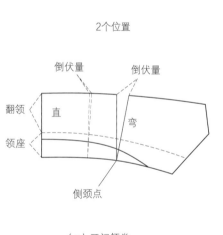

（a）开门领类

3个位置

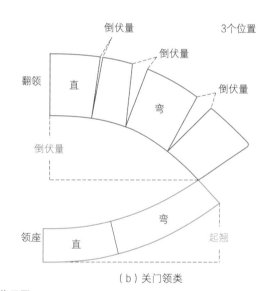

（b）关门领类

图6-5 加倒伏量位置图

图6-6，开门领配领的要点，首先要确定角度，角度越大越贴脖，角度越小越空开；领子无分割的，无归拔的可以配0度，西装常规配18~25度，大衣西装领配28~35度。

然后测量领子倒伏量，后翻领外围线减后领圈线，另外加上常规面料0.3~0.5cm，中厚面料0.5~0.8cm，特厚面料1cm，双面呢类的整个翻领外轮廓再展开1~3cm，止口放0.6cm，破缝1.2cm，正面烫牵条折回手工缝制，手缝拽紧会缩短较多，所以多加点。

前片横开开宽后，延伸出去0.8a，退回来b加0.2a，

翻折线可以凹0.3cm，防止翻折线外凸。领子分割捏短多少合适？假设领打的20度，后翻折线0度减掉20度即可，捏短越多越贴脖1~2cm。

后领圈起空的问题，多数情况是衣服后跑导致的，需要调衣身平衡，不需要调领子；如果是领子导致的，只要把后中一段ab翻折线同时合并短。个别企业要求要后领起空，可以先肩领转后领圈，再把后中一段ab翻折线同时展开。

a、b值相差越大，倒伏量越大，很多时候倒伏量可以根据领子造型人为加大或减小。

图6-7，关门领配领的要点，后领10度前领可打20度，后面同样是翻领外围线减后领圈线等于倒伏量，由于面料薄，可以不另外加量；前翻领外围线减前领圈线等于倒伏量。倒伏量大，领子翻折线圆，前上两颗扣子不扣，四平八稳，领子不会拉着衣服往两边跑。如果要韩版风格，人为减小倒伏量即可，最上面两颗扣子不扣，前领口会往两边跑，领口自动打开。

同样a、b值，关门领要比开门领倒伏量大，开门领两个位置加倒伏量，而关门领三个位置加倒伏量；所以关门领敞开穿衣变成开门领，要减小一个倒伏量，如图对比。

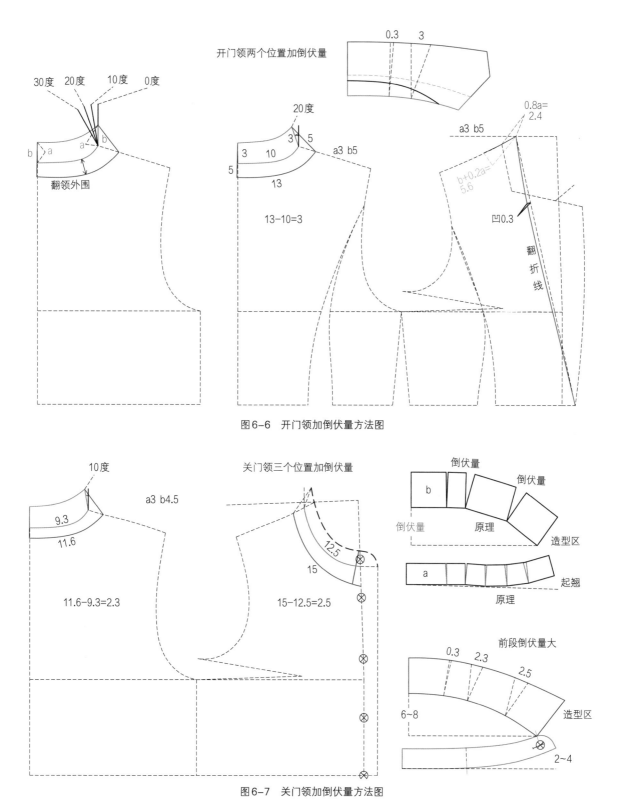

图6-6　开门领加倒伏量方法图

图6-7　关门领加倒伏量方法图

二、配领造型设计

　　配领方法有数千种。同一a、b值，可以配出无数种轮廓造型，倒伏量大小不只是由a、b差决定，在企业更多时候由轮廓造型决定。

　　图6-8（a），领子后顺直前上翘，很多原版国际大牌常用，特别贴脖，领座a起翘大很弯，翻领b倒伏量很大；所以从侧面看后面顺直前面上翘。图6-8（b），斜切面顺子，市场休闲服常用，领座a起翘小而直顺，翻领b倒伏量小；从侧面看斜切面顺直。同一a、b值，要根据效果需求来加起翘量与倒伏量。

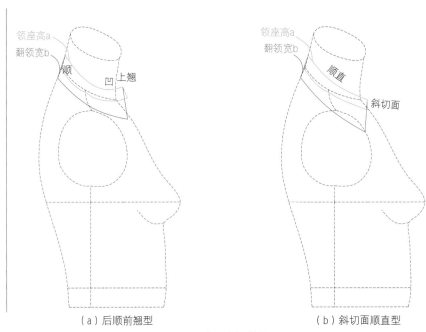

|（a）后顺前翘型|（b）斜切面顺直型|

图6-8　领子侧面效果图

　　图6-9（a），领子与领圈空开较多，装上去的领子更加立体，省越大领子越立，常规配领都会空开1~3cm。图6-9（b），领子与领圈空开较小，领子容易形成贴领，趴在脖子上的，类似连身立领效果。

　　同一个领子，领圈不同效果就不同；相反同一领圈，领子不同效果也不同。在国际大牌驳样中，新打的领子跟原版相同，但是领圈不同，装上去效果也会截然不同。

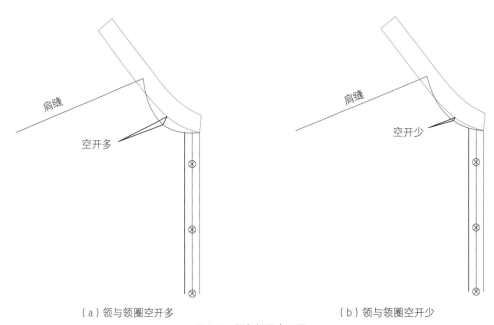

|（a）领与领圈空开多|（b）领与领圈空开少|

图6-9　领与领圈空开图

同一a、b值，a起翘量大小、b倒伏量大小要根据领子造型来加大或减小。

图6-10（a），领子翻折线圆润，很多原版国际大牌常用此方法。领圈开宽开深画圆顺，领座起翘大，翻领倒伏量大，翻折线自然圆润。如果前上第一颗扣子解开，领不会往两边跑，四平八稳贴脖。

图6-10(b)，领子翻折线呈三角形，前领圈画直一点，

领座起翘小，翻领倒伏量小，翻领长方形造型。扣子扣好门襟起空，这是领座跟领圈不吻合引起的，男装衬衣领最容易出现此弊病；由于翻领倒伏量小，包装的时候翻领与大身不平。如果前上第一颗扣子不扣，领子会往两边跑，适合韩版休闲服。

翻领前中为造型区，可以设计大八字、小八字、倒八字、尖角、圆角、长尖角等，随意自由。

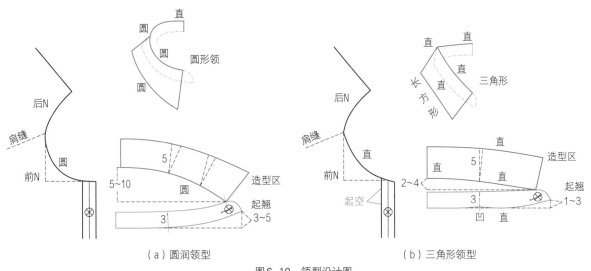

（a）圆润领型　　　　　　　　　（b）三角形领型

图6-10　领型设计图

图6-11(a)，风衣倒U领型，领圈开宽开深再画直顺，从前中退回3~5cm装领，是欧版常用领型，由于领座没有装到前中，起翘量小一些，倒伏量也可以减小一些。

图6-11(b)，翻折线波浪形，领圈开宽开深再画直顺，领座起翘小一些，倒伏量加大一点，防止翻领侧颈点凹陷。

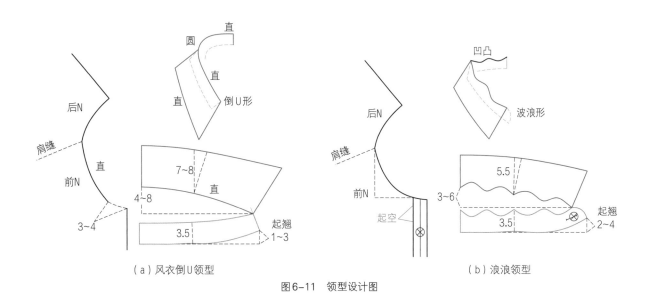

（a）风衣倒U领型　　　　　　　　（b）浪浪领型

图6-11　领型设计图

一、平翻领设计

图6-12，平翻领，娃娃领，无领座，前后肩缝合并，翻领外围合并2~4cm，翻领外围越小，登高量越多。领子夹在大身领圈里，翻折后有登高量0.5~1cm。此领极为简单，女装偶尔用，童装常用。

图6-13，平翻领，领子与领圈拉筒0.6~0.8cm，无登高量，所以翻领外围不需要减小，小了领子与大身不平服。套头衫无弹领圈要大于58cm才好套头，领圈只有40~50cm的，建议后中开水滴，前面开门筒，肩上开衩等。

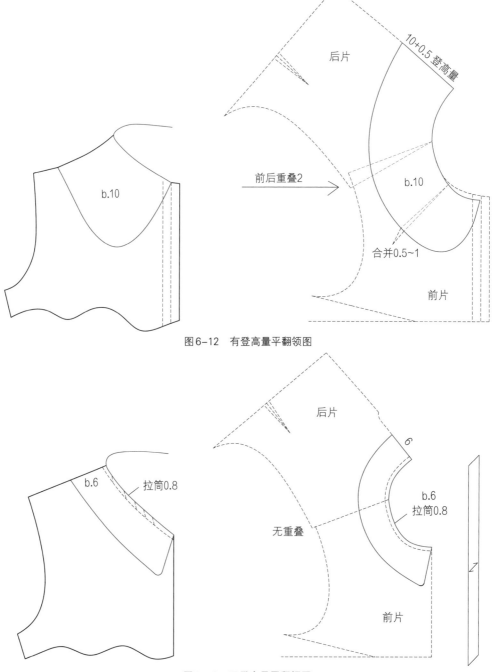

图6-12　有登高量平翻领图

图6-13　无登高量平翻领图

二、立领原型设计

前上驳头能扣起来的为关门立领；驳头敞开的为开门立领。关门立领很弯，开门立领侧颈点领条要展开，领条偏直。立领就是一根直条，上口合并越多越贴脖，上口展开越多离脖子越远，要根据企业设计稿或造型来打版设计。

图6-14（a），上口大下口小立领，一根直条上口展开8~15cm，因为立领较宽，展开少了容易顶脖子。图6-14（b）直条立领，宽松休闲，领圈要开宽开深，不然容易顶脖。图6-14（c），上小下大立领，一根直条上口合并1~3cm即可。

图6-15（a），旗袍立领，起翘1~2cm，做高定侧颈点往上凹0.1~0.3cm，做大货可以修顺；多数旗袍用的原型领圈，领圈小，领子起翘就小，否则卡脖。旗袍的领子高度最佳不是4.3cm也不是5cm，是根据款式风格及人的脖子长短来设计，脖子长，领子高度加高；脖子短，

领子高度减小，所有立领皆是如此。

图6-15（b），合体立领，领圈要在原型基础上开宽开深，领子宽度3~5cm，起翘3~4cm，常规领子都是前面一段弯，后中一段是直的，立领单独配好再对接到领圈上去修顺即可，方法简单，效果很好。

图6-15（c），贴体立领，领圈要在原型领圈上开宽开深，领宽度2.5~5cm，前面起翘5~6cm，立领上口不能小于人体净脖子围度，配领前测量好试衣模特脖围，包括上脖围、中脖围和下脖围，以免卡脖。立领的检验标准是能够均匀空开脖子一圈，以提升人的气质。立领的领底止口要归拔，不然领子侧颈点会内凹。

如果后领圈很凹，对应的领条上口就会起空，要么领条合并0.3~0.6cm，要么把后领圈画直来解决。侧颈点要展开0.1~0.3cm，前领圈最凹处对应的领条上口要合并1~3cm。

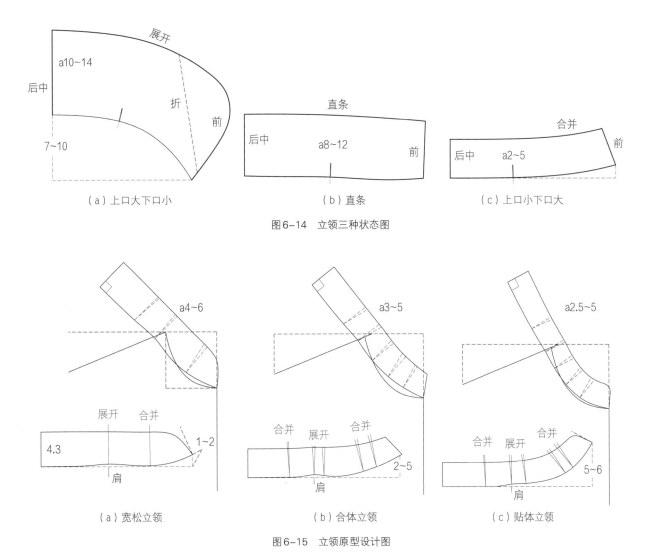

（a）上口大下口小　　　　　（b）直条　　　　　（c）上口小下口大

图6-14　立领三种状态图

（a）宽松立领　　　　　（b）合体立领　　　　　（c）贴体立领

图6-15　立领原型设计图

三、立领造型设计

图6-16，立领造型，前直开很深，驳头敞开，开门立领类型，立领条在侧颈点要展开0.5～1cm，防止把大身往上拉下摆翘。领条侧颈点往上凹0.2～0.3cm，工业生产中为了好做可以修顺。

配领的方法有很多，例如前横开开宽后，向上垂直画8cm水平画5～6cm，直接与前中画顺，调整领圈与领底线同长即可，领子贴脖角度为10度左右。

图6-17，西装驳头配立领，前横开开宽后，延伸出去0.8a，画好翻折线，画好驳头造型对称到前中；前横开垂直向上8cm和水平6cm找到后领中，前后画顺完成。8cm：水平5～6cm即领子贴脖状态为10度左右，比值

越大领子离脖子越远，比值越小越贴脖。如果后领圈画得凹，领条与领圈省太大，立领上口会起空，可后领条合并或后领圈画直点解决；起空就合并，顶脖就展开。立领要求均匀空开脖子一圈。

图6-18，领圈开宽开深，挂面与立领相连为整片；领子宽窄自由，前横开宽后，延伸出去0.8a，画好翻折线，画好前面驳头造型；前横开开宽后，向上垂直8cm水平6cm找到后领中，前后画顺即可完成。立领配法二，前肩斜横开点做90度角，用15：4～5，为10度合体领型，肩斜15：6。特别注意：立领侧颈点容易内凹起扭，立领的侧颈点要展开，立领的止口要打刀眼或者归拔处理，不然做出来还是无法均匀空开脖子一圈。记住口诀：起空就合并，贴服紧绷就展开，止口不平就打刀眼或归拔。

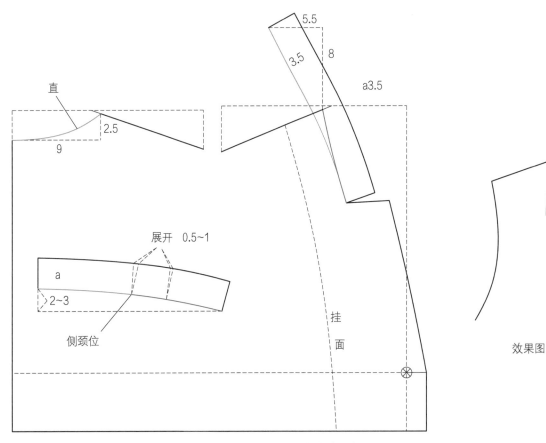

图6-16　立领造型设计图

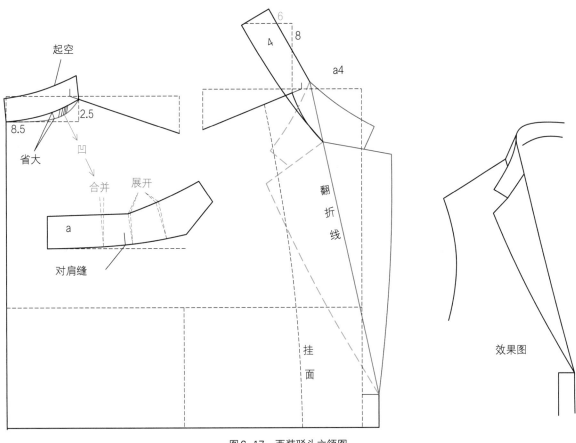

图6-17　西装驳头立领图

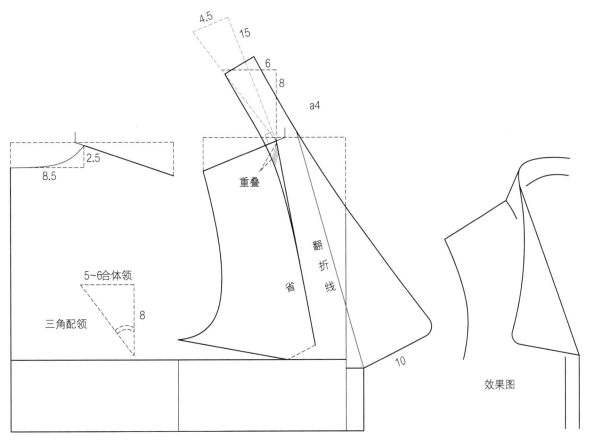

图6-18　挂面与立领相连设计图

图6-19，侧颈点领圈与领子的重叠问题，面布与挂面收领省可轻松解决。另一种方法不用收领省，挂面与立领相连做小挂面，大身立领处破暗缝分开，这样的优点是省料，缺点是衣服显得有些廉价。

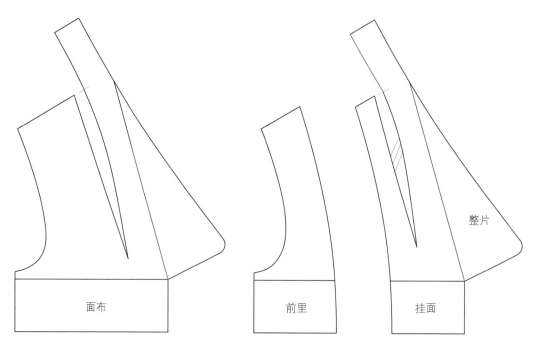

面布　　　　　前里　　　　　挂面　　　　整片

图6-19　挂面与立领相连裁片图

四、关门领型设计

在关门领中，最难的是扣好穿和敞开穿时，倒伏量都要刚好。前中扣好穿，如果翻领倒伏量刚好，那么前中不扣敞开穿，翻领倒伏量就多了；相反前中不扣，敞开穿倒伏量刚好，把前中扣好，倒伏量又小了，无法两全其美。但是可以通过插三角装隐拉，随时让倒伏量变大变小。领子打版前，先想好要什么领型，扣子扣好后，翻折线是三角形、圆形、倒U形等。

图6-20（a），宽松三角衬衣领，叠门1.2cm（扣好总叠门2.4cm），进来0.5cm配翻领，领座扣好后，翻领之间空开1cm，空开多少自由设计。前领圈画直一点，领座起翘量小一点，翻领倒伏量小一点，成品翻折线呈三角形，休闲衬衣常用；翻领倒伏量大，包装时大身易起皱褶。

图6-20（b），合体衬衣领，起翘3～4cm，倒伏量3～5cm，领子翻折线微圆。

图6-20（c），领座起翘很大，横开宽直开深可开大些，前领圈画圆些，翻领倒伏量很大，领子翻折线一圈很圆。扣好后，翻折线一圈要大于脖子一圈。翻领前口为造型区，可以是大八字、小八字、尖角、圆角。领a、b宽度自由，a、b值是指侧颈点位置的领座、翻领宽度，后中可以窄一点，领子后窄前宽斜切面顺直。

图6-21，衬衣领座a与翻领b可自由组合，不需要同步；可以领座a很弯，翻领倒伏量很小；也可以领座a偏直，翻领倒伏量很大。包括领圈圆还是直，都可自由组合。

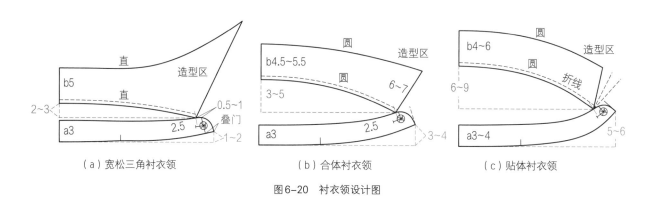

（a）宽松三角衬衣领　　　（b）合体衬衣领　　　（c）贴体衬衣领

图6-20　衬衣领设计图

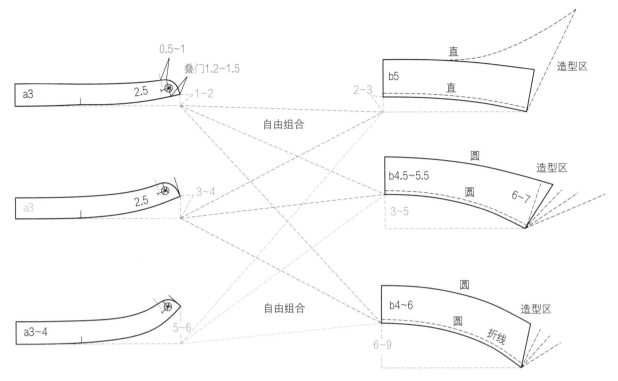

图6-21 衬衣领座与翻领组合图

图6-22（a），夹克领倒伏量较小，翻折线为三角形，休闲自然。图6-22（b），夹克领倒伏量大，翻折线圆润，扣好穿不会少量。图6-22（c），夹克领、西装领等，分割线常规合并1cm，要更贴脖就合并2cm，合并越多越贴脖，合并越少越休闲。

图6-23（a），宽松风衣领，翻折线很直，扣子扣好穿倒伏量是不够的；扣子不扣时，领子自动往两边敞开，休闲自然。图6-23（b），合体风衣领中规中矩，扣子扣好穿，翻折线微圆，翻领外围倒伏量还是差一点，敞开穿倒伏量刚好。图6-23（c），贴体风衣领，特别贴脖，扣好穿倒伏量足够，扣子解开四平八稳，不会往两边自动敞开。

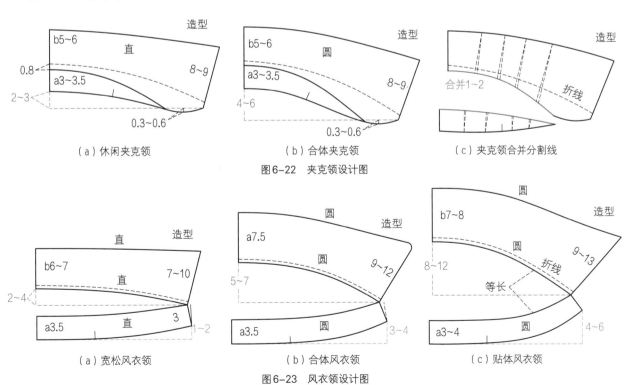

（a）休闲夹克领　　　　　　　　　（b）合体夹克领　　　　　　　（c）夹克领合并分割线

图6-22 夹克领设计图

（a）宽松风衣领　　　　　　　　　（b）合体风衣领　　　　　　　（c）贴体风衣领

图6-23 风衣领设计图

图6-24，领座a是立领从宽松、合体到贴体的三种状态，可与翻领自由组合。图6-25，翻领b从倒伏量小到倒伏量大三种状态，可与领座a错位组合。a与b可以分开配，最后组合衔接在一起即可。

图6-26（a），领座与翻领相连衬衣领，可以打一个领座，打一个翻领，再剪切合并在一起，重叠就拔开，空开就归缩。图6-26（b）（c），领座前中连口，后中开水滴衩，领座与翻领后中断缝，领座后中钉橡筋小襻，再钉

扣，凡是领座前中连口类型的，前中一段要弯一点，防止外翘。领圈要开宽开深，领子翻折线围度，最少要大于人体净脖围2～3cm。

图6-27，领子左领环抱右领，此类型领子极为简单，只需要加一个层次量，内圈领座高度小一点，面圈领座高度加大。穿起来的左领前段a、b值比右领前段大，所以倒伏量也比右边大，配好领子后，左右领后中对接起来就好，领分割线处左右各合并1～2cm。

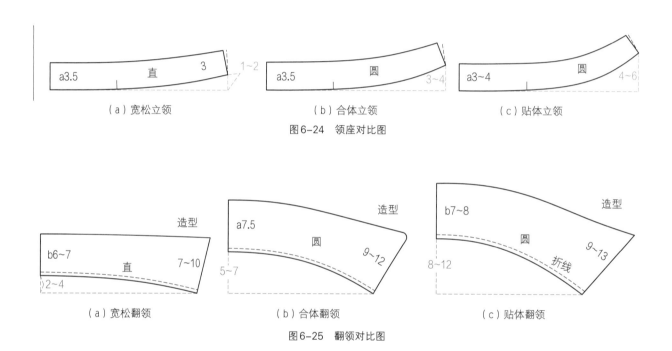

（a）宽松立领　　　　　　　　（b）合体立领　　　　　　　　（c）贴体立领

图6-24　领座对比图

（a）宽松翻领　　　　　　　　（b）合体翻领　　　　　　　　（c）贴体翻领

图6-25　翻领对比图

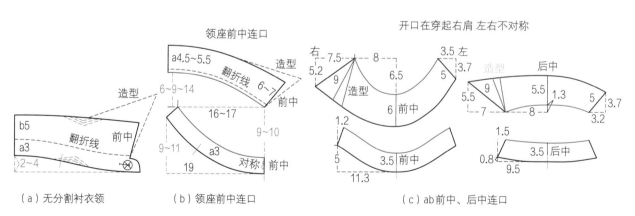

（a）无分割衬衣领　　　（b）领座前中连口　　　（c）ab前中、后中连口

图6-26　合并领型设计图

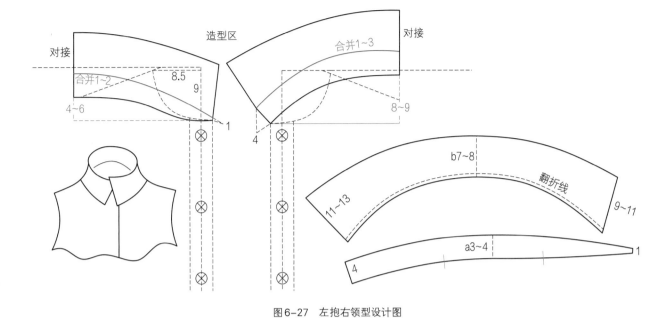

图6-27 左抱右领型设计图

五、连身立领设计

图6-28（a），连身立领，配一个10度立领对接上去，产生重叠就拔开，简单快速。也可以直接打连身立领，后中如有破缝就放出0.6cm，立领的斜度为8:（3~4）；

前中放出0.6cm，立领的斜度为8:（7~8）。

图6-28（b），半归拔立领，利用收省或破缝，把立领要拔开的量放出来，只有侧颈点少量拔开，需要拔开的地方事先剪短0.5cm。

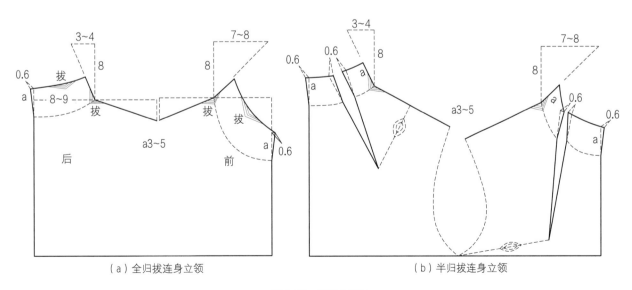

（a）全归拔连身立领　　　（b）半归拔连身立领

图6-28 连身立领图

六、环浪领设计

图6-29，环浪领原型，常用于连衣裙与T恤领口，画好造型，胸省向前转，造型线往上展开，画顺即可。如果要肩上打褶，先平行展开，再把前中向上旋转，修顺即可。领口一般直接折边回去，如果要圆领可以装贴边，面料微弹或无弹的用斜丝，增加垂感。

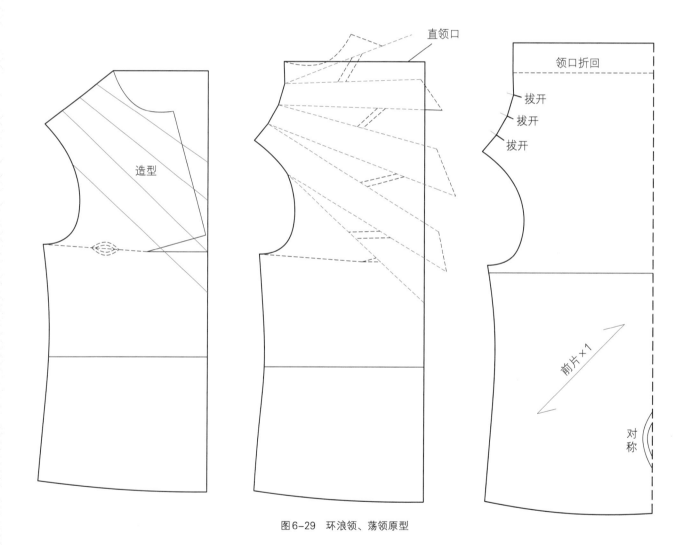

直领口

领口折回

拔开

拔开

拔开

造型

前片×1

对称

图6-29 环浪领、荡领原型

一、平驳西装领设计

图6-30，女西装领，后横开宽8.5~9cm，前横开宽8~8.5cm；配领角度自由，在后领圈画好领子结构，翻领外围减掉领圈等于倒伏量，做成衣翻领外圈很厚，需要额外加上一个量，面料薄加0.3cm，面料中厚加0.5cm，面料特厚加0.7~1cm；双面呢类面料，外围手工针缝，长度缩短太多，整个翻领外围需均匀展开一个量。后领画一个长方形，高度是a+b，宽度是后领圈+0.2cm，在侧领点加上一个倒伏量，等待对接用。

前片横开领宽，延伸出去0.8a，画好翻折线，翻折线内凹0.3cm防止外凸；从翻折线下来7~8cm画串口，串口越高越精神，串口越低越休闲；驳头宽度自由，驳头上提0.3显精神；领子退回来b+0.2a，画领子缺口造型，女装缺口较小偏休闲（男装缺口很大偏正装，男串口很高显精神），造型画好后，领子驳头分开对称到前中，领子向内画好a+b宽度，等待对接。

图6-31，后面对接到前领，领底线与大身有重叠是正常的，翻领外围画顺，翻折线画顺，后领翻折线下去0.8cm做分割线，分割方式自由。驳头翻折线进去0.6cm烫牵条，BP点前中一段要归缩，防止起空，两头平着烫即可。

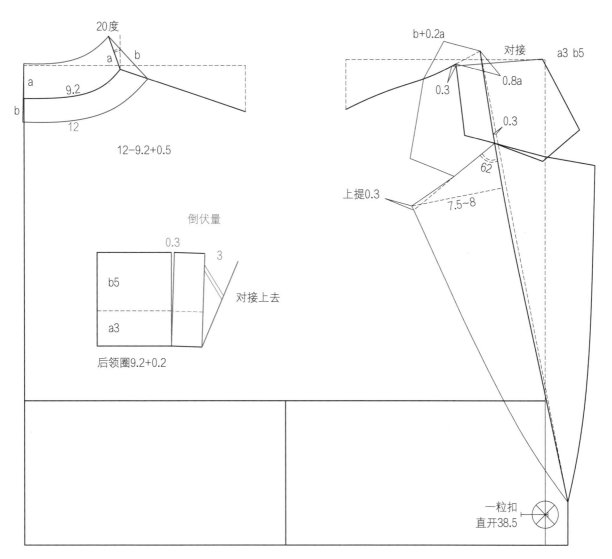

图6-30　开门领准备图

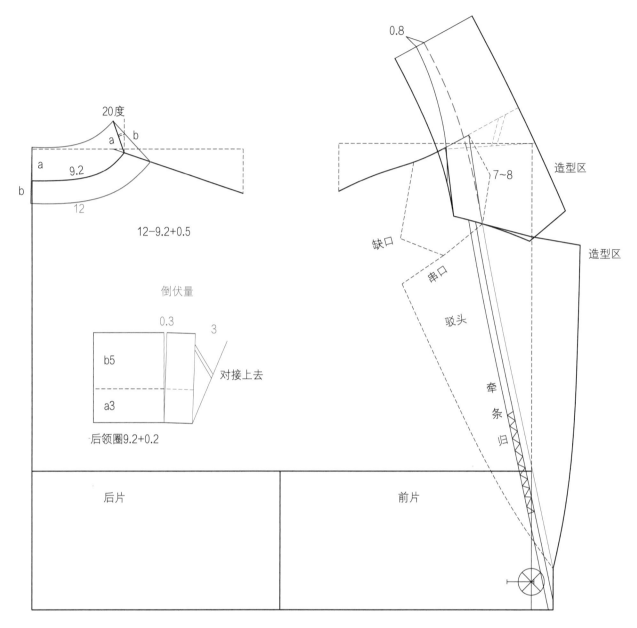

图6-31　平驳头西装配领图

图6-32（a），翻领外围女装可以是圆顺的，也可以像男装凹下去显瘦的造型，或者说是老气，自由选择。领子分割有多种，常规分尖角，不影响翻折线，缺点是尖角不好做；小领分长条简单好做，但是会影响前翻折线，串口处容易起空，止口在里面撑起来不平，修掉即可。

图6-32（b），翻折线合并1~2cm。后领翻折线0度减20度等于分割合并量；合并1cm，20度贴脖，合并越多贴脖角度越大，翻领沿翻折线折回去需要少量拔开。翻

领分面领和底领，中厚面料面领宽度比底领宽0.8cm，面料越厚相差越多，面领外围比底领大0.3cm，目的是让领子翻折自然。

图6-32（c），无分割西装领，如果无归拔，领子翻折线容易起空，韩版适用。如果是做高定全麻衬，需要沿翻折线烫折回去，两边大量拔开，两边拔长相当于中间变短，领反面用的领底呢，一片领可以做到比两片领效果还好，因为两片领有分割，穿起来舒适性差。

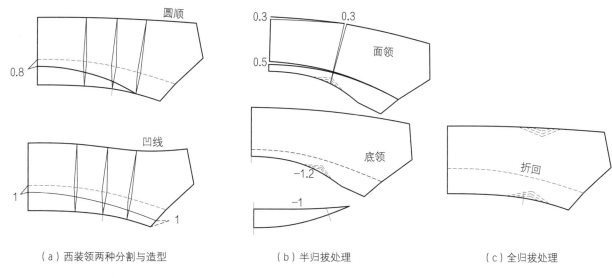

（a）西装领两种分割与造型　　　　　（b）半归拔处理　　　　　（c）全归拔处理

图6-32　开门领类型细节处理图

二、倒伏量参考

西装领一般在肩斜上横开宽，图6-33~图6-35后横开宽8.5cm，肩斜15:5，如果要增加层次量，可以在上平线横开宽。a、b值相差越多，倒伏量越大，倒伏量跟面料厚度也有关系，算好后增加0.3~0.5cm，面料越厚，增加越多。

法国巴黎大牌西装领，总横开小，领座高些，角度加大，这样更加贴脖；韩版横开宽一些，领座窄些，角度小，休闲自然，空开脖子一圈。贴脖角度自由：衬衣领立领10度，西装领20度，大衣领30度，角度越大，横开要开得更宽，否则会夹脖子。

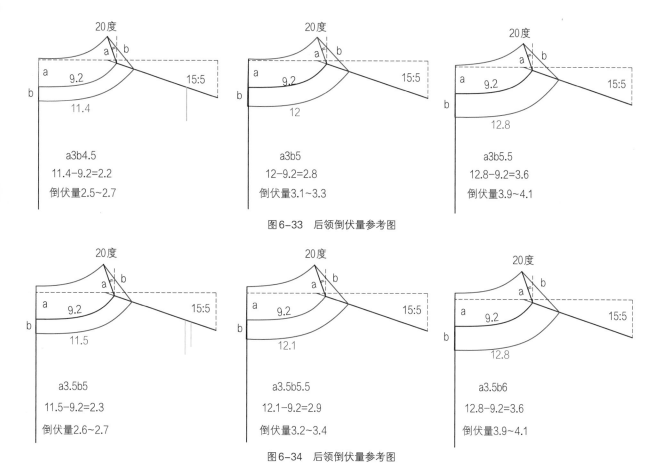

图6-33　后领倒伏量参考图

图6-34　后领倒伏量参考图

翻领外围容易缩短的，均匀展开；翻领外围容易变长的，均匀合并或烫牵条归缩。倒伏量不够，翻领侧颈位置会凹陷，这也是一种风格，不是倒伏量越大就越好，很多西装倒伏量不够，翻领很直。

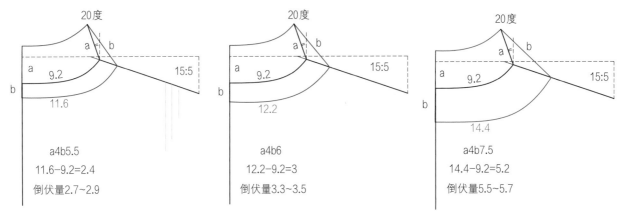

图6-35　后领倒伏量参考图

三、戗驳领与青果领

6-36（a），戗驳领，后横开宽8.5~9cm，前横开宽8~8.5cm，画好戗驳头造型，对称到前中，后领倒伏量算好，对接到前领画顺即可。

6-36（b），无串口领又名青果领，大身与领断缝分割，

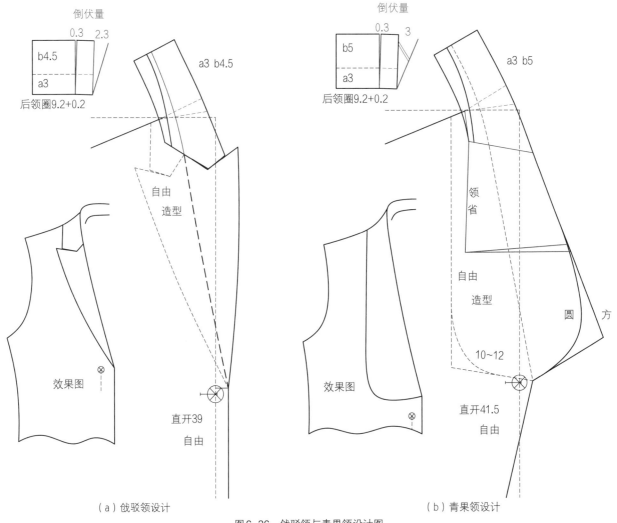

（a）戗驳领设计　　　　　　　　　　（b）青果领设计

图6-36　戗驳领与青果领设计图

挂面与领是一体的，做领省或小挂面解决重叠问题。画好驳头造型，驳头形状及宽度自由，对称到前中，后领对接到前领画顺。

西装驳头BP点处总是起空，可以合并乳沟省0.5～1cm，让前中高度变短；侧缝收胸省，让侧面高度变短；中间BP点高度变长，衣身很平衡，符合人体结构，有胸包卡住，衣服不会侧滑后跑。胸省往前中转又不归缩的，或者无胸包凸起的衣服，衣服很容易侧滑后跑，是正常现象。

所有的领子a、b值是指侧颈位置的宽度，并不是后中，后中可以窄0.3～0.6cm，后窄前宽，从侧面审版领子斜切面顺直。

新手要注意，捏纸样的时候翻领是单层，倒伏量大了起空是正常的，做成衣翻领外围8层，面领底领都有压衬共4层，止口再折回共8层，如果烫牵条层数更多，翻领很厚可以修高低缝，成衣倒伏量刚好即可。所有开门领类型，领座与翻领分割处各合并1～2cm，详细方法见前面图6-32（b）。

四、凹驳领设计

图6-37（a），凹驳领，平驳头、戗驳头都可以做成凹驳领，前横开宽延伸出去0.8a，画好翻折线，领子与大身的翻折线有凹角，凹角大小自由设计，画好驳头与领子造型，对称到前中，后领与前领对接画顺即可。

图6-37（b），风衣凹驳领，开门风衣领，驳头敞开穿。画好前领圈线，前驳头翻折线，驳头与领圈处有凹角；画好驳头宽度对称到前中，前横开点延伸出去0.8a画好领子翻折线，画好领子造型对称到前中，把后领对接到前领画顺，风衣领子分割不用互借，领座翻领分割线同步合并1～2cm即可。

同样的a、b值风衣领，关门领比开门领倒伏量要大，关门领是三个位置加倒伏量，开门领是两个位置加倒伏量。开门领只有一种穿着状态，关门领有两种穿着状态：扣起来穿，敞开穿。

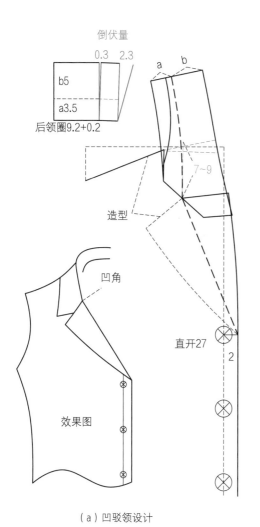

（a）凹驳领设计

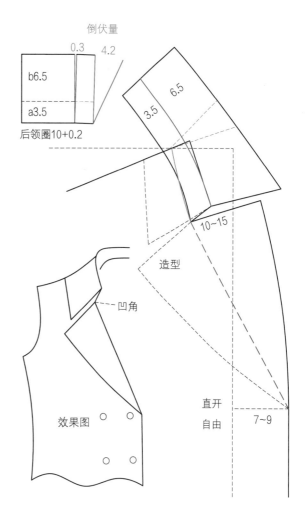

（b）风衣凹驳领设计

图6-37 戗驳头与无串口领设计图

五、弯驳领设计

图6-38（a），青果弯驳领，驳头与大身破缝，挖掉一个省，让翻折线变弯，整条领子是单独装上去的，a、b值宽窄自由，前直开深度自由。前横开宽点，延伸出去0.8a画好翻折线，退回b+0.2a画好驳头造型，找一条对称线，对称到前中，图为最小拔开量，驳头领底线可再合并0.5~2cm，装时再拔开，领更伏贴；后领与前领对接画顺即可。要想前中领更伏贴，直接合并短领底线，再拔开即可。

图6-38（b），平驳头弯驳领，驳头与大身破缝，挖掉一个省，让翻折线变弯，大身驳头短再拔开，拔开越多越伏贴。延伸出去0.8a画好翻折线，退回b+0.2a画好驳头造型，门襟向内2~7cm找一条对称线，对称过去后减短领底线，装的时候再拔开。前直开深处领子与大身止口太厚，可以把大身上的领子切一小段拼到大身上，利用错位将止口变薄。

叠驳领、戗驳领、直驳领、凹驳领等，驳头破缝或做领省，都可以做成弯驳领，弯驳就是让驳头翻折线变弯。

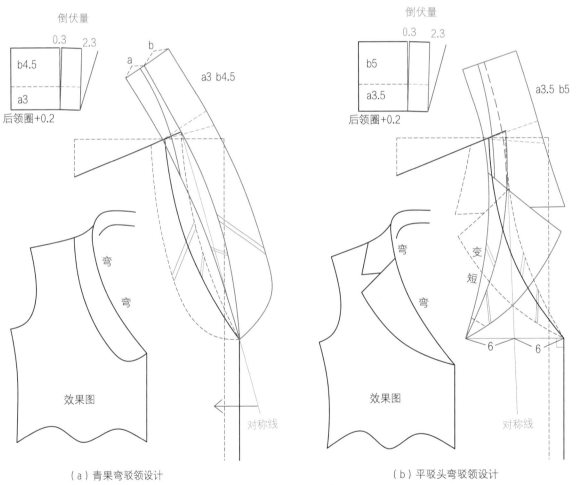

（a）青果弯驳领设计　　　　（b）平驳头弯驳领设计

图6-38　弯驳领设计图

六、叠驳领设计

图6-39（a），直驳叠驳领，驳头与领子重叠3~5cm，领子夹在挂面里，领子环抱驳头，有内外圆层次差，内圈小，外圈大。

前横开点延伸出去0.8a，画好驳头翻折线，再平行出去0.3~0.5cm画领子翻折线，增加层次量；退回b+0.2a，画好领子与驳头造型，分别对称到前中，后领对接上去画顺即可。领子要夹在挂面里，可以通过做领省，合并0.5cm乳沟省，防止驳头起空。

图6-39（b），凹驳叠驳领，前横开宽延伸出去0.8a，画好领子与驳头翻折线，驳头与领子缺口处凹驳叠驳，领子翻折线加0.3cm层次量，画好领子与驳头的造型，分别对称到前中，后领对接到前领画顺，领子分割处合并1~2cm，合并越多越贴脖。

领子重叠夹在挂面里，可以分小挂面解决，也可以做领省配常规挂面。青果领、弯驳领、戗驳领，也都可以加叠驳。

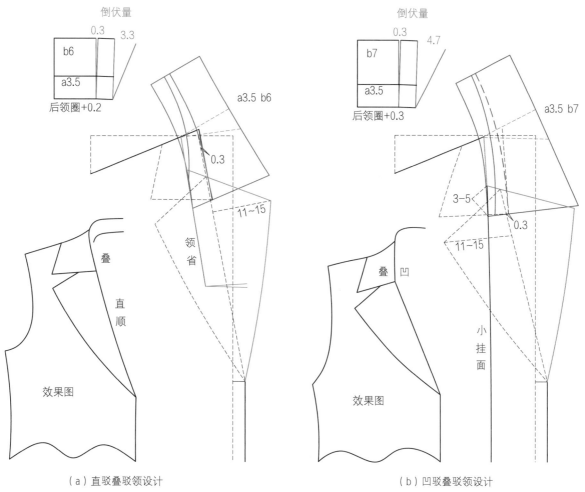

（a）直驳叠驳领设计　　　　　　　　　（b）凹驳叠驳领设计

图6-39　叠驳领设计图

七、披肩大翻领设计

图6-40，披肩大翻领，图为有领座a的配法，翻领宽度超过SP点，以SP点向下延伸即可，侧颈点宽度a4cm、b17cm，后中宽度a4cm、b20cm，属于前窄后宽型。无领座高的按平翻领配法。

横开宽大时可以配30度贴脖，前横开宽延伸出去0.8a画好翻折线，翻折线可凹0.3cm；退回b+0.2a画好领子与驳头造型，对称到前中，加19cm倒伏量，再平行出去后领圈长加上0.5cm，修顺即可；领座与翻领分割处合并2cm，0度减30度等于领子分割处的合并量。

如果是双面呢大衣领，翻领外围要额外均匀展开0.5~3cm。双面呢止口放0.6cm，破缝1.2cm，正面烫牵条折回0.6cm，牵条有缩率会把领外围缩短，然后再手工暗缝止口折光，手工缝的时候线拽得越紧，领外围缩短越厉害。

领子由a领座、b翻领组成，不管领子怎么变化，都可以分开来打，比如大翻领，没有领座a，只有大翻领b，可以用平翻领方法打版。

关于领子设计创新，可以把裤腰、裤子、脚口、袖衩、袖口等，经过调整衔接到领圈上；也可以把鞋子、袜子、手套元素设计到领子中加以运用。

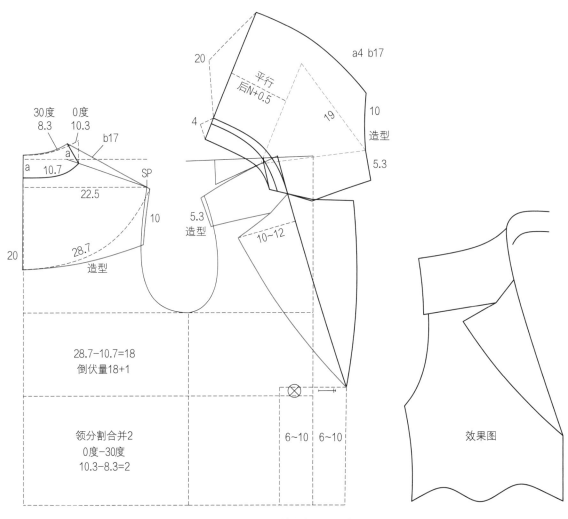

图6-40　披肩大翻领设计

一、帽子介绍

图6-41（a），人体净帽高围度，横开无开宽时一圈64cm，打版打一半，帽高32cm；当左右横开各开宽5cm时，帽高一圈68cm，一半34cm；横开越宽帽高越高。

图6-41（b），人体净帽宽，可从眼睛边上到另一个眼睛边上测量后，除以二，等于人体净帽宽一半21cm，打版时会加宽1~15cm。帽子高度与帽子宽度是没有联系

的，80%帽高等于帽宽是不存在的，现代打版是立裁转平面，高度宽度自由。

图6-41（c），夏天的帽子一般不戴，帽子随意打，背在后面做休闲装饰，防晒服除外。春秋帽子可戴可不戴，帽子形态垂直就好；冬天帽子北方要戴，南方一般也不戴，帽子加宽形态要往前勾。

帽子创新设计元素有很多，可以把西装领、衬衣领、风衣领、夹克领、凹驳领、叠驳领等、元素设计到帽子上，也可以把袖管、裤管、半裙元素设计到帽子上。

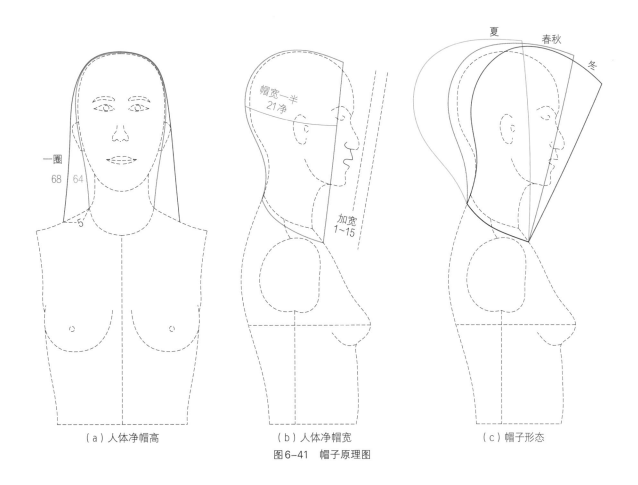

（a）人体净帽高　　　　　　（b）人体净帽宽　　　　　　（c）帽子形态

图6-41　帽子原理图

图6-42，配帽介绍，后横开11~13cm，后直开深3~3.5cm，比平时领子要开深一些，增加领圈围度及舒适性；前直开深大于后横开加0.5~1cm，前直开深个别企业喜欢开浅一点，理由是为了防风。

前后领圈相加，找到帽底线长，水平上去8cm左右，高度越高，帽子倒伏量越大，不戴的时候翻得越下去，不

会拉扯前中；垂直上去找到帽高35~39cm，再往后倒2~3cm，水平画帽宽28cm，帽宽分成两等份，再与帽高作三角形，前帽口下降1~3cm，放出1~5cm；前帽口处容易顶住下巴，可以展开2~4cm，是从片内展开的，不是从边上直接放出去的；最后画顺帽子轮廓即可。帽子可以做二片帽、三片帽、多片帽。领子上画上半圆造型就

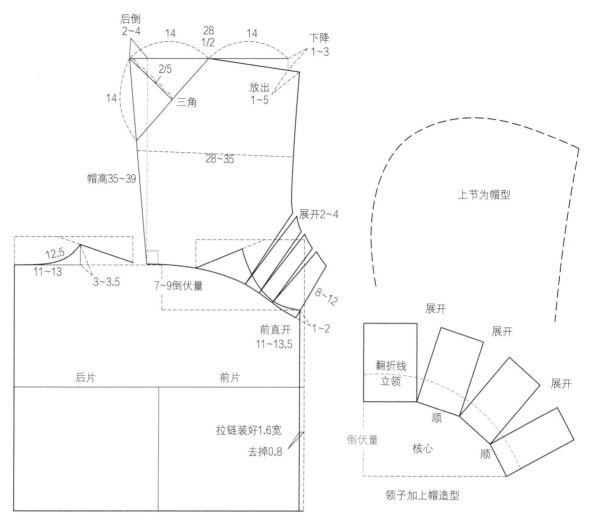

图6-42 配帽原理介绍图

变成了帽子，配帽用的是配领技术。

现在的帽子追求大气夸张，而以前帽高帽宽很小，流行趋势每天都在变，要敢于接受新的东西。见表6-1。

表6-1 配帽数据参考表

类型	贴体帽 装饰用	合体帽 时装用	宽松帽 廓形用	夸张帽 原创用
后领圈横开宽	9~10	10~11	11.5~12.5	13~15
前领圈直开深	9.5~11	10.5~12	11~14	13.5~16
帽高	32~34	34~35	35~39	40~50
帽宽	22~25	26~28	28~35	35~45
倒伏量	3~8	4~10	5~13	3~15

二、帽子核心

图6-43（a），倒伏量小，帽口短，帽子戴起来，前中不容易起空，帽子不戴时帽底一圈形成很高的立领，离脖子近。缺点是，帽子戴起来侧颈点内凹不平，不戴时侧面容易夹脖子。

图6-43（b），常规配帽，前帽口控制在40~42cm，前帽口长与前直开深有关，前直开深越大，帽口长。帽子戴起来侧颈点平服，前中帽口微微起空，不戴时形成一般高度立领，帽口松量自然。

图6-43（c），倒伏量很大，前帽口长，帽子戴起来

帽口起空，帽子后跑；帽子不戴时形成低立领，帽子离脖子远，休闲自然，不会拉扯前中。

在同一帽高，同一领圈长时，倒伏量越小，前帽口越短；相反倒伏量越大，前帽口越长。倒伏量越小，帽子越宽，倒伏量越大，帽子越窄。帽子不戴时，领圈一圈帽子会形成立领，倒伏量大，立起来就窄；倒伏量小，翻不下去，立领就高。

不戴的帽子建议倒伏量加大，帽子背在后面时不会拉扯前片后跑，倒伏量小时旁边容易夹脖；要戴的帽子，倒伏量不能太大，太大时帽子戴起来，前帽口容易起空不平。

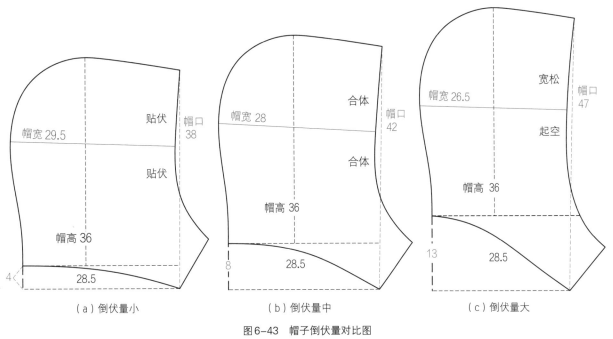

（a）倒伏量小　　　　　　　　（b）倒伏量中　　　　　　　　（c）倒伏量大

图6-43　帽子倒伏量对比图

图6-44（a），帽子不戴时很尖，显瘦精神，也可说是不够大气。图6-44（b），帽子不戴时微圆，常规帽型，

中规中矩，也可说是中庸。图6-44（c），帽子不戴时平顺圆润大气，也可以说是显胖臃肿。

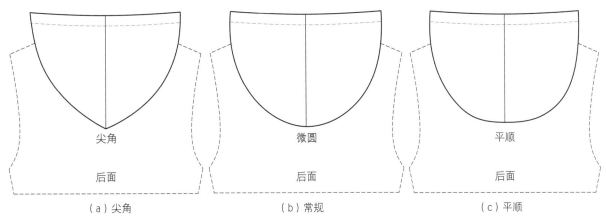

（a）尖角　　　　　　　　　　（b）常规　　　　　　　　　　（c）平顺

图6-44　帽子尖角对比图

图6-45（a），帽子不戴时后面尖角，后中帽子画尖，两片拼起来就变成尖角。图6-45（b），帽子不戴后中微圆，帽子后中画成微圆即可。领圈小时需要帽子很宽，可以将帽顶展开。国际大牌好的版型，都是从片内展开或者合并，边缘只是呼应；做欧版，平面上的加大就是立体上的减小。图6-45（c），帽子不戴时后中大圆平顺，把帽子后中画平直一点，两边归一点。

帽子圆角尖角配法，现代采用立裁转平面的打版方法，快速简单，通俗易懂。

图6-46（a），帽子不戴时，从侧面看往后挂，帽口很长，容易拉扯前中。图6-46（b），帽子中规中矩，从侧面看形成斜切面向前。图6-46（c），帽子往前背，顶住后脑勺，帽子前口大，不会往后拉。

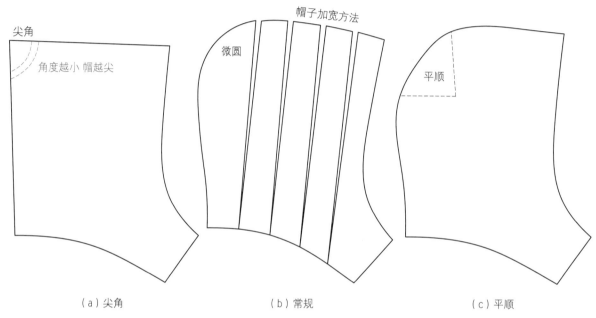

（a）尖角　　　　　　　　　　（b）常规　　　　　　　　　　（c）平顺

图6-45　帽子尖角配法区别图

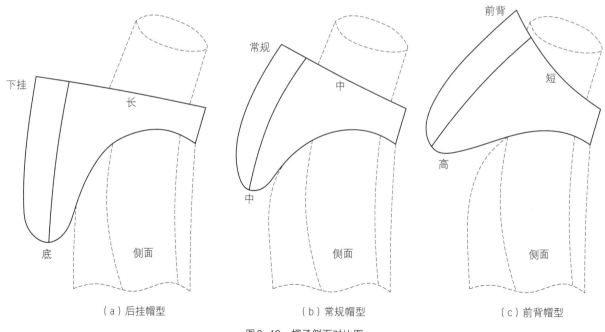

（a）后挂帽型　　　　　　　　（b）常规帽型　　　　　　　　（c）前背帽型

图6-46　帽子侧面对比图

帽子审版的方法是站3米远,360度观察帽子轮廓形状。帽子横开越宽越显得肩窄,帽子高度越高,不戴时塌下来宽度就越大,戴起来时帽宽变成了高度,盖住肩膀显瘦。

图6-47(a),后挂型帽子,帽口展开相当于帽子后中合并;帽子戴起来帽口起空,帽子容易后跑,不戴时帽子往后下挂,拉扯前中,优点是休闲自然。

图6-47(b),常规型帽子,中规中矩。

图6-47(c),前背型帽子,当帽口不能合并短时,可以把后帽中展开,相当于帽口合并变短;帽口加宽

3~6cm,帽子不戴时,帽口塌下来变成高度;帽子不戴时塌下来,高度变成宽度。

帽子的平衡,就是调帽口与帽后中长短,前面长了就后跑,帽后中长了就往前背。倒伏量大就翻得下去,倒伏量小帽底形成立领就高。

图6-48,帽面与帽里细节处理,做羽绒服时帽面充绒尺寸缩小厚度增加,帽里要减小1~2cm,不然堆在里面不清爽。帽面与帽里后中要定位。

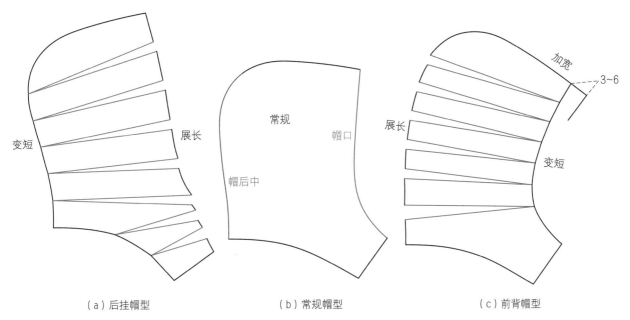

(a)后挂帽型　　　　　　　(b)常规帽型　　　　　　　(c)前背帽型

图6-47　帽子不同形态打版图

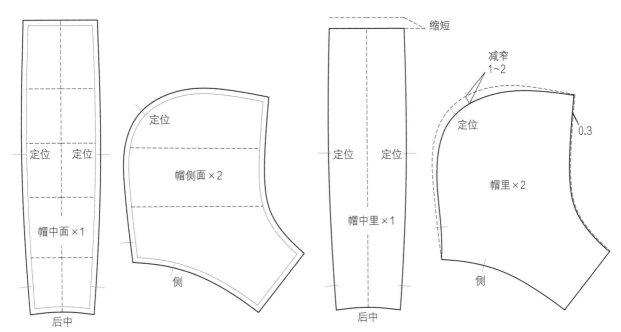

图6-48　帽面与帽里细节处理图

三、贴体帽设计

　　图6-49（a），贴体帽，帽高32～34cm，帽宽25～28cm，可以做两片帽，可以分三片帽；帽口可以是活动的，左右钉扣，也可以装上拉链。图6-49（b），帽子基型打好后，再分割造型变化。

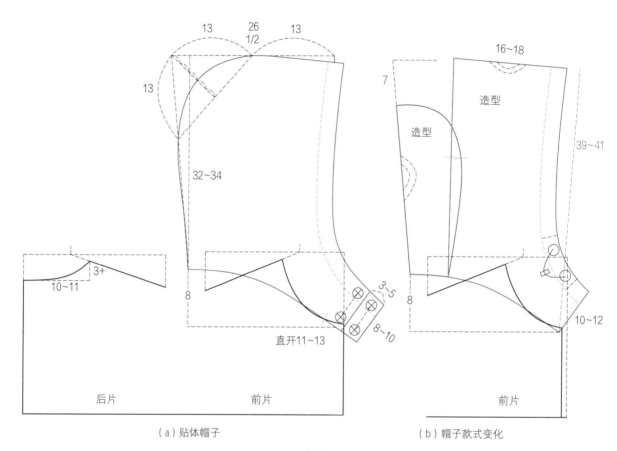

（a）贴体帽子　　　　　　　（b）帽子款式变化

图6-49　贴体帽子设计

四、渔夫帽设计

　　图6-50，渔夫帽，帽顶一圈围度50~52cm，人的头是扁的，帽子可以高度高一些，宽度窄一些，符合人体工程学原理；帽身上口与帽顶围度一样长，帽身可以做一片、两片、三片，帽身下口一圈66～70cm，帽檐上口与帽身下口长度一致，帽檐边上一圈越长越立体，越短越往下斜。

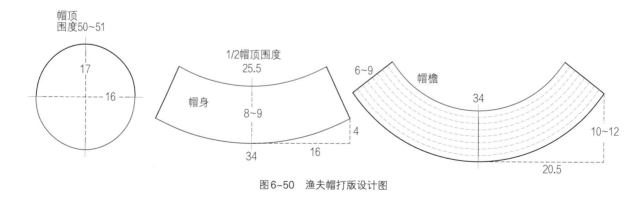

图6-50　渔夫帽打版设计图

五、宽松帽设计

图6-51（a），宽松帽，韩版、欧版服装常用，确定好倒伏量5～10cm（最高不超过上平线），帽高36～38cm，帽宽28～32cm，如果领圈小，帽子要宽，可以把帽顶均匀展开画顺来加大帽宽。

帽前造型高度8～12cm，如果很高前直开身要加深，以免顶住脖子；从前往后6～8cm打气眼，越靠前中，绳子离得越近越显瘦，帽绳长130～140cm，气眼下面要垫

本色面料，以防露白色胆布，帽口压线2.5cm。在不改变帽高的情况下，如果要帽子戴起来前帽口紧一点，倒伏量打3～5cm，减小倒伏量就是减短前帽口，要根据需求，自由调节倒伏量大小。

图6-51（b），帽子款式变化，帽檐宽度7～8cm，一圈长度72～74cm，刚好是成品毛领的长度宽度，如果毛领特别宽，帽檐宽可以做10～12cm，毛领可定做，也可买成品。凡是羽绒服需要打气眼的，下面都要垫一层本布面布，以免露白色胆布。

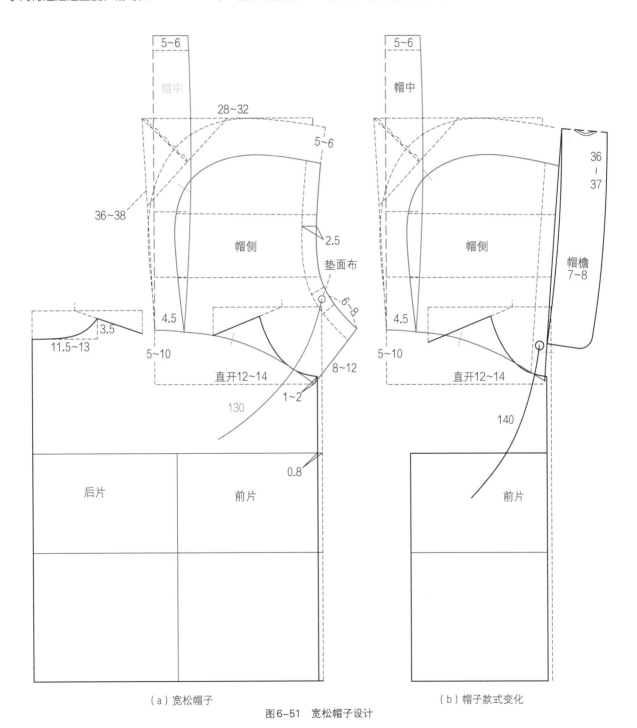

（a）宽松帽子　　　　　　　　（b）帽子款式变化

图6-51　宽松帽子设计

六、披肩领与连身帽设计

领帽不分家，配帽子的要点是配领技术，很多领子也运用了配帽技术，相互运用。一些款式是帽子与领子拼接在一起设计组合，很简单，先打领子，再拼接一个帽子。

图6-52（a），连身披肩领，前后肩缝对接，肩缝可以重叠2~4cm，重叠是减小外围倒伏量，倒伏量小了，登高量就高，不要登高量就不重叠。

图6-52（b），连身帽设计，难度在于帽子戴起来前中不能起空，不戴时不能拉扯前中。如果前肩斜与后帽底线成45度角，倒伏量特别大，不戴时松量充足，戴起来前帽口起空，帽子后跑。通过前帽口与帽后中调长短来决定帽身平衡。

如果倒伏量按分开装的帽子，前肩斜与后帽底角度很小，前面帽口短，帽子戴起来帽口不会起空，帽子不会后跑；缺点是帽子不戴时，背在后面容易拉扯前中，这是帽口短导致的。

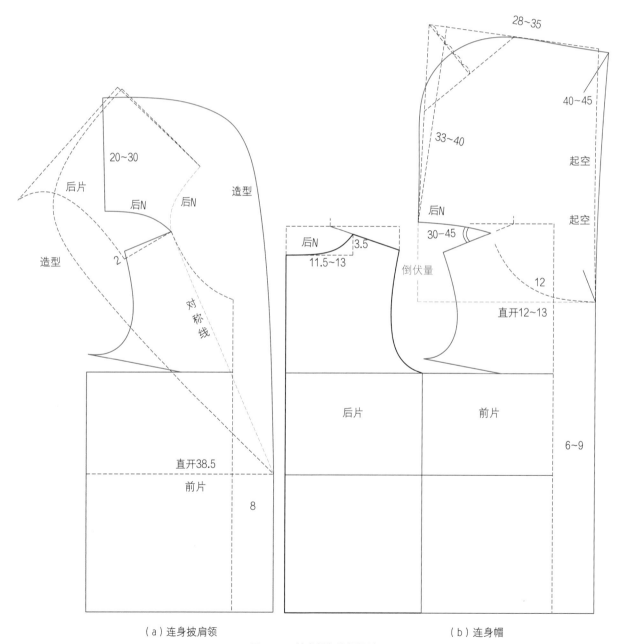

（a）连身披肩领　　　　　　　　　　　　　　　（b）连身帽

图6-52　披肩领与连帽设计

七、连身帽与连身披肩领

图6-53（a）连身帽，后肩缝与前肩缝对接，肩缝合并2~6cm是为了减小前帽口长度；前肩斜与帽底线角度45~60度；此种方法配帽，不戴时帽口很长，不会拉扯前中；帽子戴起来时前帽口起空，后跑。

如果要求帽子戴起来，帽口不能起空不能后跑，在同一帽高的情况下，可以把倒伏量减小，前肩斜与帽底线角度减小，可打30~40度，整个后帽底下降，前帽口长度

变成39~41cm，就不会起空后跑。

6-53（b），连身披肩领，确定好倒伏量，倒伏量可同帽子大小；如果是打角度用30~50度均可，角度越大前领口越起空；角度越小，前面越伏贴。

披肩帽、披肩领怎么区分？帽口特别大，有帽兜的叫披肩帽；完全是平的为披肩领。还有一种是后中装拉链，拉链拉开是披肩领；拉链拉好是披肩帽。披肩帽、披肩领配的方法相同，可以把后肩缝拼接到前肩缝，肩缝重叠一个量画好造型即可，这是平翻领技术。

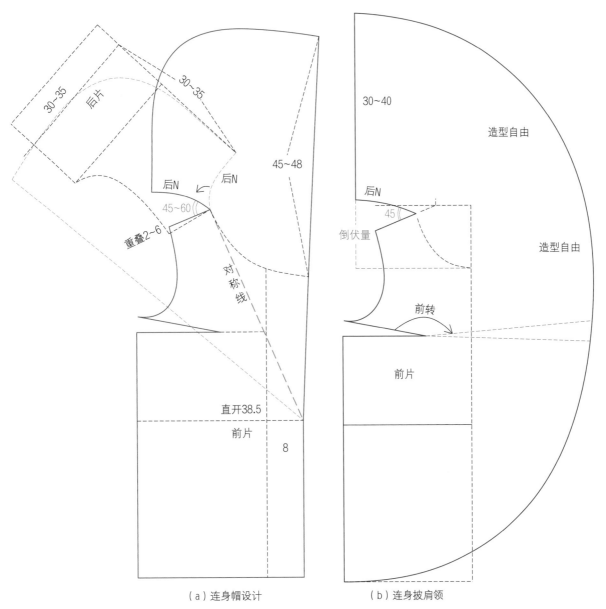

（a）连身帽设计　　　　　（b）连身披肩领

图6-53　连身帽与连身披肩领设计

第 **7** 章

半裙结构与打版

扫码付费
看教学视频

第一节　半裙结构与原型

一、半裙结构

　　裤子、半裙为腰围以下的服装，根据不同体型来打版，根据不同腿型姿势来打版；国标为160/68A，少量企业用非标165/68A；160cm是指身高，68cm指人体净腰围，A表示标准体型，净臀腰差22cm。

　　半裙与裤子最大的区别是，半裙没有裆，摆围一圈是整体，不需要太多考虑腿型；而裤子就有所不同，前后有裆相连，两只裤管要跟腿型姿势形态一致，否则就会起斜扭皱褶。

　　图7-1（a），蜜桃型，侧面外凸大，此类体型侧腰省放大，包臀款式下摆侧缝可以多收一点。此类体型从正前面看臀围显宽，腰显瘦显细，曲线明显，身材显性感火辣。

　　图7-1（b），标准侧凸，中规中矩，侧面腰省也很大，曲线明显。

　　图7-1（c），侧面很平顺，腰省收小；此类体型从前面看臀部窄，显得腰很宽，曲线不明显，偏向于男士直筒裤。

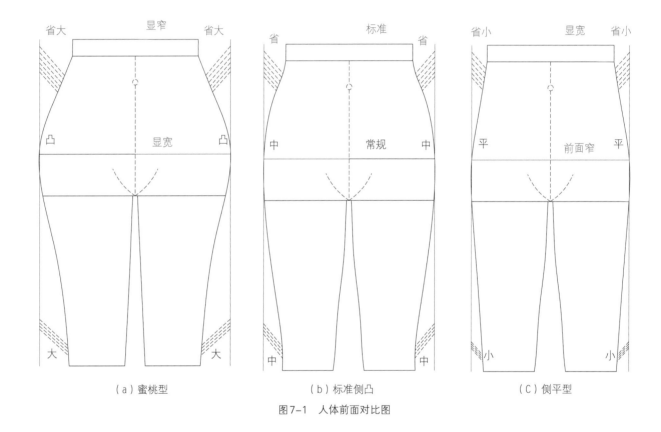

（a）蜜桃型　　　　　　　　　　（b）标准侧凸　　　　　　　　　　（C）侧平型

图7-1　人体前面对比图

　　图7-2（a），翘臀型，整体臀腰差大，打版难度高；后腰省加大，前腰省收小，后面收省70%左右，前面收30%左右。臀围整体加大，主要加在后片，臀翘是翘在后面，前片稍微加一点。从侧面看厚度很厚，片内省放大，侧缝省收小，立体感强。前面最高点是腹凸，后面最高点是臀翘点，如果省比例不对，会导致侧面斜扭，后臀越翘侧面斜扭越明显，后腰下起横皱褶，说明版型结构不对。

　　图7-2（b），常规标准体型，后面收省60%左右，前面收省40%左右；如果前面腹部凸起来很大，前面收省30%左右，后面收省70%左右。

　　图7-2（c），臀平腹凸型，整体臀腰差小，后面收省80%左右，前面收省20%左右，前面腹部凸起高，以十字架在腹部加松量。

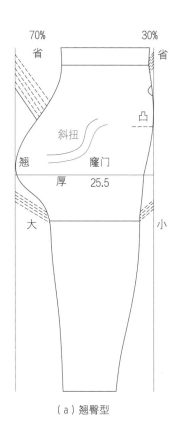

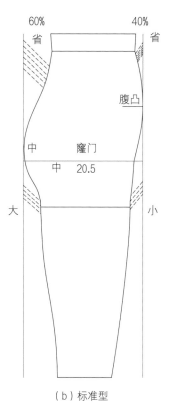

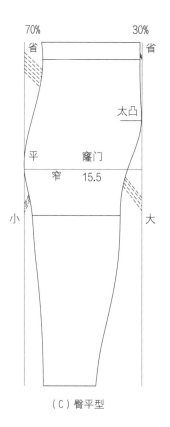

（a）翘臀型　　　　　　　　　（b）标准型　　　　　　　　　（C）臀平型

图7-2　人体侧面对比图

图7-3（a），臀上翘聚中，后片收腰省位置往后中点，臀翘收省要短，臀高短。人体后侧是凹下去的，臀围下方是凹下去的，符合人体结构。

图7-3（b），标准体型，大众体型。

图7-3（c），臀下掉散开，失去回弹，臀往下掉，导致散开。臀高加高，省收长，收省位置居中。

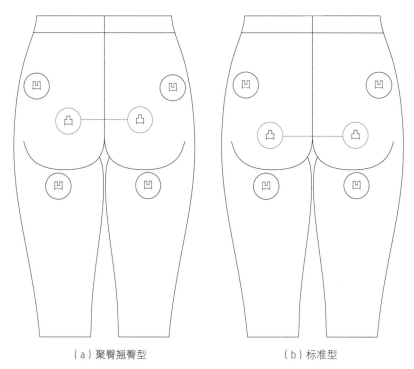

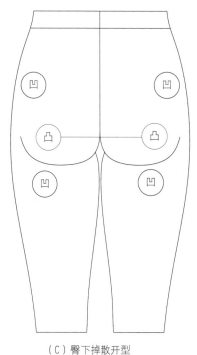

（a）聚臀翘臀型　　　　　　　（b）标准型　　　　　　　　　（C）臀下掉散开型

图7-3　人体后面对比图

二、下装长度图

下装长度跟身高、款式造型有关，特别高的腰是上口大、腰围小，要灵活运用，见图7-4。超短半裙常用30~35cm，短半裙常用40~45cm，中长半裙常用60~65cm，长款半裙常用80~85cm，超长款常用90~95cm。

中臀是测量腹凸处围度，标准体型中臀是80~83cm，瘦一点体型是78~80cm，腹部外凸的是86~88cm。

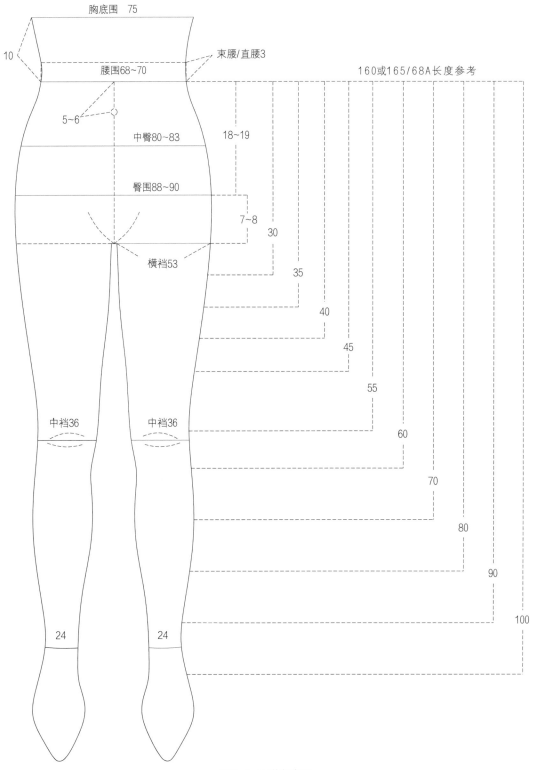

图7-4　下装长度图

三、标准半裙原型

半裙六省原型，前面平服不能显肚子大，后面显臀翘，后腰下方不要多布起扭，侧面均匀悬空。片内省放大，侧缝省收小，窿门宽厚度就大；片内省收小，侧缝省放大，窿门厚度就小。在打原型中是前面高后面低，款式造型中可以是前低后高。见表7-1和图7-5。

腰围可以做直腰，也可以做弧形腰，原型不代表款式，款式中没有这么多省，所有的省都要分散转移或者做吃势。一个省两个面，两个省三个面，可以根据需求设计六

面原型、七面原型、八面原型等，面数越多，越圆润显瘦，但是在打款式中，合并省后产生归拔量大。

不管是衣服、裤子还是半裙，标准体型，前面收省40%左右，后面收省60%左右。前面腹部凸起高，前面收省就小，后面收省就大。框架长54cm左右，大身侧缝长调成55cm，加上腰宽3cm，侧总长58cm。

工业常规半裙是后包前，后片大、前片小，前面显瘦，后面大气；要休闲一点，前后就一样大。合体紧身上衣是前片大、后片小，如果要对上衣侧缝，半裙也可以前片大、后片小。

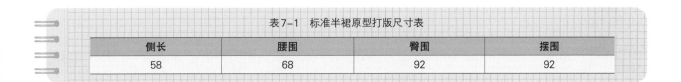

表7-1 标准半裙原型打版尺寸表

侧长	腰围	臀围	摆围
58	68	92	92

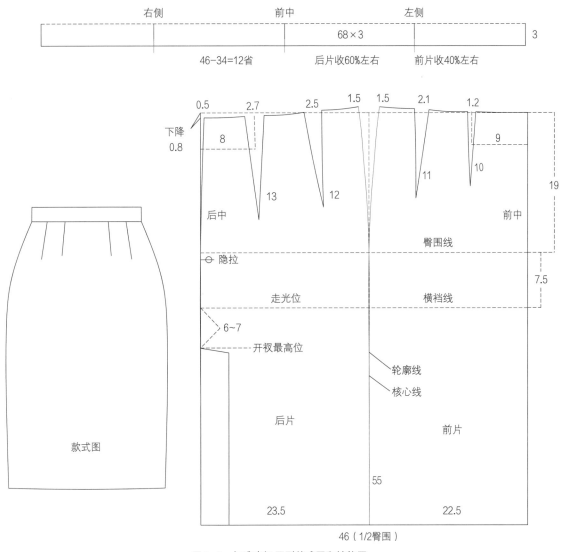

图7-5 标准半裙原型款式图和结构图

四、翘臀半裙原型

图7-6，特体翘臀六面原型，后面臀越翘，后片围度越要加大，后片向上加长，防止下摆翘，后腰省放大。以后面臀翘点十字架各展开0.5~3cm，围度大是大在后片，前片只需稍微加大一些。后片收省65%~70%，前片收省30%~35%。款式中大身腰口一圈要归缩1~2cm，原型没有放归缩量。尺寸表见表7-2。

翘臀型人体结构是后面臀翘点中间长，两边高度变短，裙后中有臀沟省，打宽松款式可忽略不计，打性感包臀紧身裙需要归缩，中间凹下去。

连衣裙或半裙，如果出现后面臀过于翘、前面胸过于挺、侧面起大量斜扭的问题，是因为款式中只有一个省，多余的省转出去没有归拔好导致的。也可以理解成厚度不够，因为原型是六省，款式中只有四省，那么多余的两个省就要转到侧缝去掉，如果没有归拔，裙子就很扁，不符合人体体型，导致侧面起大量斜扭。

半裙与裤子的臀围100~120cm，腰围70~74cm，风衣无弹面料，无任何省，而且没有侧缝，只有一条后中缝，这种版是最难打的。解决方法是用面料软化剂软化面料，改用斜丝裁剪，一边喷水一边烫，反复多次，做好后用面料定型水固定，防止变形。

表7-2　翘臀半裙原型打版尺寸表

侧长	腰围	臀围	摆围
58	70	100	100

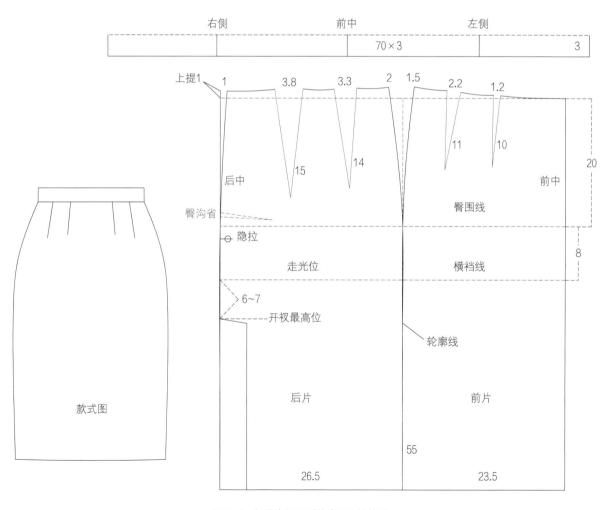

图7-6　翘臀半裙原型款式图和结构图

五、特体半裙原型

图7-7，特体前凸后平六面原型，前面腹部外凸，腰粗腰围加大，侧面看厚度很厚，前面有腹凸，后面有臀翘，此类型臀围要加大，窿门厚度要加宽，否则侧面容易起斜扭。前面以腹部十字架展开加松量，防止显肚子大，前放后收，前片抬高后片下降，满足前面球形松量，后面显瘦显臀，这是作者的原创技术。尺寸表见表7-3。

前片收省20%~30%，后片收省70%~80%，可灵活运用，举一反三。不管是半裙还是裤子，只要腹部凸起，就以十字架展开松量，前片越紧越显肚子大。有一个误区是把前片打小打紧，让腹部变平，版型师改变不了人的体型，只能修饰或掩饰体型不足。韩版休闲和欧版阔形服装包容性强，展示的是衣服的轮廓造型，不显示身材。

注意：腹部外凸的臀围要打大一点，因为测量臀围测量不到腹凸，臀围小了侧面会起斜扭。

表7-3　特体半裙原型打版尺寸表

侧长	腰围	臀围	摆围
58	80	100	60
		80×3	3

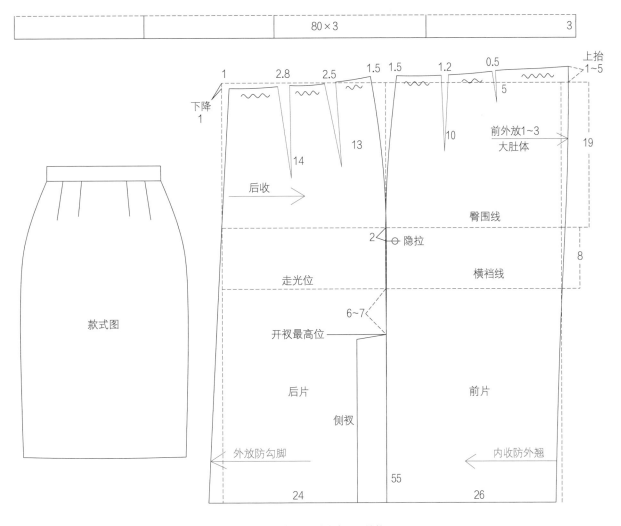

图7-7　特体半裙原型款式图和结构图

一、包臀半裙

图7-8，包臀半裙，要求摆围均匀且小，不是侧面直接凹进去，而是均匀悬空一圈，显臀翘，性感时尚。面料微弹的臀围尺寸可以净臀围减2～4cm，面料高弹的净臀围减10～15cm，无弹的加1～3cm。尺寸表见表7-4。

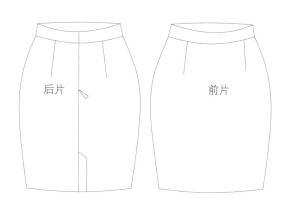

表7-4　包臀半裙原型打版尺寸表

侧长	腰围	臀围	摆围
43	70	92	87

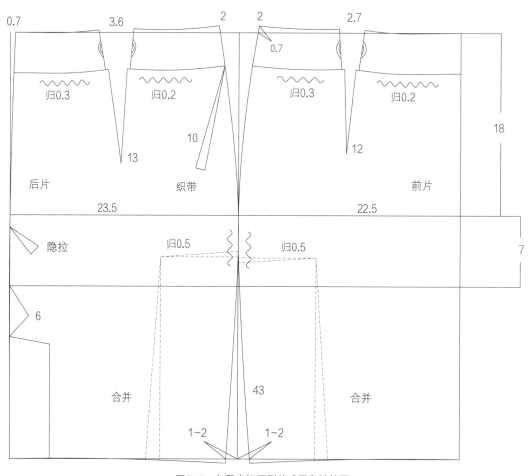

图7-8　包臀半裙原型款式图和结构图

二、A字半裙

图7-9，A字半裙，腰省往下摆转，摆围均匀的A型，A字半裙臀围比包臀裙臀围要大一点，后片依然可以做到显臀性感，前片不能显肚子大。松量空开均匀，不能从侧缝直接炸出去，一个好的版型，一定是从片内展开或者从片内合并，边缘只是呼应。

臀围越小越显臀，越大越宽松休闲，掌握要点，灵活运用。工业批量生产，长度写的是成品侧缝长，考虑到侧缝会拉长或变短，所以框架长度要减短。所有半裙侧缝都可以夹织带，织带对折后净长10cm，毛长剪22cm。牛仔水洗的半裙可不夹织带，如果非要夹织带，用棉织带；丝光类容易洗毛或洗坏。尺寸表见表7-5。

表7-5　A字半裙原型打版尺寸表

侧长	腰围	臀围	摆围
43	71	92~96	103~108

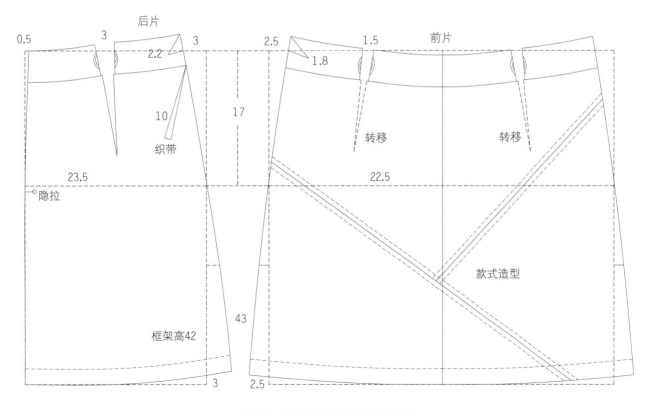

图7-9　A字半裙原型款式图和结构图

三、大摆半裙

图7-10，长款大摆波浪裙，如果摆围太大门幅不够宽，可以横丝裁剪；如果前中后中没有波浪，可以用斜丝解决。侧缝是斜丝时要减短2～4cm，如果侧缝是横丝，侧缝无须减短，在斜丝方向减短。

做高定要卡波浪个数，腰口凹角打刀眼拔开，样衣裁好、喷气烫好波浪再做，成品需要喷气整烫。如果做工业批量样版，腰口修顺，波浪个数自由。尺寸表见表7-6。

表7-6　大摆半裙原型打版尺寸表

侧长	腰围	臀围	摆围
82	70	130	340

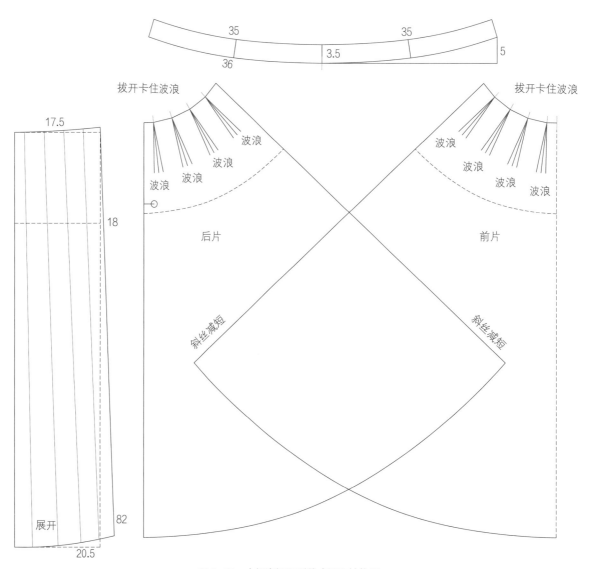

图7-10　大摆半裙原型款式图和结构图

四、前裙后裤半裙

图7-11，前裙后裤半裙，要考虑便于穿脱，可以采用后中装隐形拉链，也可以采用前中打开，穿脱方法有多种。一条短裤前面加一个半裙造型，即为前裙后裤，也可以设计前面裤子，后面裙子。尺寸表见表7-7。

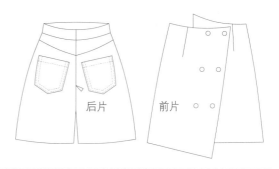

后片　　　　前片

表7-7　前裙后裤半裙原型打版尺寸表			
侧长	腰围	臀围	摆围
37	70	96	68

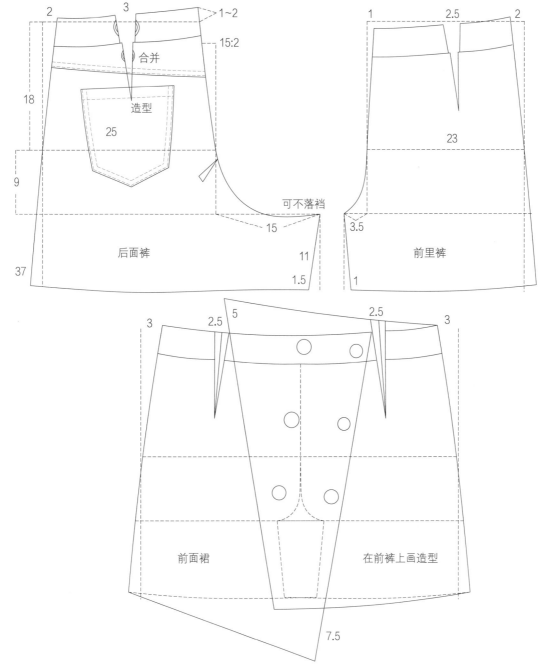

图7-11　前裙后裤半裙原型款式图和结构图

一、不对称半裙

图7-12，不对称造型半裙，此类款式为版师基本功，先打对称裁片，然后再画不对称造型，款式简单。前后大身腰口一圈要归缩1~2cm，腰口一圈要装牵条防止拉大，臀围容易做小。尺寸表见表7-8。

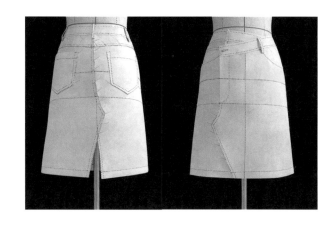

表7-8　不对称半裙打版尺寸表

侧长	腰围	臀围	摆围
50	72~73	96	110

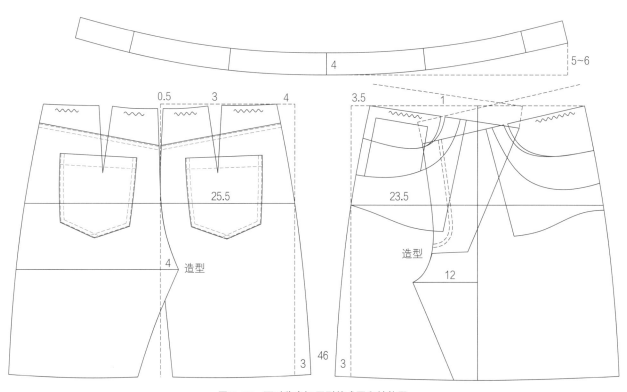

图7-12　不对称半裙原型款式图和结构图

二、裤子半裙

图7-13，裤子半裙，可以与风衣、大衣、羽绒服结合设计，也可设计成上下两穿。腰头随意起翘一点，稍微弯一点即可。尺寸表见表7-9。

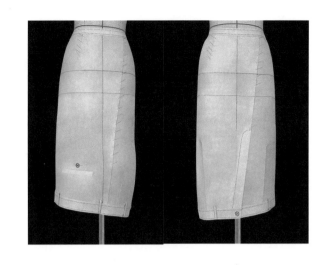

表7-9　裤子半裙打版尺寸表

侧长	腰围	臀围	摆围
76/67	70	92	85

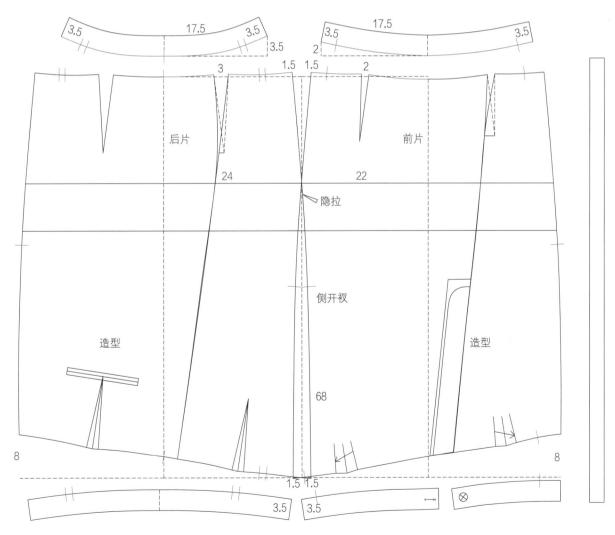

图7-13　裤子半裙原型款式图和结构图

三、西装半裙

图7-14，西装半裙。在大身上取腰，腰特别弯，腰也可配一根直条。尺寸表见表7-10。

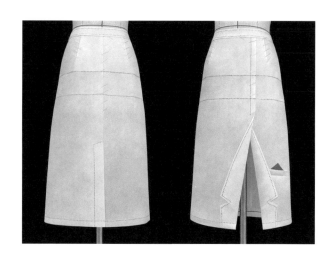

表7-10　西装半裙打版尺寸表

侧长	腰围	臀围	摆围
75	70	92	101

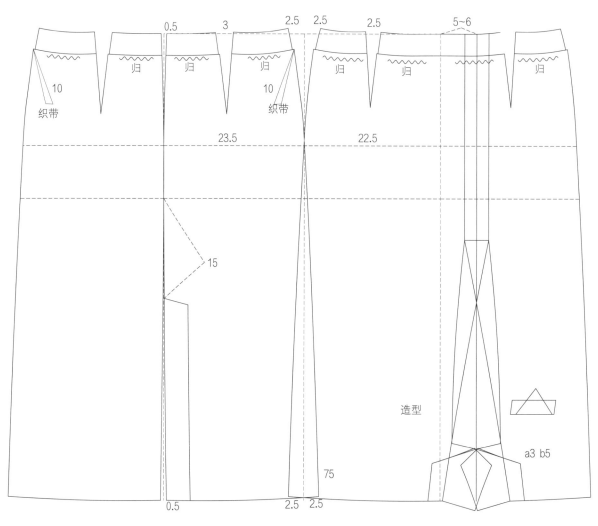

图7-14　西装半裙原型款式图和结构图

第 **8** 章

裤子结构与打版

扫码付费
看教学视频

一、裤子介绍

1. 腰围大小如何来定

臀高在18~19cm，原型腰节位置腰围68cm，加2cm松量，等于70cm；臀高每低1cm，腰围加大1cm，例如臀高14cm，腰围可以打74cm；当然也可以适当加大减小，不是固定的。

2. 裤子臀围大小如何来定

裤子臀围尺寸与款式风格和面料有关。例如无弹面料净臀围加2~4cm，微弹面料减1~4cm，中弹面料减4~9cm，高弹面料减10~15cm。宽松裤净臀围加9~20cm，合体裤加2~8cm，紧身裤减0~15cm。要根据款式风格以及面料来打版。裤子后片臀围要加0.3~0.6cm损耗，因为臀围容易变小，腰围容易变大。打版尺寸与成品尺寸有所不同，裁床与工艺缝制中会产生损耗。

3. 膝围与脚口如何来定

按款式风格与面料弹力来定。无弹面料膝围最少要比净膝围大4~6cm，不然会卡住关节不舒适；有弹面料可以小于人体净膝围。无弹面料脚口要大于29cm，不然套不进去，可以选择开衩，有弹面料脚口自由。脚口比膝围小2~3cm为直筒型；脚口比膝围大8~16cm为喇叭型；脚口比膝围小8~20cm为锥形。

4. 裤子长度如何来定

根据身高和款式风格来定。按身高有高个子女裤、标准女裤和小个子女裤之分；比如标准长裤100cm，小个子女裤打90cm，高个子女裤打110cm。裤子长短与款式风格及高腰、低腰有关，比如小脚口裤长96~100cm，显得干练有精神；大脚口裤长104~108cm，显得有气质，显腿长。

5. 后困势大小如何来定

人体净困势是15:1~2，由于六面原型裤是双省，而打款式时是单省，省往后中转移，后困势会加大。困势越大，臀沟省越大，显得后中不精神；困势越小，后中越凹下显臀，精神显瘦。普通合体裤子困势15:2~3，大腿围小的困势可以打15:3~4，臀沟省掉下去，弥补窿门宽不足。见图8-1。

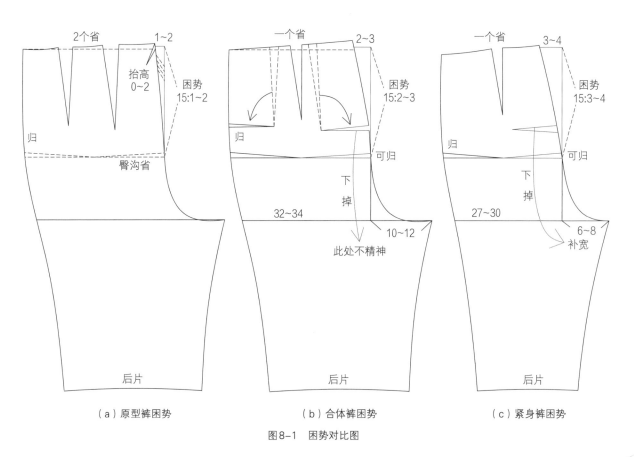

图8-1　困势对比图

（a）原型裤困势　　　　（b）合体裤困势　　　　（c）紧身裤困势

6.后中抬高多少如何来定

后中抬高与困势大小无关，要观赏性好就少抬高，防止走光就多抬高；后中抬高多，人站立腰下多布起皱褶；后中抬高少，人蹲下容易走光，人站立后腰下清爽干净。直裆深大，后中抬高0~2cm，直裆深小，后中可以抬高2~4cm。特殊款式，后中不仅不抬高，还要往下降0~3cm，根据款式需求，突出性感，观赏性好。见图8-2。

7.臀围前后大小差多少

H代表打版臀围尺寸，常规裤子，前片H/4减1~4cm，后片H/4加1~4cm，前片显瘦，后片大气。要裤子休闲一点，可以前后片一样大；前片打褶抽皱，前面大后面小，抽皱打褶完成后还是后片大前片小。

8.直裆深如何确定

由款式与身高决定，宽松运动休闲裤高腰直裆深28~35cm，合体中腰直裆深25~27cm，低腰直裆深22~24cm，超低腰直裆深16~21cm，灵活运用。

9.窿门宽如何来确定

根据人体厚度、款式风格、面料性能来确定。从侧面看人体越厚，窿门宽越大，片内省放大，侧缝省收小；从侧面看，人体越薄，窿门宽越小，片内省收小，侧缝省放大。裙裤类型窿门宽H20%~24%，裤裙类H18%~20%，西裤合体类H14%~16%，贴体类H12%~13%，紧身类H9%~11%。窿门宽本来在臀围处，为了简单直接从大腿围出来打版；裤子前后浪拔成直线才符合人体。

10.中裆、脚口前后片相差多少

常规打版，前片脚口/2减2~4cm，后片脚口/2加2~4cm，让前片显瘦，后片大气；如果要休闲一点，前后片一样大即可。中裆与脚口处理方法可以同步，也可以错位处理。

11.裤子前后浪多长，前片猫须后片倒八字斜扭如何处理

裤子前后浪受高腰低腰影响，受窿门宽窄影响，受线条凹或直影响，每一款的前后浪长都不一样。

如何避免裤子前片猫须，先把前后浪止口折回烫好，再打边拼缝压线，永不起猫须。后片倒八字，后片偏角调到7~8cm，前片偏角调到2~3cm，即可解决。

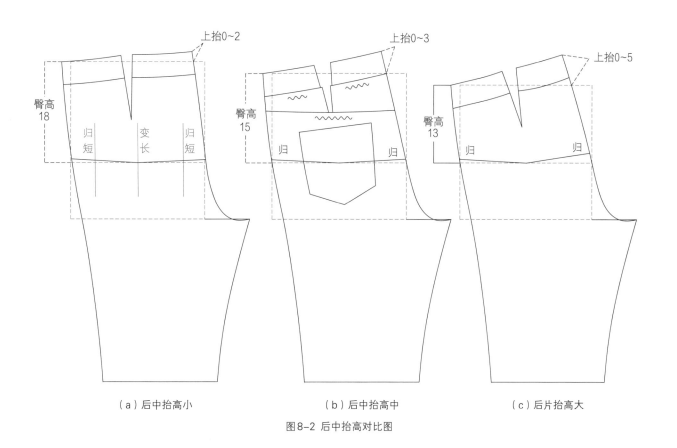

（a）后中抬高小　　　　　　　（b）后中抬高中　　　　　　　（c）后片抬高大

图8-2 后中抬高对比图

二、人体腿型正面

服装弊病的产生，就是版型跟人体不吻合，跟人体的姿势不吻合，以及不符合工艺。合体裤管前片要与人体前面吻合，才不会出现斜扭皱褶弊病，裤子打版前，要360度观察好人的体型。裤子分为三段来打版，找对偏角即可轻松打版，剩下的交给归拔工艺。

图8-3（a），O型腿，罗圈腿，裤子打版时大腿围外侧合并，内侧展开；膝围外侧展开，内侧合并。

图8-3（b）微X型腿，膝围内收，是大多数年轻女人的标准腿型，女人微X型腿，男人微八字腿，都属正常。打裤时大腿围外侧展开，内侧合并；膝围外侧合并，内侧展开。

图8-3（c），小八字腿型，男人常见腿型，大腿围外侧合并，内侧展开；膝围内侧合并，外侧展开。

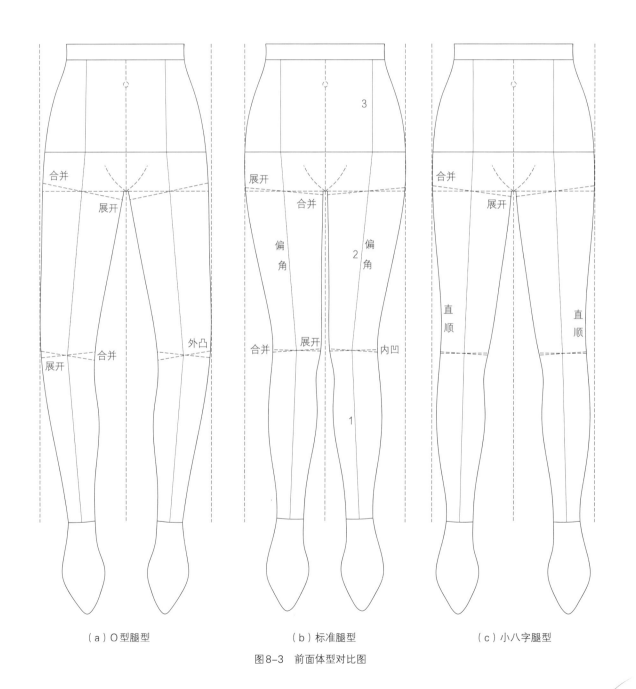

（a）O型腿型　　　　　（b）标准腿型　　　　　（c）小八字腿型

图8-3　前面体型对比图

三、人体腿型侧面

合体类裤子前中线和后中线对折后要与人体侧面轮廓一致，才不会产生弊病，否则会出现裤子斜扭皱褶、后片不显臀等多种弊病。如果是欧版裤管，无须跟人体一致，欧版展示的是服装轮廓之美，不显身材，包容性强。合体类裤子如果挂相很直顺，人穿就起斜扭皱褶；因为人的腿型是曲线，并非直线。

图8-4（a），后倾腿型，常规打版会导致后片长了横向起皱褶，前片长度短了会紧绷以及前下摆贴伏、后下摆起空等多种弊病。

图8-4（b），标准腿型，穿普通裤子时，要穿高跟鞋才能展示女性侧面s曲线，否则后片大腿围起皱褶，无法绷平服；穿运动裤时，可以穿运动鞋。

图8-4（c），前倾腿型，人体前倾，前面容易紧绷，后腰容易起空。前下摆容易起空，后下摆紧贴，后片长度方向绷平，清爽干净。

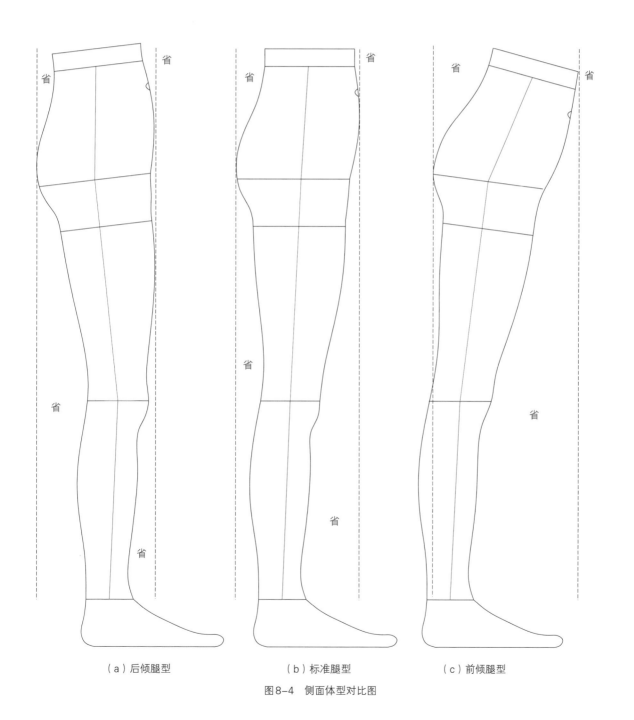

（a）后倾腿型　　　　　　　（b）标准腿型　　　　　　　（c）前倾腿型

图8-4　侧面体型对比图

四、人体腿型后面

图8-5（a），O型腿，罗圈腿，前后片裤子偏角小或者用反偏角，膝围向外，裤子要与腿型吻合，否则会起斜扭皱褶。裤子分三段来打版，不同的腿型，要用不同的版型。

图8-5（b），标准腿型，膝围向内凹，前后片正偏角，腿型是曲线拐弯，如果要裤子直顺，裤管要大才能做到。

人体后面是臀翘，但是人体侧缝处有一个凹点，属于正常体型。

图8-5（c），小八字腿型，前后片偏角小或者用反偏角，腿型侧缝偏直，裤子侧缝容易做直顺。要想显臀翘，人体后中有臀沟省，归缩一点就显臀；大腿围小时臀下面往上挤就可以做到提臀效果。

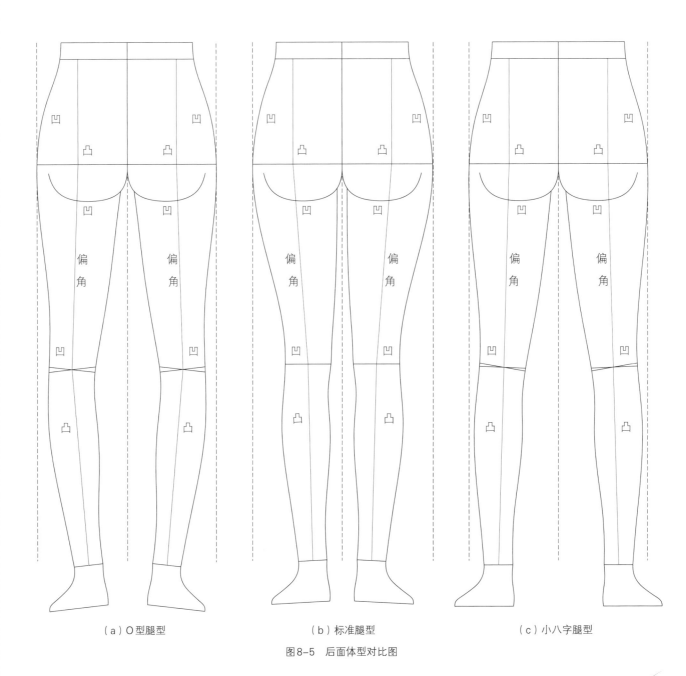

（a）O型腿型　　　　　　　　（b）标准腿型　　　　　　　　（c）小八字腿型

图8-5　后面体型对比图

五、裤子尺寸参考图

图8-6，人体尺寸参考，在企业试穿常规裤子，要求脚与脚之间空开9~20cm，穿高跟鞋空开6~10cm；穿高跟鞋把后片绷平，后大腿围才不会起皱褶。如果不穿高跟鞋，平着站立，后片长度产生多余的布，没有S型曲线，裤子到处斜扭，不性感，不精神，不显瘦。

注意：中臀是测量腹凸处的围度，标准体型中臀80~83cm，腹部平的体型78~80cm，腹部外凸的86~88cm；臀围是测量后臀翘处的围度，无法测量到前面腹凸的尺寸，所以腹凸体臀围要加大，否则侧面会起斜扭。人台跟人是不一样的，人是有回弹的，人台是无弹的；合体无弹裤要套在小一码人台上，否则套不上去。紧身高弹裤及阔腿裤，打的什么码就套什么码人台。

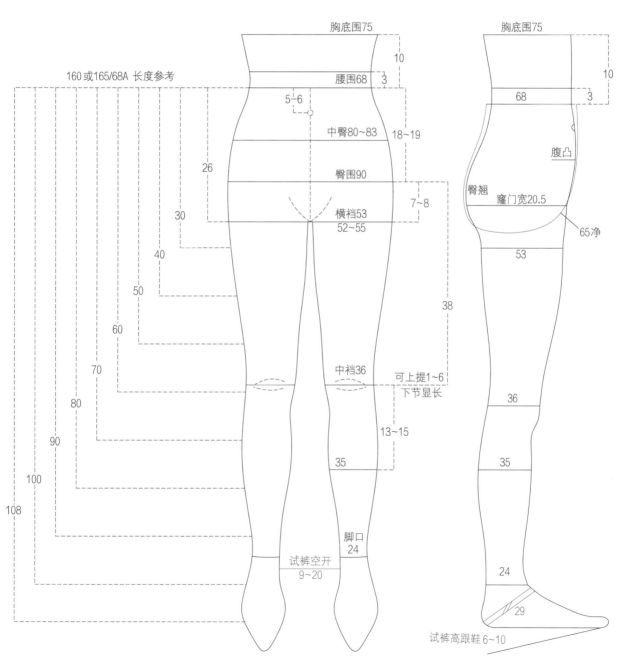

图8-6　人体尺寸参考图

六、转折面与转省

图8-7（a），六省原型空间，均匀空开一圈，胖瘦穿起来都有型，包容性强，圆润大气，显瘦。不管是衣服、裤子、半裙，收省越多厚度越大；收省越少，厚度越小。

图8-7（b），四省原型空间，刚硬转折面，松量不均匀，胖一点穿容易导致紧绷，包容性差，穿起来不符合人的体型，容易产生斜扭皱褶。

图8-7（c），二省原型空间，穿起来没有厚度，容易夹臀，完全没有包容性，到处斜扭皱褶，裤子穿起来有压迫感。优点是挂相好，挂起来很平很休闲。

图8-8（a），后面大腿围有两个枣核形暗省，省大小为1~3cm，竖向暗省合并是为了提臀，横向暗省合并是为了解决多余的布；两个省转移后会产生大量归拔。如果把枣核形省变成锥形省，转省是更加容易了，无归拔技术，看似很合理，但成品效果不佳。

图8-8（b），上衣腰省为枣核省，偷换概念后，把它变成锥形省，摆围小了，侧面补出来；轻松把腰省转掉，无省无归拔，看似很合理，但穿在身上都是环形皱褶，斜扭，整个腰围不平复。正规转枣核省会产生大量的归拔，裁片变形后，穿在身上清爽平服无斜扭。

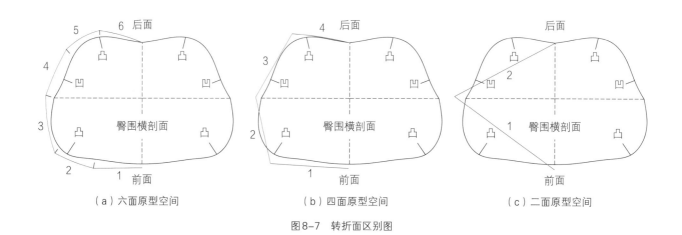

（a）六面原型空间　　　　　　（b）四面原型空间　　　　　　（c）二面原型空间

图8-7　转折面区别图

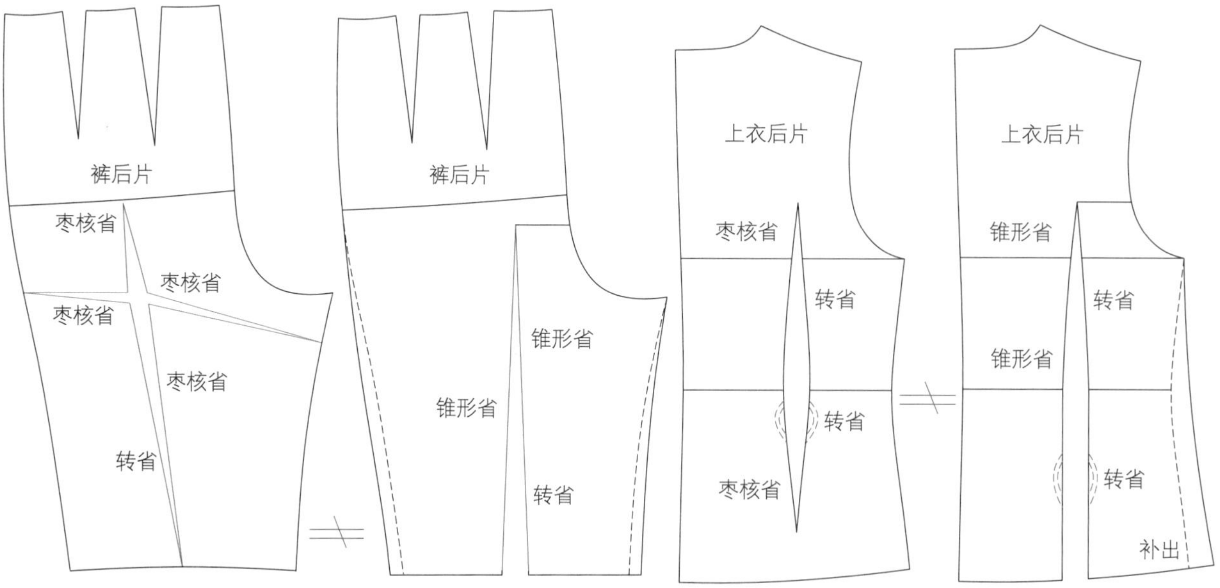

（a）裤子暗省对比　　　　　　　　　　　（b）上衣腰省对比

图8-8　省与省的区别图

七、裤子表皮原型

图8-9，裤子表皮原型，不代表款式，而是为了了解人体结构。人体结构中膝围外侧是内凹的，如果裤子侧缝要直，偏角减小，裤管要大，侧缝才能做直顺。人体不同，版型不同，常见体型有偏瘦体、标准体、肥胖体、大肚体等。图8-9适用于160/68A常见标准体型。由于表皮原型是一片一片立裁的，片数多分割多，所以前后偏角很小，款式中偏角要加大。尺寸表见表8-1。

表8-1 裤子表皮原型打版尺寸表

外侧长	腰围	臀围	膝围	脚口	直裆深
95	68	90+1	38	38	25.2

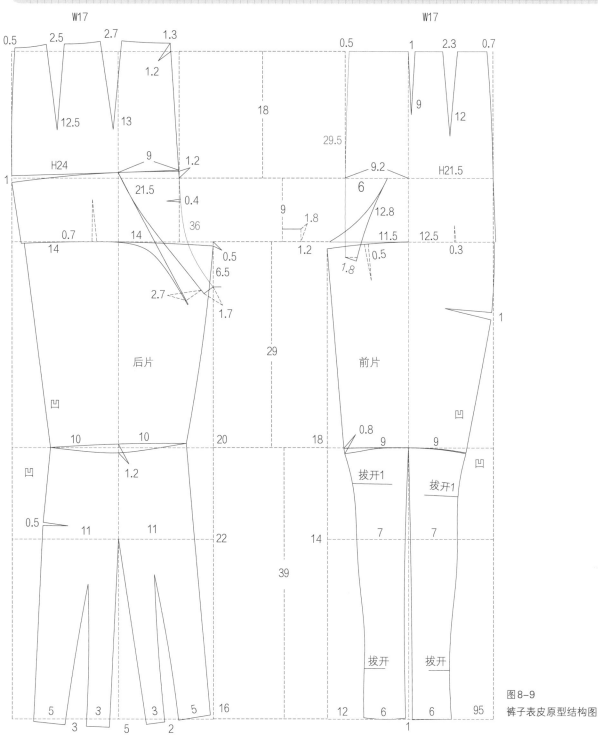

图8-9
裤子表皮原型结构图

八、裤子六面原型

图8-10，裤子六面原型，款式中省分散转移后再归拔。以膝围中点到臀围中点找偏角，前片正偏角2~3cm，后片正偏角6~8cm，裤子观赏性好，正规试裤没有倒八字斜扭，适合正装裤，或者追求观赏性的裤子；缺点是开腿量小，运动量小。可根据需求设计四面、五面、七面、八面原型。尺寸表见表8-2。

表8-2　裤子六面原型打版尺寸表

外侧长	腰围	臀围	膝围	脚口	直裆深
102	68	92	44	34	27.5

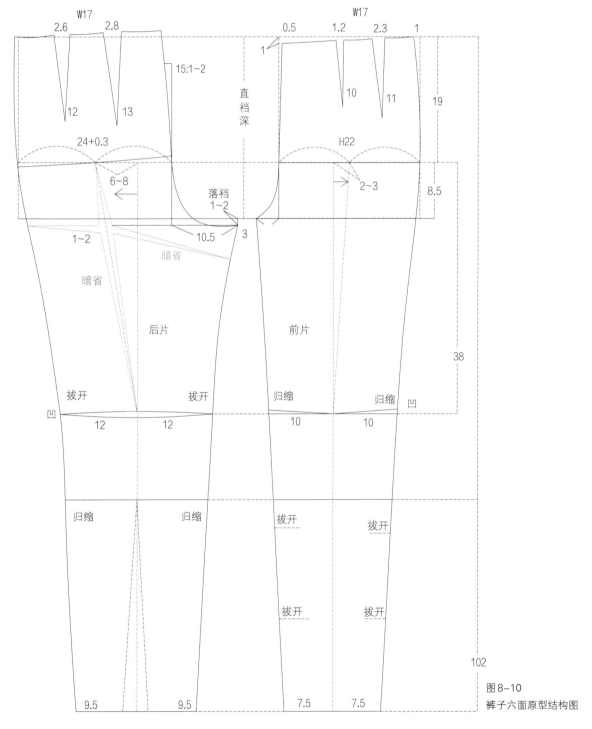

图8-10
裤子六面原型结构图

九、内裤版型设计

设计内裤、内衣，要懂人体结构，面料选用中弹、高弹以增加舒适性；内裤、内衣是版型师必修课程，以此为基础，打紧身贴体的服装才把握得住。超级短裤要防止走光，紧身长裤要提臀，都需要用到内裤技术。

图8-11（a）为纯棉女式内裤，腰口、脚口用橡筋花边，坎车一圈，要有回弹。内裤、内衣、游泳衣、健美裤、针织婴儿装等，一般采用四针六线，无骨缝制，以增加舒适性。

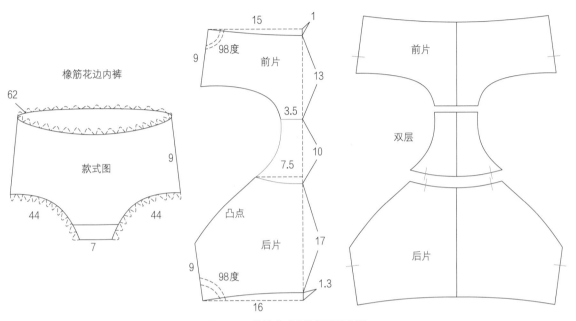

图8-11a 纯棉女式内裤版型结构图

图8-11（b）图为无痕女式内裤，腰口、脚口缝边折回包弹力条高温压缩粘住。这种运用双面胶原理，无车线的叫无痕缝制工艺，常用于男女内裤。内衣、内裤要把握住面料弹力，一定要紧绷，不能松松垮垮。

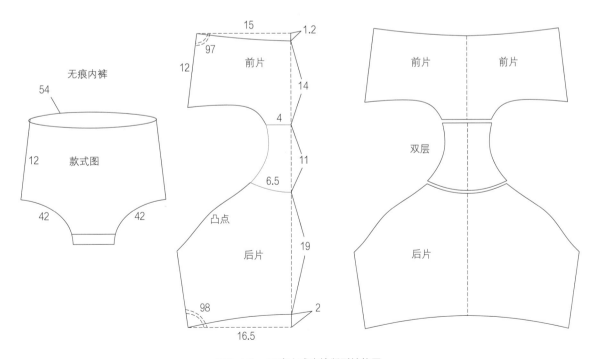

图8-11b 无痕女式内裤版型结构图

一、九分西裤基型

图8-12，春夏九分西裤，面料微弹有垂坠感；前片正偏角2～3cm，后片正偏角6～7cm。尺寸表见表8-3。

后片落裆是为了减短后片内侧缝，加长后浪长度，后臀凸两边归缩，后大腿围两边拔开。前后浪拔成直线，大腿围有松量的裆下成倒V形，大腿围紧的，裆下成倒U形。臀围两边高度归短，中间变长，更显臀。后中抬高2～3cm，人蹲下可防止走光；如果要站立时后片清爽干净不产生多余布，可后中抬高0.3～0.6cm。

表8-3　九分西裤基型打版尺寸表

外侧长	腰围	臀围	膝围	脚口	直裆深
90~92	70	90	39	31	26

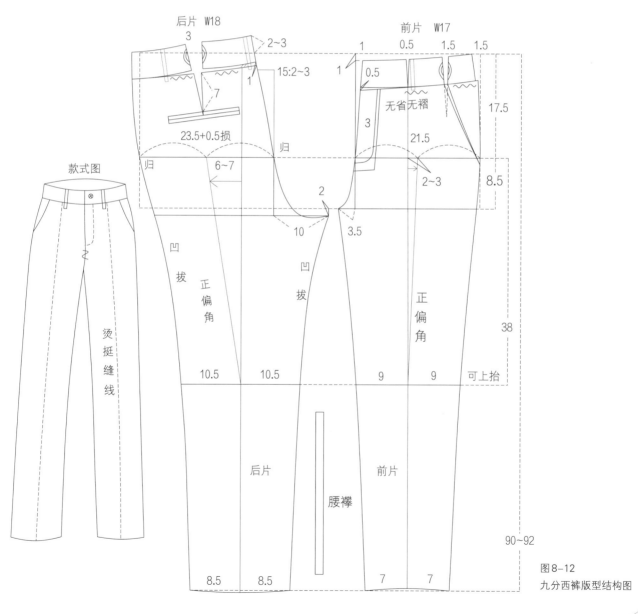

图8-12
九分西裤版型结构图

二、特体西裤基型

图8-13，特体大肚体型，标准版型穿上去会出现前片紧绷，后腰起空，如果是中长裤还会导致前下摆起空，后下摆勾脚。大肚体型核心：后片收省大，前片往外放；

前片大气休闲松量足，后片合体显瘦精神；前面以腹部十字架展开加松量，前高后低，前面落裆加长前浪。如果要侧缝直好开腿，前后偏角减小些。尺寸表见表8-4。

腹部外凸的，臀围要打大一点，因为测量臀围时测量不到前上腹凸，臀围小了侧面会起斜扭。

表8-4 特体西裤基型打版尺寸表

外侧长	腰围	臀围	膝围	窿门宽	脚口	直裆深
102	80	104	46	16~26	36	31

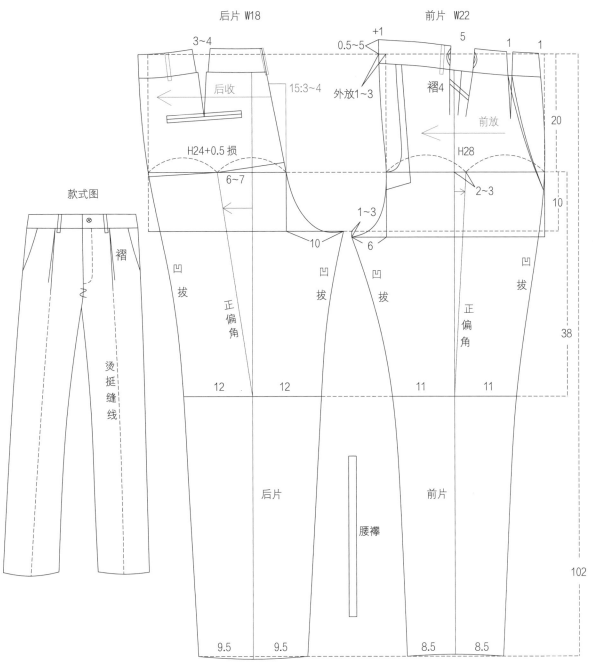

图8-13 特体西裤版型结构图

三、那不勒斯西裤基型

图8-14（a），那不勒斯西裤，意大利南部风格，复古风格，一般采用轻薄的面料，追求舒适性，那不勒斯代表着工匠精神，做工精湛。男裤可以做直腰，女裤弯腰更加符合人体，腰头采用双扣，侧面两边钉巴黎扣来调节腰围大小，不需要皮带。此风格追求轻薄舒适，无拘无束，向往自由。尺寸表见表8-5。

臀围100cm，前片一个褶4cm，左右两片去掉8cm，实际臀围只有92cm；前片打褶可以是前臀围大后臀围小，也可以把臀围打小，后期把前片褶展开，展开的方法有很多。

图8-14（b），那不勒斯西裤是休闲裤，追求舒适性，

前面反偏角0～1cm，后面正偏角4～5cm，侧缝直顺，好开腿，舒适性好；人垂直站立后，后片起倒八字，站成八字形，倒八字消失；前片裆部容易起褶，站成八字形，前片同样清爽干净。如果要观赏性好，可以把偏角加大，灵活运用。

前片打褶容易外翻，是因为臀围小了，撑散开了，还有就是省中线应该打短一点，往上提一下，即可解决。男西裤前片有半节里布，裆下有裆垫片。

在国外，早期工人穿的宽大牛仔裤和西裤是没有腰襻的，靠背带背在肩上防止裤子下掉；到了中期，牛仔裤和西裤侧面或者后中通过钉巴黎扣来调节腰围大小；现代裤子多数靠定腰襻、穿皮带调节腰围大小。

表8-5　那不勒斯西裤基型打版尺寸表

外侧长	腰围	臀围	膝围	脚口	直裆深
100	72	100	44	36	27

图8-14（a）　那不勒斯西裤版型款式图

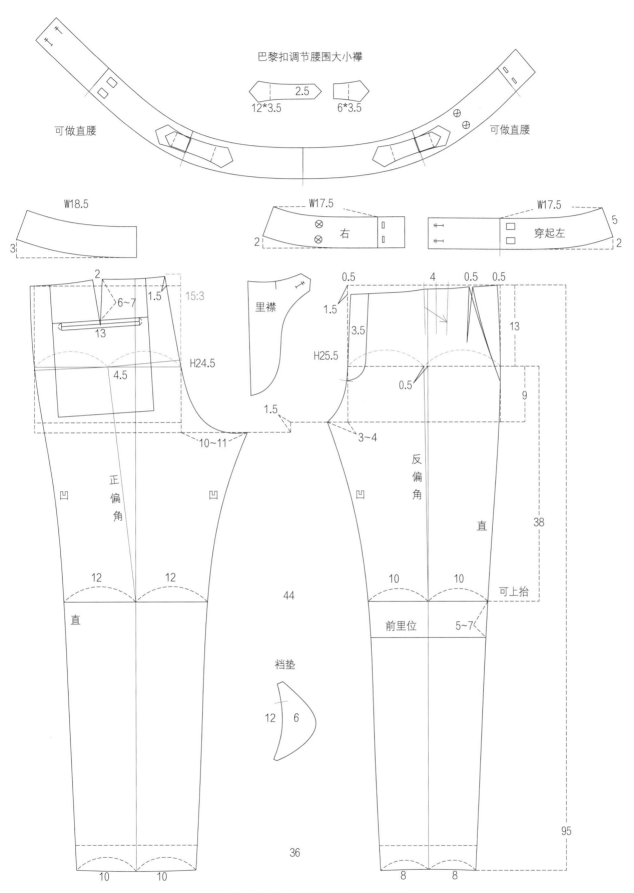

巴黎扣调节腰围大小襻

2.5

12*3.5   6*3.5

可做直腰

W18.5

3

可做直腰

W17.5

2   ⊗   右

W17.5

穿起左   5

2

2

6~7   1.5   15:3

13

H24.5

4.5

里襟

0.5   4   0.5   0.5

1.5

3.5

13

H25.5

0.5

9

正偏角

凹

凹

10~11

1.5

3~4

反偏角

凹

直

38

12   12

直

10   10

可上抬

44

前里位   5~7

档垫

12   6

36

10   10

95

8   8

图8-14（b）那不勒斯西裤版型结构图

四、无侧缝裤子基型

图8-15，无侧缝裤子，先正常打版，再合并侧缝，产生大量归拔，根据车位技术来加放归拔量。要观赏性好，前片正偏角2cm，后片正偏角7cm；要舒适性好开腿，前片正偏角0.5cm，后片正偏角4.5cm。尺寸表见表8-6。

裤子的窿门宽在臀位处，在企业实战打板，为了快速准确，直接从大腿围出来一个宽度即可。在裤管合体的情况下，要观赏性就偏角加大，要舒适性偏角就减小。裤管大或者大腿围紧身，偏角可以减小，观赏性依然好。

表8-6 无侧缝裤子基型打版尺寸表

外侧长	腰围	臀围	膝围	脚口	直裆深
102	70	92	46	50	30

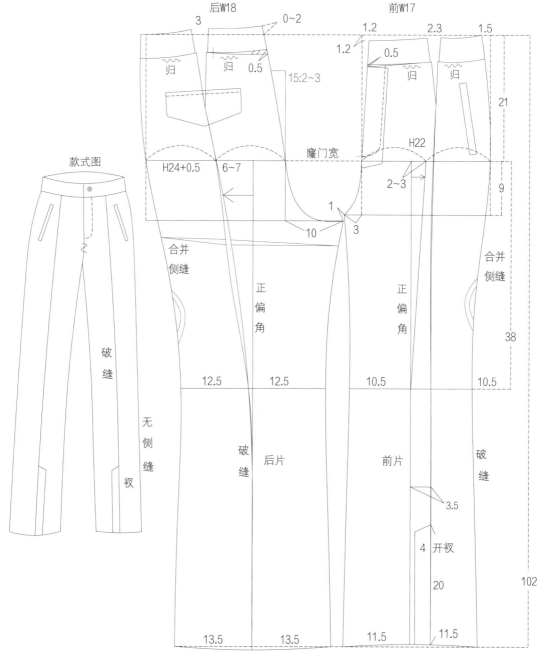

图8-15 无侧缝裤子版型结构图

五、休闲西裤基型

图8-16，休闲西裤，小个子裤长打90～97cm，常规裤长98～104cm。前片正偏角0.5～1cm，后片正偏角4.5～5cm，偏角小，侧缝直顺，显休闲，腰围上提，显腿长；裤管大，包容性强；缺点是后片容易起倒八字斜扭，前片容易起褶皱。偏角小，裤子侧缝直顺，挂相好，但是不符合女人的腿型，穿在身上后片容易起八字斜扭，前片也会起八字皱褶，要人穿起来观赏性好，可加大偏角。后腰口拉橡筋的，后困势要减小或者不打。尺寸表见表8-7。

注：早期思想保守，为了蹲下不走光，裤子后中抬得越高技术越好。到了现代，流行趋势发生了变化，所有的裤子后中都可以不用抬高，人站立观赏性好即可。

表8-7　无侧缝裤子基型打版尺寸表

外侧长	腰围	臀围	膝围	脚口	直裆深
97	66	97	52	46	33

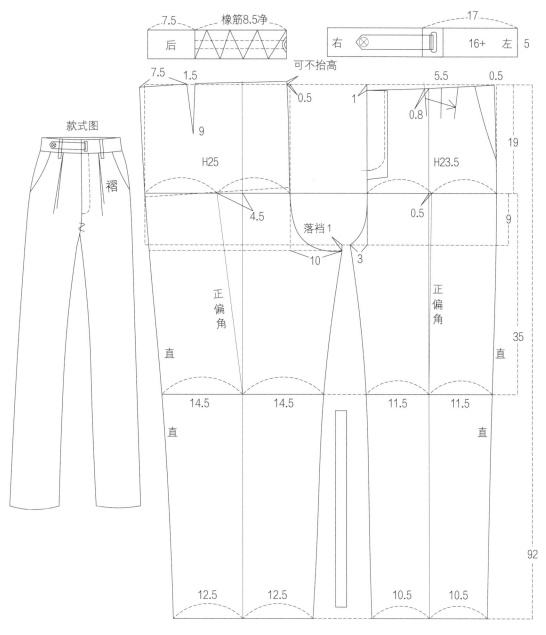

图8-16　休闲西裤版型结构图

六、双褶裤基型

图8-17，双褶休闲裤，市场爆款直筒型，前片正常腰，后片拉橡筋，用高垂感面料。此裤侧缝很直，前片清爽干净，显腿长，包容性强；后片显臀翘，性感显臀，开腿量好。此款学习要点为前中高、后中高，侧缝凹，腰装好后，侧缝往上提，侧缝更加直顺，但前提是要裤管大才有效。尺寸表见表8-8。

注：裤管大偏角可以减小；大腿围紧身偏角可以减小；裙裤、裤裙偏角随意。只有裤管不大不小时，要注重偏角要与人的腿型拐弯一致，否则会有斜扭皱褶。

表8-8　双褶裤基型打版尺寸表

外侧长	腰围	臀围	膝围	脚口	直裆深
100	68	100	50	47	30.5

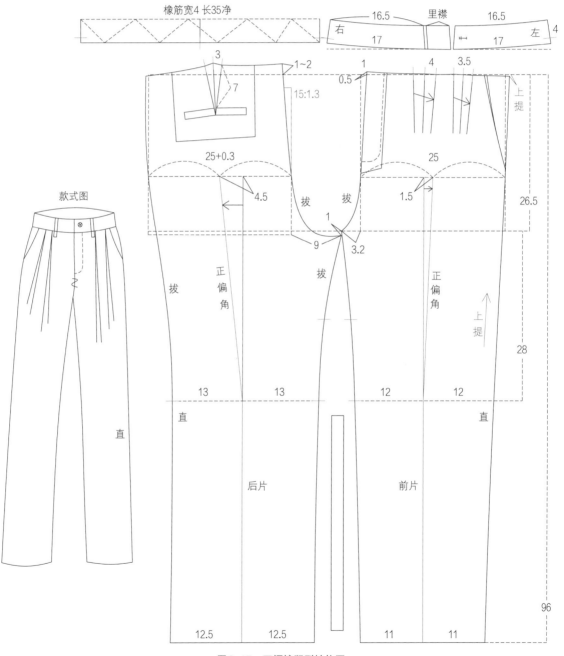

图8-17　双褶裤版型结构图

七、针织运动裤基型

图8-18，宽松针织运动裤，主要是好运动，包容性强。前片偏角0或者反偏角0~1cm，后片正偏角2~5cm，偏角小，大八字裤型，侧缝直顺，好开腿运动；缺点是人正常站立时，后片倒八字斜扭，前片起倒八折皱，观赏性差，由于臀围大，不显臀不提臀，有利就有弊。尺寸表见表8-9。

如果要观赏性好，就减小臀围并加大偏角；前片正偏角2~3cm；后片正偏角6~7cm，侧缝很凹，但是符合人体X型腿。裤管合体挂相平直的裤子不符合人体体型，人体是S型曲线，不是直来直去平面。

膝围外侧缝凹调直顺有多种方法。方法一：减小偏角。方法二：片内省放大，侧缝放出。方法三：裤管加大，膝围与脚口配比正确。方法四：前后片互借。

表8-9 针织运动裤基型打版尺寸表					
外侧长	腰围	臀围	膝围	脚口	直裆深
96	65	102	47	40/46	30~36

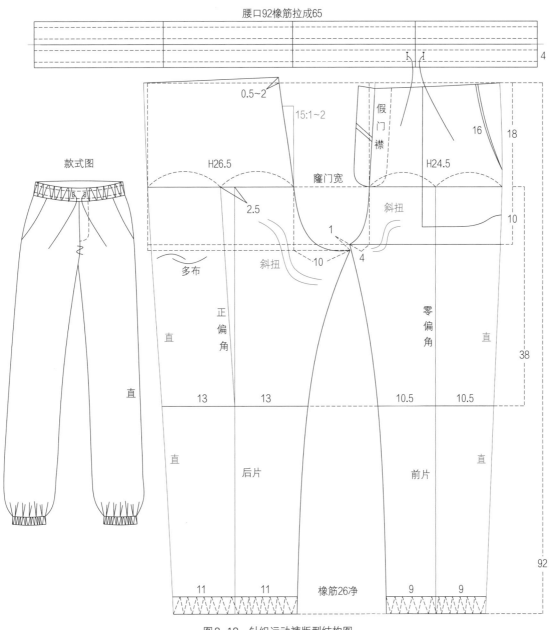

图8-18 针织运动裤版型结构图

八、阔腿裤基型

图8-19，阔腿裤型，裤管大，包容性强，前后偏角可以减小。阔腿裤展示的是轮廓之美，精神之美；缺点是因裤管大不显臀部。常规阔腿裤，膝围比大腿围小

6~10cm；裤管偏大的膝围比大腿围小1~5cm；特殊款式膝围比大腿围还大2~20cm。所有裤子后中都可以抬高0.5~5cm，也可不抬高，根据企业需求来定。尺寸表见表8-10。

表8-10　阔腿裤基型打版尺寸表

外侧长	腰围	臀围	膝围	脚口	直裆深
108	72	92	56	58	31

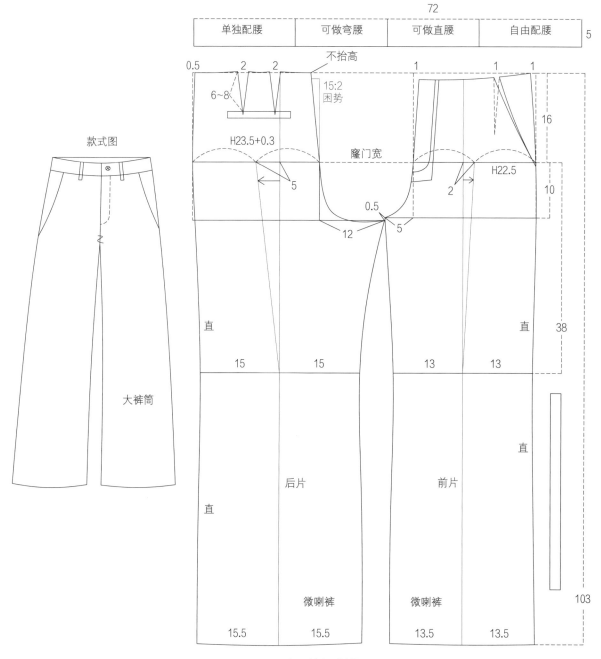

图8-19　阔腿裤版型结构图

九、合体喇叭牛仔裤基型

图8-20，合体喇叭裤，膝围小脚口大，用微弹牛仔面料，前片正偏角2~3cm，后片正偏角6~7cm，优点是观赏性好，前片没有褶皱，后片没有倒八字；缺点是侧缝不直，开腿量小，舒适性差。前浪止口先折回烫好，再打边拼缝压线，永不起猫须。前后浪拔成直线，符合人体曲线，裆下成倒U型。尺寸表见表8-11。

如果要舒适性好开腿，前片正偏角0.5~1cm，后片正偏角4~5cm，但是后片容易起倒八字。成品水洗后，测好面料缩率，裁片放缩率，再打印出来做。早期成品要砂洗的禁止烫衬，现在腰及门襟可烫衬，腰口烫牵条或夹带有缩率的棉条；大身腰口归一下再装腰，腰放大身一半缩率，压线缩得少。

表8-11 合体喇叭牛仔裤基型打版尺寸表

外侧长	腰围	臀围	膝围	脚口	直裆深
108	70	90	37	47	26.5

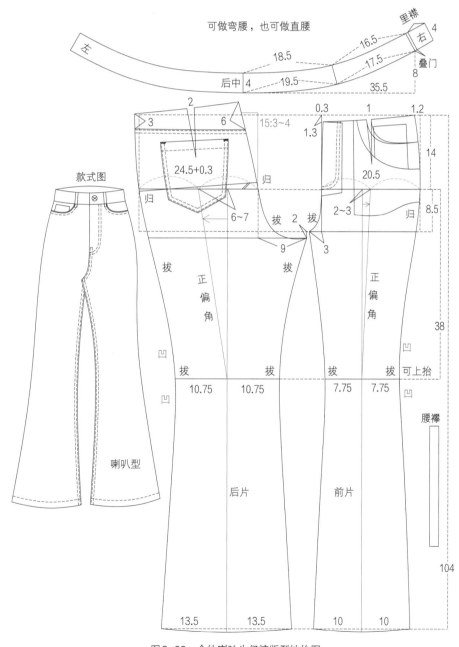

图8-20 合体喇叭牛仔裤版型结构图

十、宽松直筒牛仔裤基型

图8-21，宽松直筒牛仔裤，侧缝直，前后反偏角2cm，大八字型，前腰钉巴黎扣装饰，在法国巴黎很多版型设计师早期是做男装的，后期改做女装，很多女装融入了男装版型，男装讲究直顺，平整休闲，女装讲究圆润柔和，立体有厚度。女裤要观赏性，前片正偏角2～4cm，后片正偏角6～8cm，要好开腿就减小偏角。尺寸表见表8-12。

优点是挂相很好，直顺清爽有型，裤管大，包容性强，显瘦、显腿长，腰口斜切面顺直。缺点是人穿起来垂直站立，后片倒八字斜扭，前片斜扭，腿站成大八字可以消除；后浪弧线很直，空间小容易勾裆，但是好运动。侧缝直还是凹，主要受偏角大小与裤管大小影响。

表8-12	宽松直筒牛仔裤基型打版尺寸表				
外侧长	腰围	臀围	膝围	脚口	直裆深
104	74	100	45	43	29

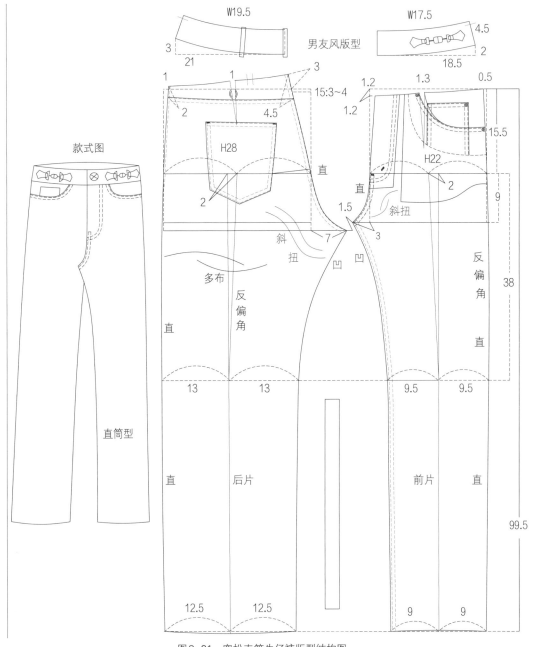

图8-21 宽松直筒牛仔裤版型结构图

十一、低腰牛仔裤基型

图8-22，合体低腰牛仔裤，微弹面料，低腰牛仔裤直裆深21~24cm，超低腰牛仔裤臀高17~20cm；理论上款式越低腰裤子越短，脚口越小裤子越短，但部分企业裤子还是打长，顾客买了可以重新卷脚边。在正腰节腰围打70cm，腰节每低腰1cm，腰围加大1cm，此款低腰5cm，腰围加大4cm，可以少加也可多加。尺寸表见表8-13。

前片偏角0，后片偏角3~4cm，裤子侧缝偏直挂相好看，好开腿运动；但是不符合人体腿型曲线，前片起褶，后片起倒八字斜扭。要观赏性，前片偏角2~3cm，后片偏角6~8cm。不压挺缝线的裤子膝围或脚口左右可以不用对称，需要压挺缝线的左右要对称。

表8-13　低腰牛仔裤基型打版尺寸表

外侧长	腰围	臀围	膝围	脚口	直裆深
102	74	90	40	32	21

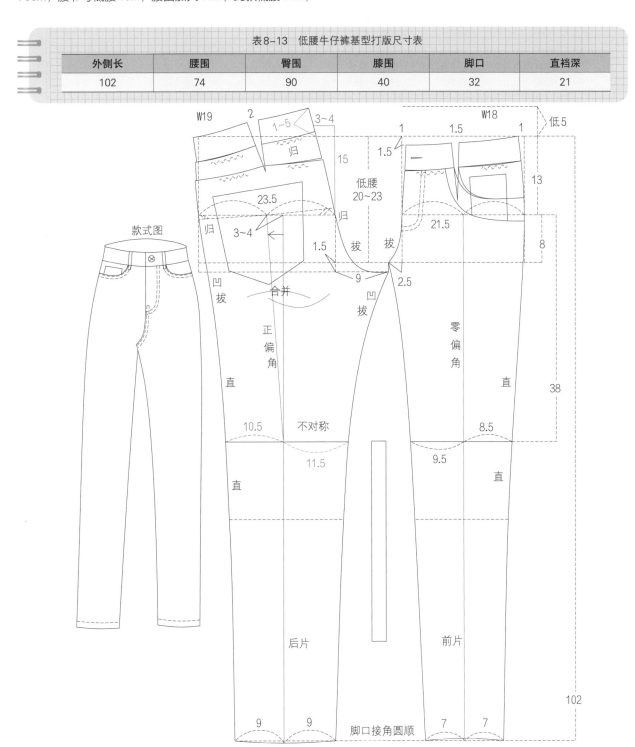

图8-22　低腰牛仔裤版型结构图

十二、紧身牛仔裤基型

图8-23，紧身牛仔裤，高弹力面料，腰口用链条车要有回弹，大腿围要小，往上挤压才能提臀。裤子前片正偏角2cm，后片正偏角6cm；压线部位可以用埋夹机做，压线这边放1cm止口，另外一边放2cm。脚口越小，裤子越短，脚口要有回弹，否则裤子穿不进去。紧身裤后小

腿肚可以一边放0.3～0.6cm。裤子并非侧缝越直，版型越好，人体是曲线，每一种款式风格都做一点，版型收放自如。尺寸表见表8-14。

如果要好开腿，可以减小偏角，前片正偏角0～1cm，后片正偏角4～5cm，后浪挖得凹一点，同样，后面不会有倒八字斜扭，因为大腿紧，后浪挖得凹斜扭去掉了。

表8-14　紧身牛仔裤基型打版尺寸表

外侧长	腰围	臀围	膝围	脚口	直档深
92	66	85	34	24	27

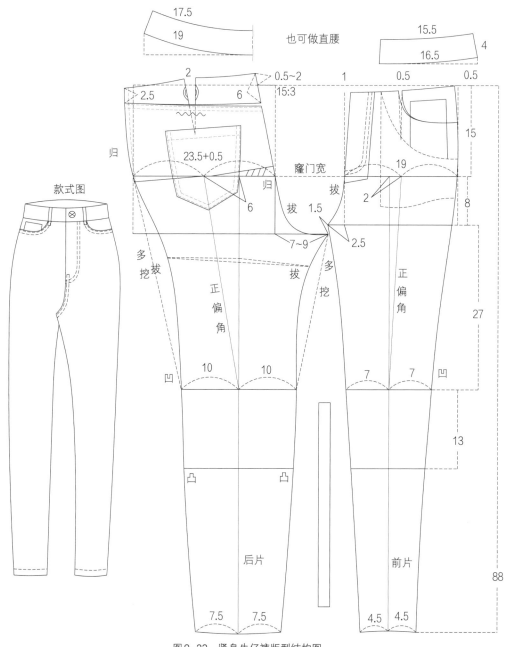

图8-23　紧身牛仔裤版型结构图

十三、打底裤基型

图8-24，打底裤、瑜伽裤、芭比裤、鲨鱼裤等，能展示人体曲线，与人体腿型一致。用高弹力面料，净臀围减15～20cm，大腿围要小，往上推，可提臀塑型，后中要凹下去，显臀部性感。腰口包橡筋，脚口砍车有回弹，采用四针六线无骨缝制。尺寸表见表8-15。

表8-15 打底裤基型打版尺寸表

外侧长	腰围	臀围	膝围	脚口	直档深
82.5	52	70	27	17	22

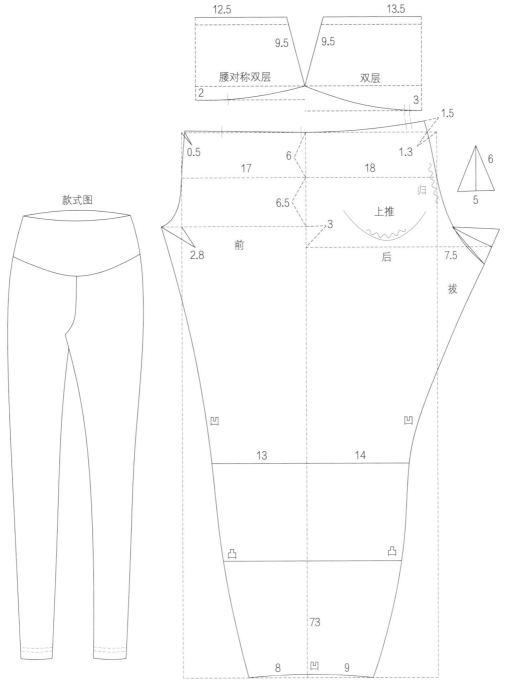

图8-24 打底裤版型结构图

十四、羽绒裤基型

图8-25，冬天羽绒裤，需要与罗纹口或者针织料拼接，大腿运动量会更大，需要增加舒适性、运动性；横向切线长度会缩短，打版时加长，侧缝拼双层罗纹口，让围度有回弹，腰口罗纹口内包橡筋。腰围一圈无须装拉链，腰围65~68cm，腰围拉开有88cm以上就能穿进去，因为人体是有回弹的。羽绒裤前片偏角0.5~1cm，后片偏角4~5cm，偏角减小是为了好开腿，好运动；后片容易起倒八字斜扭。尺寸表见表8-16。

羽绒裤充绒多少根据需求来定，充得越厚围度就要打得越大。通过版型与工艺结合来消除羽绒裤显胖臃肿的特点，要让它显瘦有飘逸的感觉。

表8-16 羽绒裤基型打版尺寸表

外侧长	腰围	臀围	膝围	脚口	直裆深
103/97	66	95	36	24	29

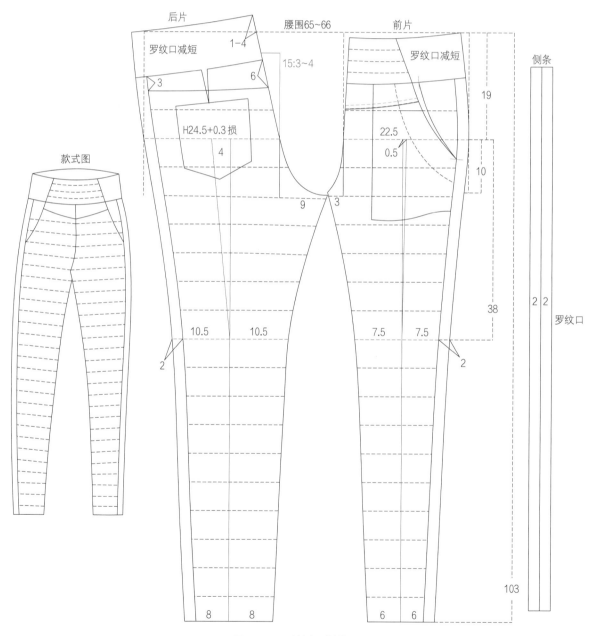

图8-25 羽绒裤版型结构图

十五、裙裤基型

图8-26，裙裤、裤裙，从正面能看见裆的叫裤裙，完全看不出裆的叫裙裤。裤管大时偏角大小无所谓，下摆可以随意左右移动，控制下摆松量在外侧或者在内侧均可。正常打好前片再平行展开，臀围96cm，展开后136cm。臀围大，下摆大，大摆半裙加一个裆。尺寸表见表8-17。

窿门可以加宽些，加得越宽越看不出裆；但窿门太宽没有受力点，容易往下掉。

表8-17 裙裤基型打版尺寸表

外侧长	腰围	臀围	膝围	脚口	直裆深
95	66	96	68	80	33

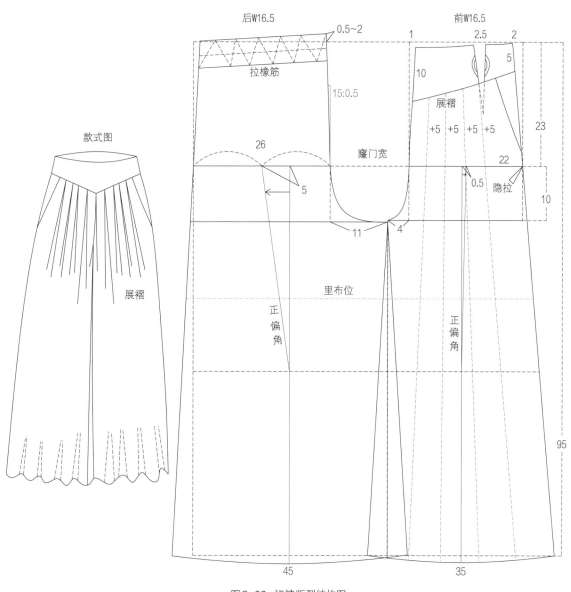

款式图

展褶

后W16.5　　0.5~2　　　前W16.5

拉橡筋

15:0.5

窿门宽

展褶

+5 +5 +5 +5

23

26

5

22

0.5 隐拉

10

11　4

里布位

正偏角

正偏角

95

45　　　　　　　35

图8-26 裙裤版型结构图

1　2.5　2

5

10

十六、大落裆裤基型

由西裤演变成的大落裆裤，可随意自由造型，落裆越多，窿门越宽。腰部的橡筋比人体净腰围小3cm最佳。见图8-27，打版尺寸可根据需要自由设定。

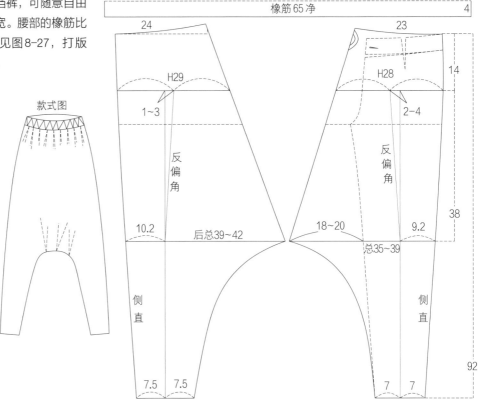

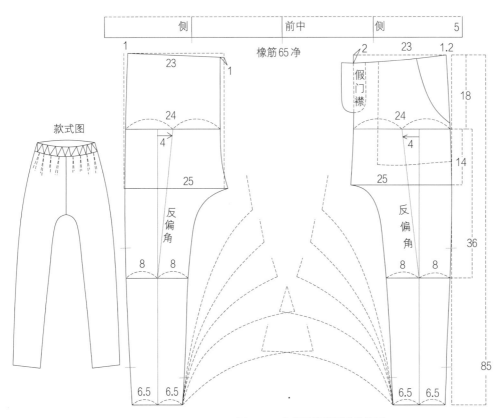

图8-27 大落裆裤裤版型结构图

十七、设计创新裤

图8-28，设计创新裤，把前片元素设计到后片，后片元素设计到前片，给人感觉裤子穿反了，走出去回头率很高。可以把风衣、羽绒服、派克服、貂皮、连衣裙、西装等的元素嫁接到裤子上，变成西装裤、风衣裤、貂皮裤、连衣裙裤等。尺寸表见表8-18。

裤子臀侧外凸，省在侧缝里撇掉，圆弧造型。前中装隐形拉链或者铁拉链都可以；要好开腿可以减小偏角，偏角越小越好开腿好运动；偏角越大观赏性越好。

表8-18 设计创新裤打版尺寸表

外侧长	腰围	臀围	膝围	脚口	直裆深
95	70	94	40	48	26

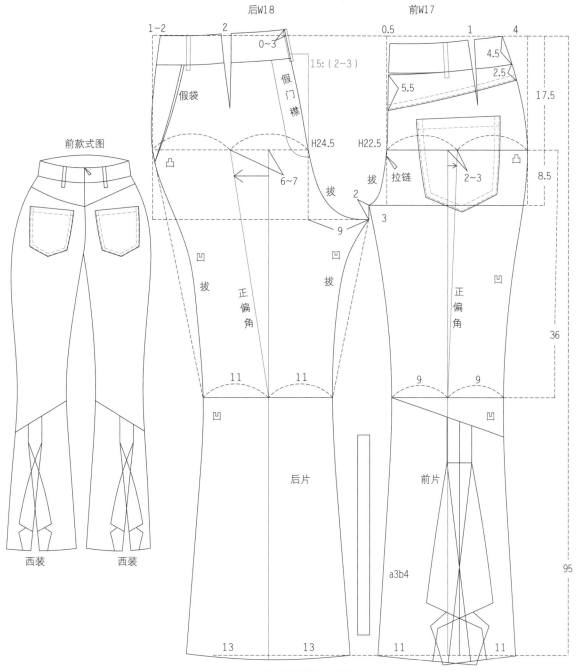

图8-28 设计创新裤版型结构图

十八、裤子偏角设计

为什么要用偏角打版？答案通俗易懂，即可使版型收放自如。要观赏性好，后片不要有倒八字斜扭，偏角就加大；要侧缝直，好开腿舒适性好，偏角就减小。偏角相当于袖子打第二次比值，第二次比值角度越大，越不好抬手，但是观赏性；角度越小，越好抬手，但袖子容易起斜扭。裤子扭腿就相当于袖子扣势，裤子扭腿是由拼缝错位，或者纱向纬斜引起的。

偏角是可以自由组合的，例如：要前片观赏性好，后片好开腿，前片正偏角2～3cm，后片正偏角3～5cm。要求前片好开腿，后片观赏性好，前片反偏角1～2cm，后片正偏角6～7cm。前后都要好开腿运动，前片反偏角1～4cm，后片反偏角0～2cm。见表8-19。

偏角小，或者反偏角，侧缝就越直，但不符合人体腿型；偏角大，符合人体腿型，观赏性好，膝围外侧会内凹。裤管不大不小，要注重偏角，裤管大，偏角大小无所谓。女士裤子讲究观赏性的，多数为正偏角，少数为反偏角。男士牛仔裤为了好运动，侧缝超直，前后都用反偏角0.5～4cm。

表8-19 偏角尺寸表

后片偏角	自由组合	前片偏角
正偏角8～9cm X型裤管		正偏角3～4cm X型裤管
正偏角6～7cm 观赏性好		正偏角2～3cm 观赏性好
正偏角4～5cm 侧缝直裤管		正偏角1～2cm 微X型裤管
正偏角3～4cm 微八字裤管		正偏角0.5～1cm 侧缝直裤管
正偏角1～2cm 小八字裤管		反偏角0.5～1cm 微八字裤管
反偏角0～1cm 中八字裤管		反偏角1～2cm 小八字裤管
反偏角1～2cm 大八字裤管		反偏角2～3cm 大八字裤管
反偏角2～3cm 超大八字裤管		反偏角3～4cm 超大八字裤管

十九、背带裤基型

图8-30，背带裤，从前上平线到横裆人体净68.5cm，背带裤可调节加5~7cm松量，连体裤无调节加8~15cm。追求观赏性，前片正偏角2~3cm，后片正偏角6~7cm；要侧缝直好开腿，前片正偏角0~1cm，后片正偏角4~5cm。常规脚口裤子内侧长74cm左右为长裤，64cm左右为九分裤，以此类推。尺寸表见表8-20。

表8-20 背带裤基型打版尺寸表

外侧长	腰围	臀围	膝围	脚口	前上平线到裆深
70	82	95	52	47	74~76

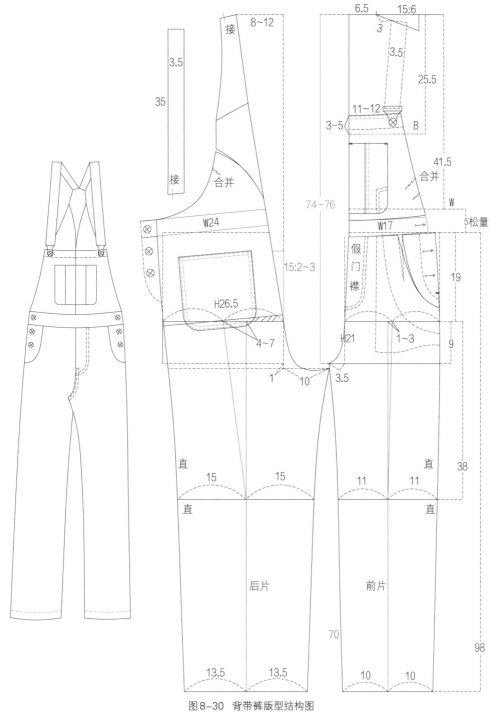

图8-30 背带裤版型结构图

二十、衬衣连体裤基型

图8-31，衬衣连体裤，衬衣为常规版型，后腰拉橡筋的困势打小一点，如果袖口外翘，可加高袖山，减小袖肥。连体裤较为简单，先按正常的裤子打版，中间长度加8～12cm松量，再对接上半截衣服，可轻松完成。尺寸表见表8-21。

表8-21 衬衣连体裤基型打版尺寸表

裤内侧长	腰围	臀围	膝围	脚口	上平线到裆深	胸围
62	76～80	108	52	42	76～78	110

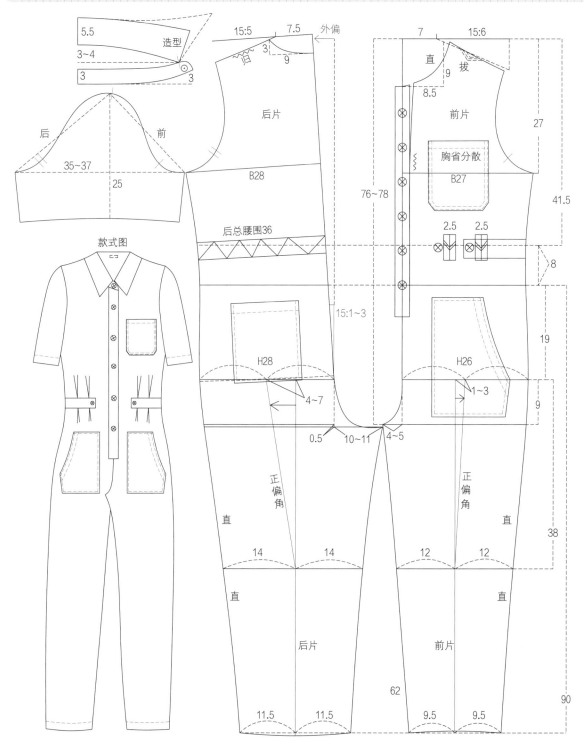

图8-31 衬衣连体裤版型结构图

二十一、创新连体裤基型

图8-32，创新连体裤版型，与常规版型不同，后中

线往内偏1～3cm，相当于后中合并短了，清爽干净。尺寸表见表8-22。

		表8-22 创新连体裤基型打版尺寸表				
裤内侧长	腰围	臀围	膝围	脚口	上平线到裆深	胸围
65	94	96～100	52	44	76～78	100

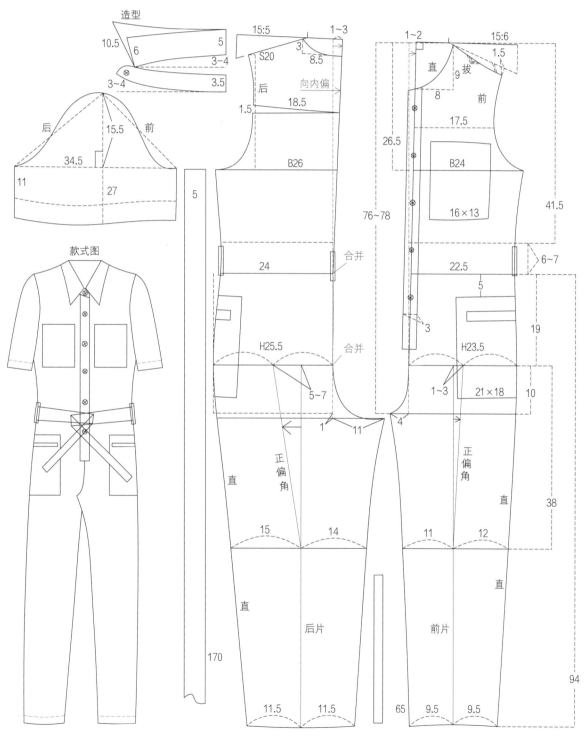

图8-32 创新连体裤版型结构图

二十二、短裤基型

图8-33（a），牛仔短裤，可以不落裆，也可少量落裆0.5～3cm；特殊款防止后片内侧走光，可以落成直条。后脚口起空合并转移，前脚口紧绷展开，要求均匀空开一圈。低腰直裆深21～25cm，腰围72～76cm。尺寸表见表8-23（a）。

图8-33（b），休闲短裤，后片落裆0～1cm，落裆越多，后内侧越贴服人体。前片打两个褶量，不够再平行展开。尺寸表见表8-23（b）。

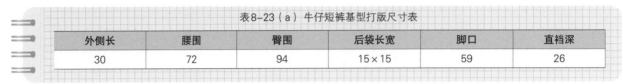

| | 表8-23（a） 牛仔短裤基型打版尺寸表 | | | | |
外侧长	腰围	臀围	后袋长宽	脚口	直裆深
30	72	94	15×15	59	26

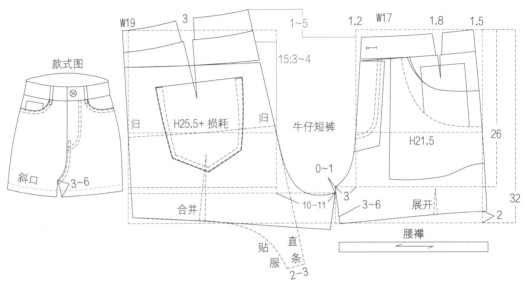

图8-33（a） 牛仔短裤版型结构图

| | 表8-23（b） 休闲短裤基型打版尺寸表 | | | | |
外侧长	腰围	臀围	后袋长宽	脚口	直裆深
39	70	96	12.5×6	70	27

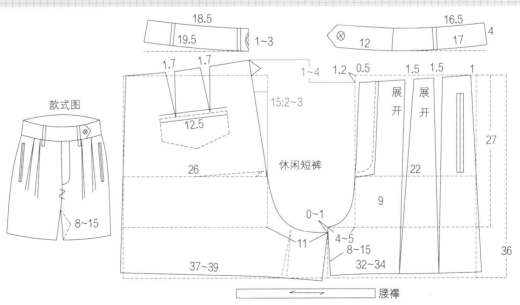

图8-33（b） 休闲短裤版型结构图

第 **9** 章

上衣版型设计

扫码付费
看教学视频

一、一粒扣西装

一粒扣合体小西装，属于版型师基本功，高定用全麻衬工艺，工业制造前片上半节烫双层衬即可。要求是，前片清爽干净，前胸宽平服饱满，腰身曲线流畅，前下摆不外翘，不显肚子大；领子贴脖斜切面顺直，驳头前中不起空；袖子斜切面顺直，360度显瘦好抬手；后片吸腰，无任何斜扭，精神显瘦（见表9-1和图9-1）。

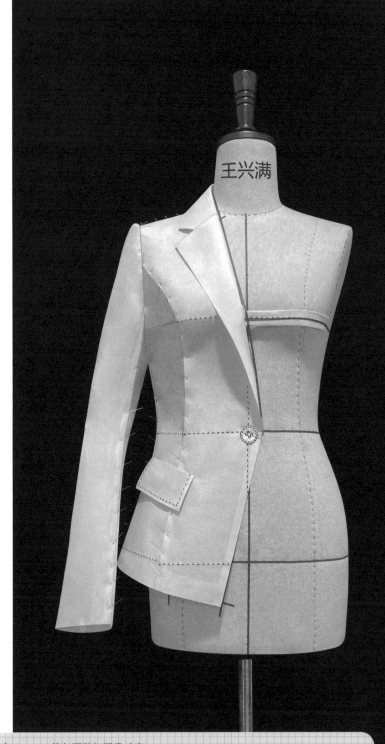

图9-1（a） 一粒扣西装款式图

表9-1 一粒扣西装打版尺寸表

前长	胸围	腰围	摆围	肩宽	袖长	袖肥	袖口	前袖隆深
66	92	77	100	38.5	58	33	24	24.5

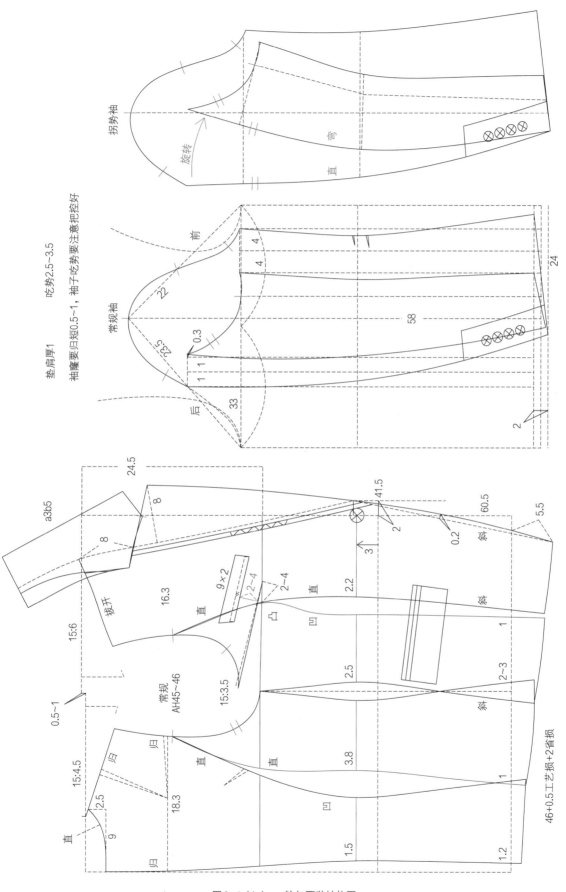

图9-1（b） 一粒扣西装结构图

二、迪奥西装

　　法国迪奥是世界顶级女装品牌，以沙漏型西装闻名，半麻衬工艺，袖子特别直顺，微扣势，戗势很强，面料高端。腰围一圈归拔到位，非常圆润；驳头、领头采用小圆角，大牌西装都是圆润版型。见表9-2和图9-2。

图9-2（a）　迪奥西装款式图

表9-2　迪奥西装打版尺寸表

前长	胸围	腰围	摆围	肩宽	袖长	袖肥	袖口	前袖窿深
65	92~94	76~78	105~110	39~40	58.5	33.5	24	26~27

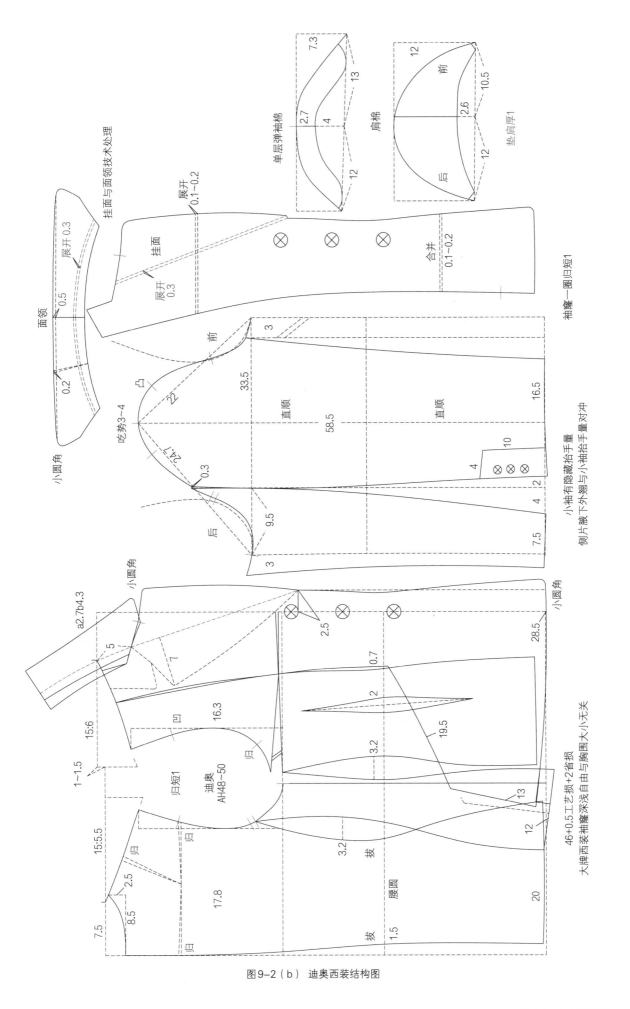

图9-2（b）迪奥西装结构图

三、巴尔曼西装

　　法国巴尔曼，主要以优雅时尚创新而闻名于世。下面这件西装是巴尔曼代表之作，整体X型，肩宽而平，腰细摆A型，线条流畅，圆润高端，袖子有型，驳头宽而大气，6颗金色扣，显得高贵优雅。胸围与袖窿深无关，与口袋长短宽窄无关，正宗大牌款式注重轮廓、版型细节，版型设计随意自由。见表9-3和图9-3。

图9-3（a）巴尔曼西装款式图

表9-3　巴尔曼西装打版尺寸表

前长	胸围	腰围	摆围	肩宽	袖长	袖肥	袖口	前袖窿深
68	94	76	107	43	63	33~34	26	24.5~25.5

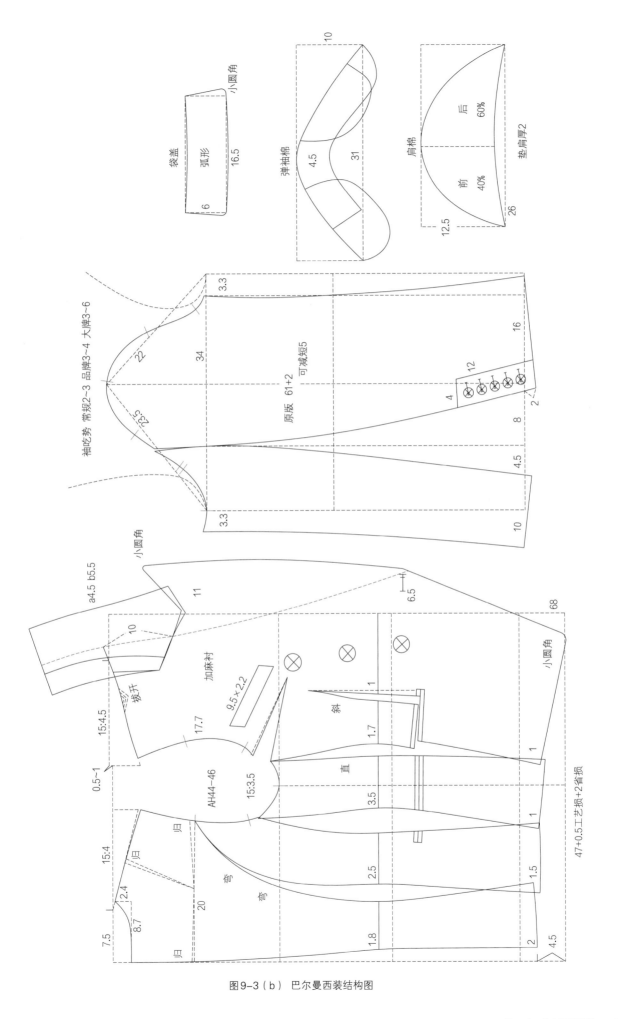

图9-3（b） 巴尔曼西装结构图

四、经典创意西装

经典创意西装，此为迪奥的大身配巴宝莉的袖子，设计就是爆款元素搭配，此款西装是版型师的基本功。

西装归拔工艺要到位，腰围拔开才圆润，胸围、臀围归缩才饱满，袖窿烫斜丝牵条，高级定制前片用全麻衬或者半麻衬工艺，服装企业前上片烫双层衬即可，简单快速（见表9-4和图9-4）。

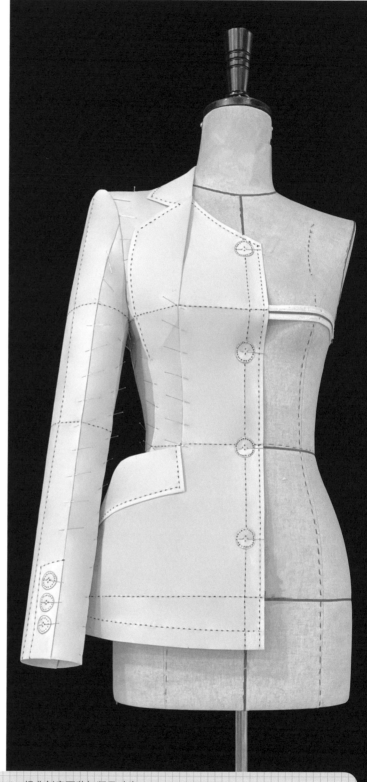

图9-4（a） 经典创意西装款式图

表9-4　经典创意西装打版尺寸表

前长	胸围	腰围	摆围	肩宽	袖长	袖肥	袖口	前袖窿深
65	92~94	77~80	110	40	62.5	33~34	26	26~27

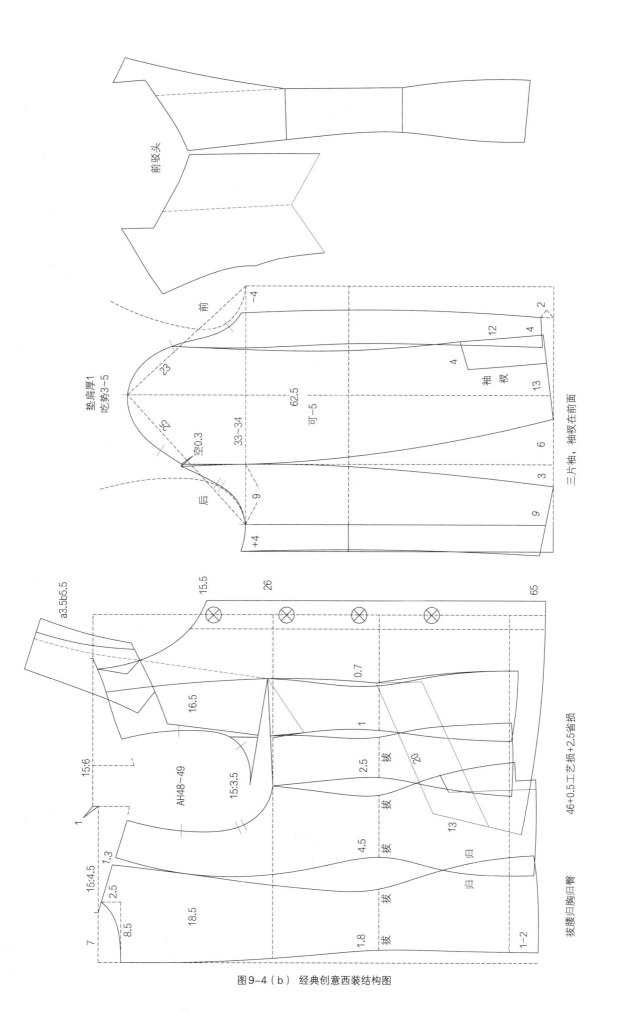

图9-4（b） 经典创意西装结构图

五、玫瑰袖创意领西装

玫瑰袖创意领西装，袖子由三个环浪、三个花蕊组成，纱向用斜丝，身高越高，玫瑰袖越大，反之就越小。花蕊在前袖肥中线，玫瑰花是往前倾斜的，从前正面看能看到花蕊。驳头有创意，通过胸省让面料相互重叠，有多种方法解决。见表9-5和图9-5。

图9-5（a） 玫瑰袖创意领西装款式图

表9-5 玫瑰袖创意西装打版尺寸表

前长	胸围	腰围	摆围	肩宽	袖长	袖肥	袖口	前袖窿深
65	92~94	77~80	130~140	34	65	50~60	22	26~27

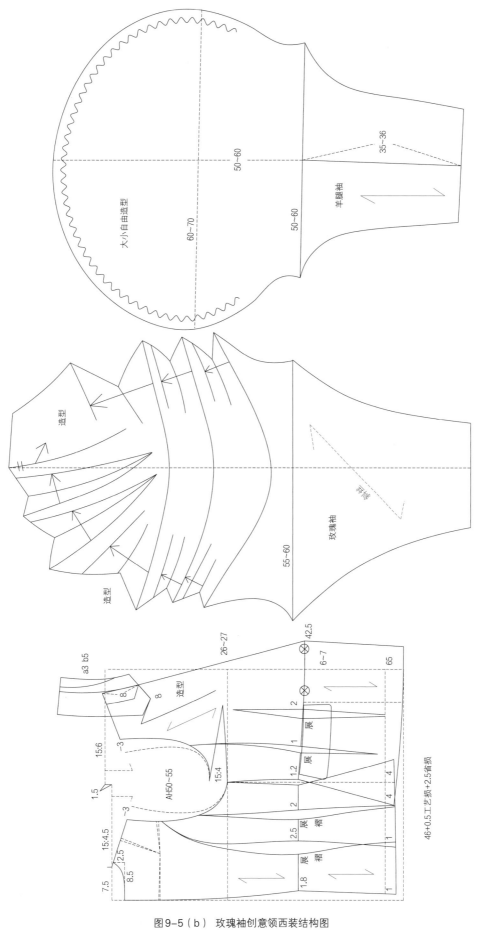

图9-5（b） 玫瑰袖创意领西装结构图

六、艾尔玛诺·谢尔维诺西装

艾尔玛诺·谢尔维诺，意大利一线奢侈品牌，主要以蕾丝晚礼服、连衣裙而闻名，被称为蕾丝之王，面料高端，做工精细。

艾尔玛诺·谢尔维诺的西装、大衣也非常火爆，作者非常喜欢他的版风，是适合大众的好版型，前片微收腰，后片收省很大，前片胸省可以转腰省或领省，后片直接收一个肩省。作者购买了多件艾尔玛诺·谢尔维诺西装，其后片均有收肩省；当一件衣服前片收胸省，后片收肩省，衣服穿在身上就包容性强，舒适性好，减小了生产工艺难

度。处理省的最好方法不是分散，而是直接收省。

大多数国际大牌服装，为了让腰围圆润，侧缝有大量的破缝或收省，以此减小腰围拔开量。工艺决定了版型效果。有些公司不要破缝不要省道，却要做出大牌的圆润，基本不可能。

国际大牌服装打版一般不用公式，例如：胸围92～94cm，按公式算出来袖窿深24.5cm，袖肥32.5cm，AH45cm；但是大牌胸围92～94cm时，袖窿深24.5～27.5cm，袖肥33～35cm，AH45～52cm；版型自由设计，要敢于创新，敢于与众不同（见表9-6，图9-6a、b）。

图9-6（a）　艾尔玛诺·谢尔维诺西装款式图

表9-6　艾尔玛诺·谢尔维诺西装打版尺寸表

前长	胸围	腰围	摆围	肩宽	袖长	袖肥	袖口	前袖窿深
74	94	79	104	42	61.5	33.5	28	26～27

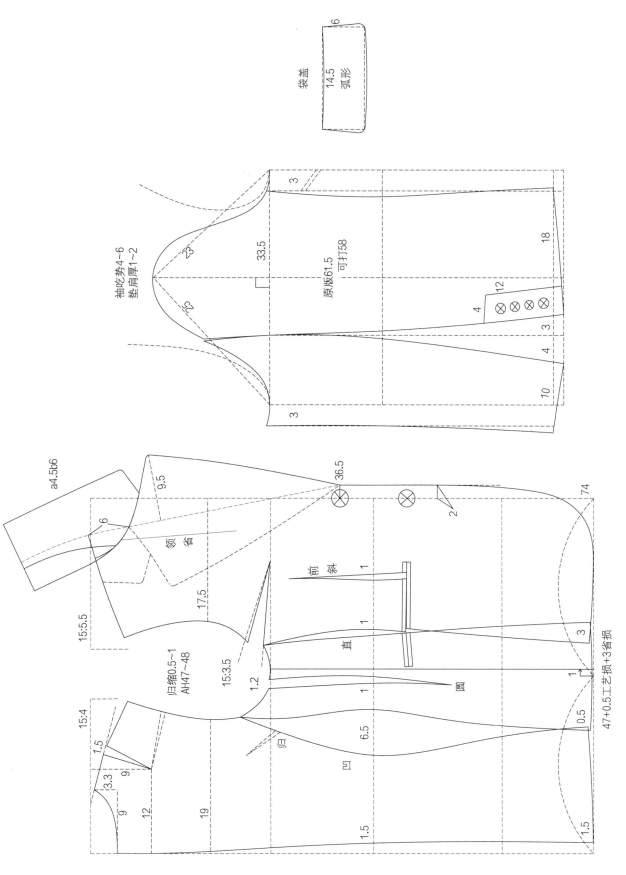

图9-6（b） 艾尔玛诺·谢尔维诺西装结构图

七、品牌三开身西装

　　品牌三开身西装，国内品牌处理胸省的方法是收暗省，破暗缝，尽量少用归拔工艺。春夏西装前片套里布，后片套上半节里布，所有缝边拉筒0.6cm，下摆、袖口缲边，肩棉用斜丝软里料包光（见表9-7，图9-7）。

图9-7（a）　品牌三开身西装款式图

	表9-7　品牌三开身西装打版尺寸表							
前长	胸围	腰围	摆围	肩宽	袖长	袖肥	袖口	前袖窿深
75	97	83	108	40	59.5	33	26	26~26.5

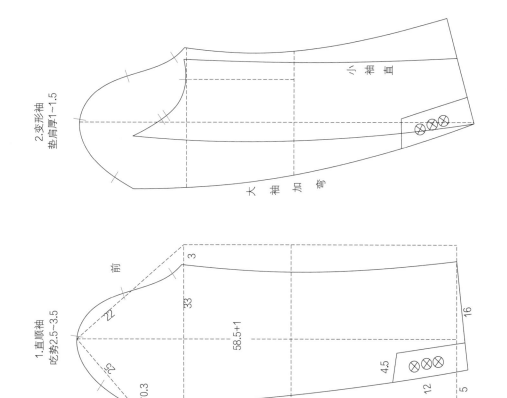

2.变形袖
垫肩厚1~1.5

小袖直

大袖加弯

1.直顺袖
吃势2.5~3.5

前

3

33

58.5+1

16

4.5

12

5

2

10

22

25

0.3

9.2

后

3

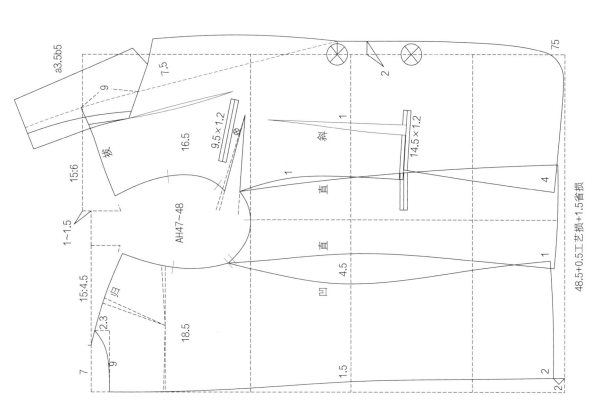

a3.5b5

7.5

9

掇

16.5

9.5×1.2

斜

1

14.5×1.2

1

15:6

1~1.5

AH47~48

直

直

归

4.5

1

4

15:4.5

归

7

2.3

9

18.5

1.5

1

2

75

2

48.5+0.5工艺损+1.5省损

图9-7（b）品牌三开身西装结构图

八、超短西装

超短西装，上面衣服短，下面裤子长，显瘦显腿长。短西装容易外翘，可收领省或者收腰省解决，如果不要省，可以用归拔工艺。

大牌高定对格对条，整件裁毛片再修片，前胸宽与袖子要对齐，衣服大身一圈横条要对齐。做高定时挂面以驳头边缘为纱向，保证驳头竖条纹完整，如果是普通大货生产，正常打纱向，左右对称就好。工业对格对条，只需要前后片侧缝对齐，后片左右对齐，袖子左右条纹一致，领子左右对称就好。

衣服越短越容易外翘，衣身平衡要处理好，西装如果不精神，就是因为侧面下塌，把前后片侧面往上提，衣服立刻精神有型。肩省、胸省，直接收省是最好的，肩省、胸省的分散都是非平衡处理，没有直接收省效果好。

衣服胸省越大，肩省越大，侧面看衣服厚度越厚，更加立体，包容性强，衣服挂起来有胸包凸起，对女装来说很正常，男装衣服挂起应是平面的。裤子、半裙腰省越大，侧面看厚度越厚，包容性强，挂起来不平是正常的；挂起来很平的衣服、裤子、半裙，女人穿就会有大量的斜扭皱褶，出现各种服装弊病。

试衣模特一般胸挺、臀翘、腰细；个别企业要求服装挂起来要像男装一样平面，穿起来又要立体，不能有斜扭，面料无弹，胸围又小，却不要归拔，按这些要求来审版，对版型师的技术是相当大的挑战（见表9-8，图9-8）。

图9-8（a） 超短西装款式图

表9-8 超短西装打版尺寸表

前长	胸围	腰围	摆围	肩宽	袖长	袖肥	袖口	前袖窿深
45~48	98	94	94	42	58~63	34	26	25.5~26.5

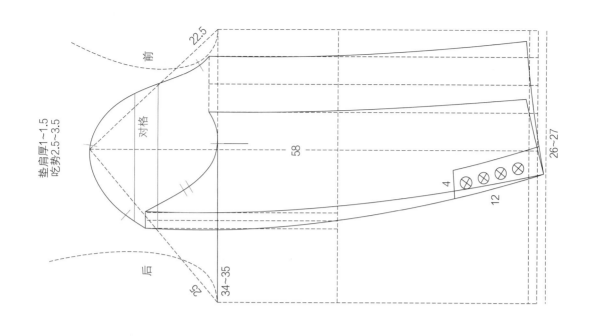

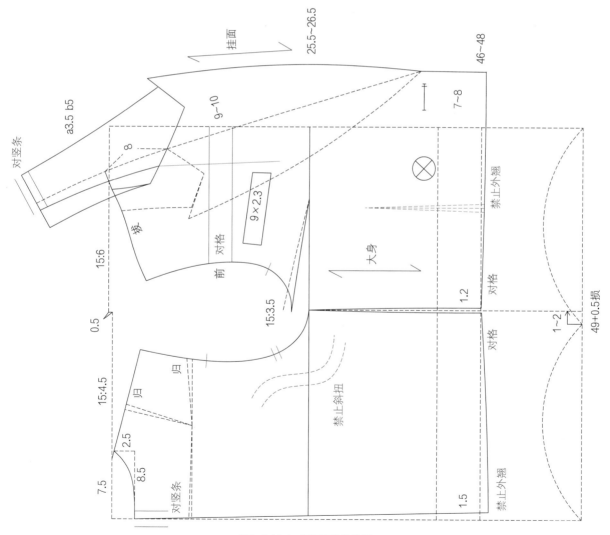

图9-8（b） 超短西装结构图

九、那不勒斯西装

那不勒斯西装，男女都可以穿，属于意大利南部风格。意大利西装分三种风格：米兰风格、罗马风格和那不勒斯风格；那不勒斯风格特点是轻、薄、软；驳头宽大，串口较高；假三粒扣，最上一粒一般不扣；前下贴明袋显休闲，左前上船型手巾袋；袖子是瀑布袖，有很细的拉丝皱褶；后片半里居多，面料用丝羊绒、亚麻、毛麻丝、棉麻丝等轻薄型面料。前上胸衬1~3层薄一点，用轻薄一点的弹袖棉或者不要，袖山头止口朝大身倒，手工珠边，或者没有珠边，正常装袖。

英国绅士男西装以正装为主，硬挺风格，肩宽、腰细、真袖衩，大身后片开双衩，用厚的胸衬，厚的肩棉、弹袖棉、大克重的羊毛面料，厚的法兰绒，粗花呢等（见表9-9，图9-9）。

图9-9（a） 那不勒斯西装款式图

表9-9 那不勒斯西装打版尺寸表

前长	胸围	腰围	摆围	肩宽	袖长	袖肥	袖口	前袖窿深
75~80	108	96	108~112	44~45	63	40~42	28	27~28

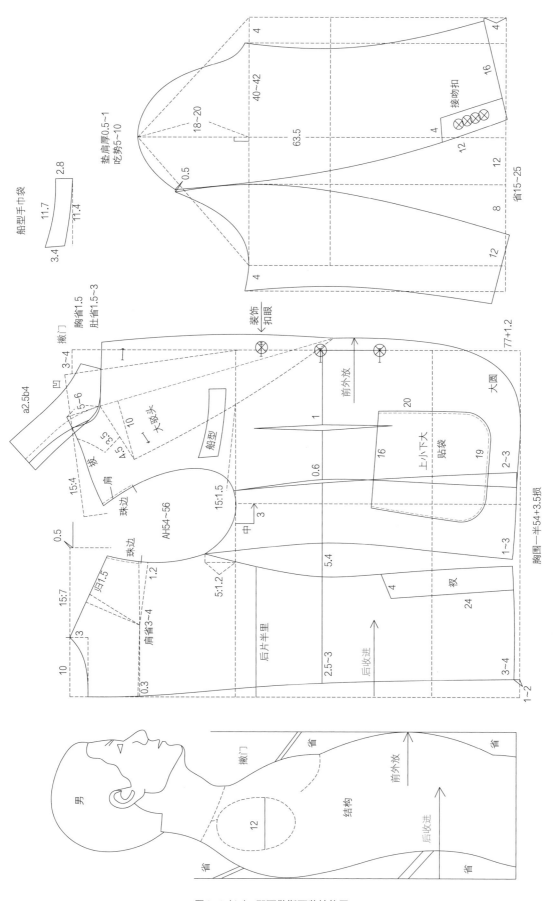

船型手巾袋

2.8
11.7
11.4
3.4

垫肩厚0.5~1
吃势5~10

4

40~42

18~20

0.5

63.5

接吻扣

16

4 4

4

12 12

省15~25

8

12

胸省1.5
肚省1.5~3

装饰扣眼

撇门

3~4

凹

a2.5b4

5~6

大驳头

5.5

10

船型

前外放

大圆

77+1.2

1

5.5

4.5

板

20

0.6

上小下大
贴袋

16

19

2~3

珠边

肩

15:4

AH54~56

15:1.5

中
3

胸围一半54+3.5损

1~3

0.5

珠边

归1.5

1.2

5:1.2

5.4

4

板

15:7

肩省3~4

后片半里

24

10

3

0.3

2.5~3

后收进

3~4

1~2

男

撇门

省

前外放

结构

后收进

12

省

省

省

图9-9（b）　那不勒斯西装结构图

十、宽肩普通西装

宽肩普通西装，胸省处理方法有多种：1.正常打胸省，再把胸省180度或者360度分散转移后再归拔；2.前片压下去2~3cm，不打胸省，这相当于把胸省全部转到下摆，做出来的衣服前翘后翘，衣身不平衡。

部分普通西服版型要求较高，按国际大牌版型操作，如果是跑量产品则要求不高，不讲究打版，就会出现后侧起斜扭、前侧起斜扭、前胸宽起空、袖子斜切面不顺、驳头起空、衣服显胖臃肿等弊病。转省后不归是无效的，要用烫斗归拔，俗话说：七分烫三分做（见表9-10，图9-10）。

图9-10（a） 宽肩普通西装款式图

表9-10　宽肩普通西装打版尺寸表

前长	胸围	腰围	摆围	肩宽	袖长	袖肥	袖口	前袖窿深
73~76	108	104	112	44~45	59	35~40	28~29	26~28

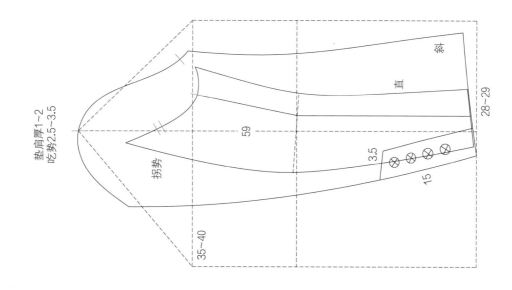

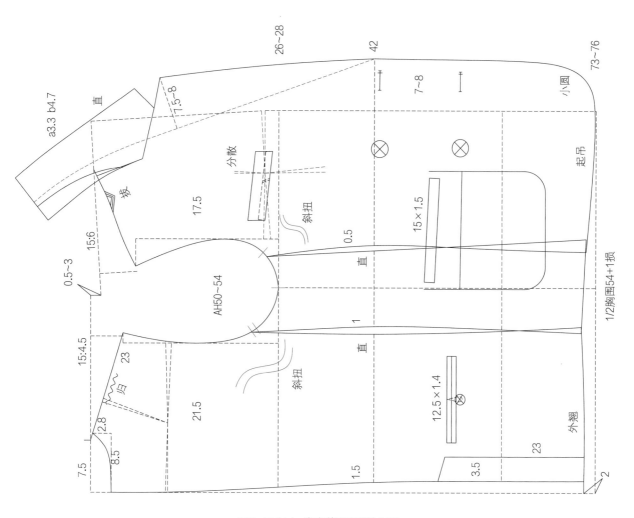

图9-10（b） 宽肩普通西装结构图

十一、马甲版型设计

休闲中长马甲，前上门襟不能起空，宽肩包肩；马甲挂起来很平面，没有胸包凸起，特别休闲，缺点是胸大的穿起来容易起斜扭。对所有的服装打版来说，起空就合并，紧绷就展开，再结合归拔工艺就能做好。

合体短马甲，短小精干，收腰有型，衣服挂起有胸包凸起不平，对女装来说属于正常现象。无领的肩斜要放平，确切地说，前领圈合并0.5~1cm，前中变短的同时减小前横开，防止领圈起空，因为没有领子，止口会占用领圈空间（见表9-11，图9-11）。

图9-11（a） 马甲款式图

表9-11（a） 休闲中长马甲打版尺寸表

前长	胸围	腰围	摆围	肩宽	前袖隆深
73~76	98~104	94	100	40	28~30

表9-11（b） 合体短马甲打版尺寸表

前长	胸围	腰围	摆围	肩宽	前袖隆深
55~56	90~92	78	87.5	34	25~27

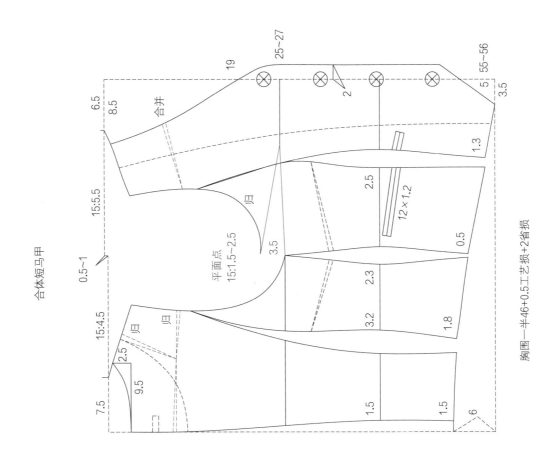

合体短马甲

胸围—半46+0.5工艺损+2省损

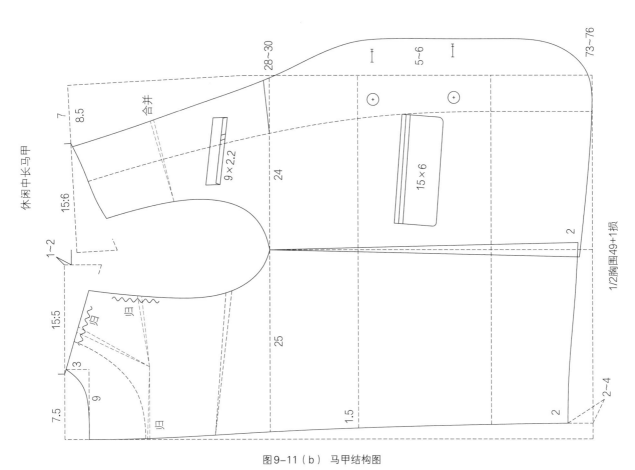

休闲中长马甲

1/2胸围49+1损

图9-11（b） 马甲结构图

一、巴宝莉经典风衣

巴宝莉，英国经典传统奢侈品牌，以风衣著名。巴宝莉有三种常见版型：1.切尔西版型——修身风格；2.肯辛顿版型——经典风格；3.威斯敏斯特版型——休闲风格。巴宝莉风衣又分短款、中长款和长款。

巴宝莉早期是军人战地创新服装，腰带有D型环挂装备，腰带有接头。下摆一圈有无纺衬，把下摆撑起来圆润有型，里布采用经典格子布。巴宝莉的风衣为了便于运动，袖窿很浅，袖山高小。在此强调，胸围大小跟袖窿深、袖肥大小，袖山高低没有关系，只跟需求、款式风格和个人偏好有关。

面料水洗后柔和而有型，领子不扣时是倒U型的，领子显气质，袖子显精神，腰围宽松休闲，摆围圆润，扣子钉好绕桩，倒八字排列（见表9-12，图9-12）。

图9-12（a） 巴宝莉经典风衣款式图

表9-12 巴宝莉经典风衣打版尺寸表

前长	胸围	腰围	摆围	肩宽	袖长	袖肥	袖口	前袖窿深
97.5	99	99	115	40~41	62~63	34.5	26	23.5~24

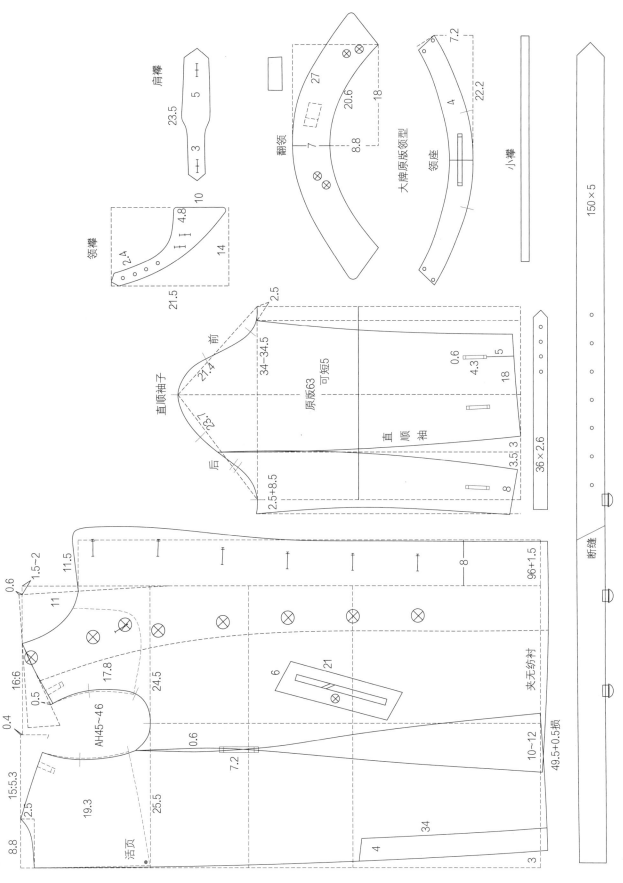

图9-12b 巴宝莉经典风衣结构图

二、巴宝莉插肩袖风衣

巴宝莉插肩袖风衣，肩平，暗门襟，双面穿设计，里布与面布复合，采用双面呢工艺，工艺极其复杂精细；整件衣服对格对条，袖子用斜丝，依然对斜条，具有极高的工匠精神。

此款巴宝莉风衣穿上身袖子没有斜扭，前后袖子腋下有归缩工艺，相当于再次加大第二次比值，整个袖子直顺，前势小。多数大牌女装袖子直顺自然，不像男装袖弯势大。

所有袖子打版的核心技术是，袖肥中线变长，袖底线变短，相当于加大第二次比值，手臂压下试衣服不会有斜扭。前袖肥中心线合并短，后袖肥中心线展长，加大前势弯势，手臂往前伸试衣服不会有斜扭。

国际大牌讲究细节的版型工艺处理，很多拐弯的地方都采用小圆角。

作者的设计创新：把一面的大衣面料和另一面的羊羔毛加以复合，或者一面是皮衣料一面是羊毛针织加以复合，然后再破缝用双面呢工艺做，可双面穿；也可以把皮料整批刷胶，与针织做光，再用熨斗烫合在一起。还有更夸张的四面穿，不复合，不仅可以正面反面穿，侧面单层还装有拉链，里面翻过来同样可以穿（见表9-13，图9-13）。

图9-13（a） 巴宝莉插肩袖风衣款式图

表9-13　巴宝莉插肩袖风衣打版尺寸表

前长	胸围	腰围	摆围	肩宽	袖长	袖肥	袖口	前袖窿深
116	98	104	130	40	62.5	39	30.5	24.5~25

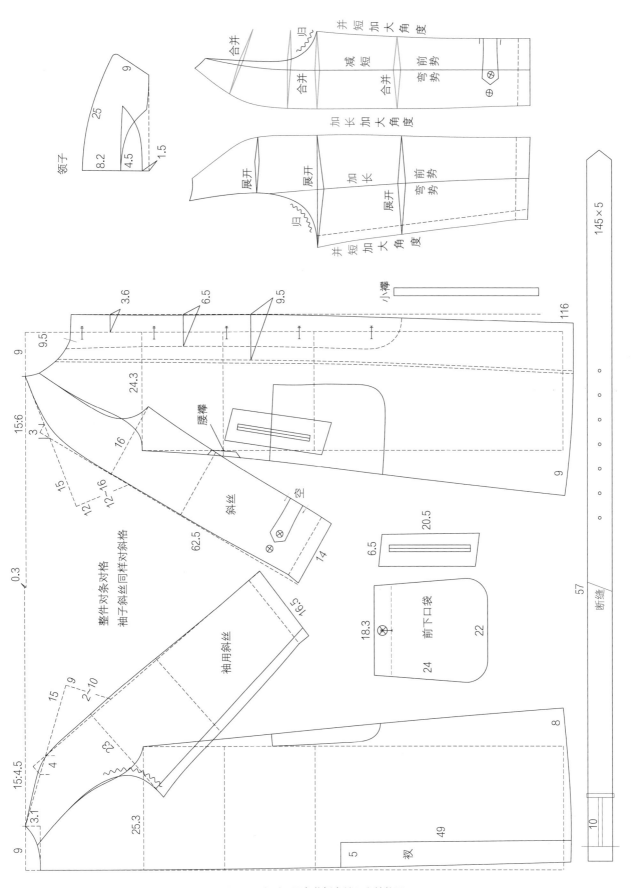

图9-13（b） 巴宝莉插肩袖风衣结构图

三、时尚龟背风衣

　　时尚龟背风衣，前片小显瘦，后片大气，后上平线比前上平线高16cm，后片形成兜量，龟背拐角袖，欧版服装常用版型。此风衣可以做无里布，后腰节做一个腰贴，加两根绳带系在腰上，防止后面兜量下掉；如果加里布，可以把后上节里布减短吊住后面兜量。

　　风衣采用面料立裁转平面的方法，高效快速准确，根据设计稿，用相近的面料立裁，叫设计师确认好版型后再做样版（见表9-14，图9-14a）。

图9-14（a）　时尚龟背风衣款式图

表9-14　时尚龟背风衣打版尺寸表

前长	胸围	腰围	摆围	肩宽	袖长	袖肥	袖口	前袖窿深
117	152	90	106	39~40	65	71	28	35~36

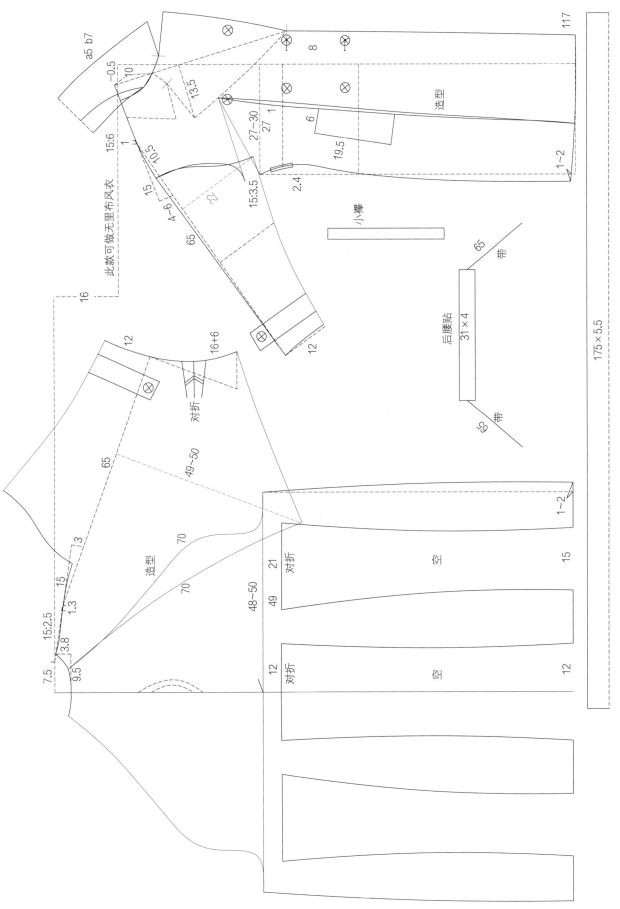

图9-14（b） 时尚龟背风衣结构图

四、欧版风衣

欧版风衣，整件衣服大气有型，显瘦，前门襟正八字。风衣元素有前片活页、后片活页、肩襻、袖襻、腰带，风衣领等。前片活页可以到前中。插肩、落肩、连身袖的核心技术是，袖底缝减短相当于袖中线加长，第二次比值加大，手臂下压试衣服，减小袖肥处斜扭；前袖肥中心线减短，后袖肥中心线加长，弯势加大、前势加大，手臂往前试衣服，减小袖子斜扭。

风衣插肩袖，如果要像原装袖一样有圆润的感觉，可以让袖窿深浅一点，窿门宽一点，第二次比值大一点，袖山很高，袖肥小一点，就是原装袖的感觉。插肩袖如果要有蝙蝠袖的感觉，要休闲一点，袖窿就挖深一点，窿门宽小，第二次比值小，袖山高低袖肥大，就是休闲蝙蝠袖的感觉。

凡A摆类的衣服，胸围比平时打小2～4cm，上面小下面大，自然形成A型；上面也大，下面也大，会臃肿显胖；A摆可以是片内A，也可以是侧缝A。打欧版和韩版服装，胸省、肩省要分散；乳沟省、肩沟省忽略不管，是非平衡衣身结构，处理不好会导致衣服侧滑后跑（见表9-15，图9-15）。

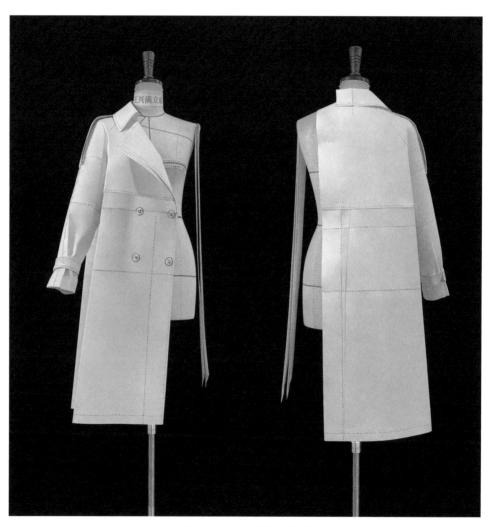

图9-15（a） 欧版风衣款式图

表9-15 欧版风衣打版尺寸表

前长	胸围	摆围	肩宽	袖长含肩	袖肥	袖口	前袖窿深
105~115	120~130	150~170	39~42	68~75	40~49	32~34	27~36

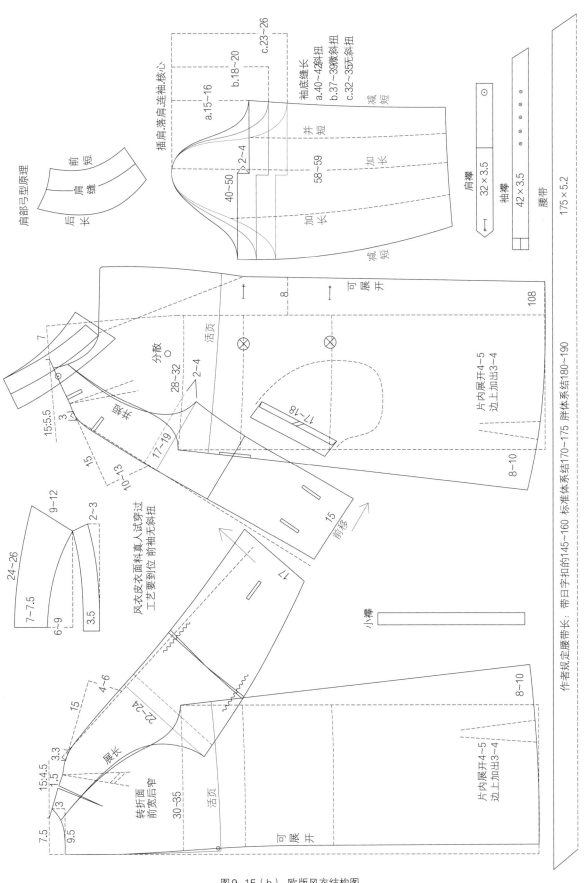

图9-15（b） 欧版风衣结构图

一、MaxMara经典大衣

　　MaxMara（麦丝玛拉），意大利奢侈品牌，主要以大衣而闻名世界，其经典大衣做工精细，用高端的羊毛面料和单面呢，腰带横丝有接头，肩部有肩棉，下摆夹斜条，让下摆圆润不软塌。领角、驳头角、前下门襟角均为很小的圆角。整件大衣修高低缝，缝边放1.5cm，珠边1cm。

　　其版型最大的特点是包容性强，肩部为半弧形，肩宽一点窄一点，穿起来都显瘦，因为面料柔软，肩部不会显胖；整件衣服宽松，不挑人；袖子有戤势，袖子直顺，前势很小。

　　常见的欧版有三种：1.胸围线以上全部合体，肩斜大，第二次比值大；2.胸围线以上半宽松，肩斜微平，肩部半弧形；3.胸围线以上全宽松，肩斜很平，第二次比值很小（见表9-16，图9-16）。

图9-16（a）　MaxMara经典大衣款式图

表9-16　MaxMara经典大衣打版尺寸表

前长	胸围	摆围	袖长连肩	袖肥	袖口	前袖窿深
117	108	118	72~73	47	34.5	25.5

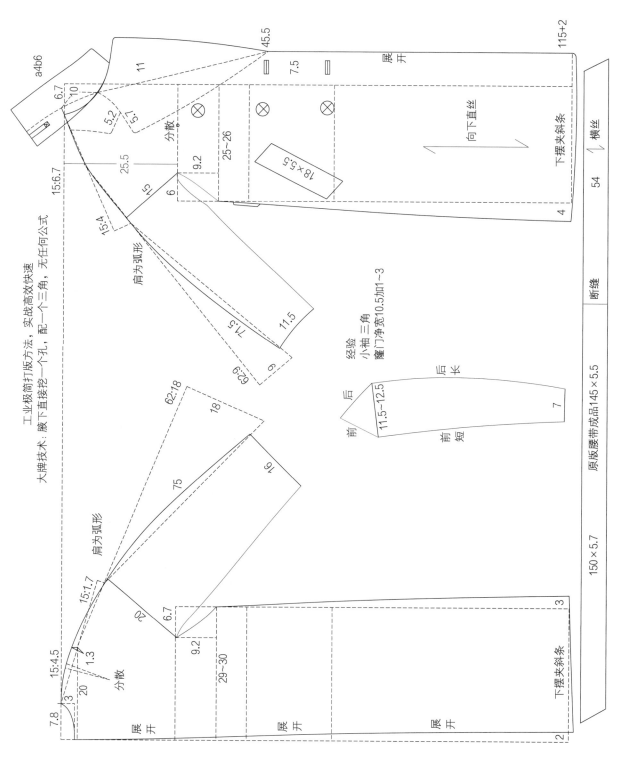

图9-16（b） MaxMara经典大衣结构图

二、艾尔玛诺·谢尔维诺长款大衣

艾尔玛诺·谢尔维诺，意大利一线奢侈品牌，其长款大衣驳头宽大、大气，成熟稳重，高贵富态；肩斜往后借，后直开领很深，往前拎一把，前后直开深互借；前胸宽比后背宽要宽，前胸宽活动量足，后背精神。袖子直顺，前势很小，袖山头刀眼前移加大前势，根据需求自由调节。

每一个大牌都有自己独特的风格，但有一个相同点，腰围圆润而不刚硬，为了减小归拔，通过多破缝多收省来解决；而国内的个别市场货企业，既不要任何收省破缝，又要做出大牌的圆润感觉，而且不要任何归拔工艺，对版型要求难度极高。

所有中长款，如果出现勾脚问题，解决方案可以是把后片平行并短，也可以后中外放，此款不会出现这种情况，因为后中有开衩（见表9-17，图9-17）。

图9-17（a） 艾尔玛诺·谢尔维诺长款大衣款式图

表9-17 艾尔玛诺·谢尔维诺长款大衣打版尺寸表

前长	胸围	腰围	摆围	肩宽	袖长	袖肥	袖口	前袖窿深
114	100	84	118	41~42	60.5	36~38	32~34	27~28

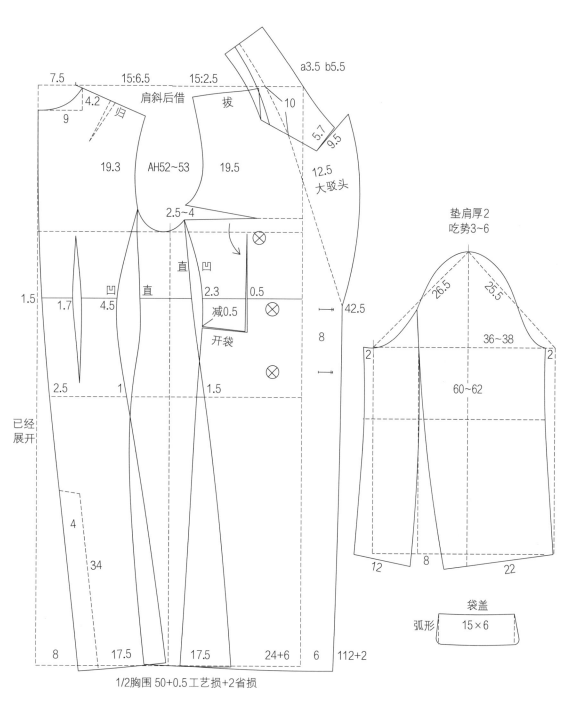

图9-17（b） 艾尔玛诺·谢尔维诺长款大衣结构图

三、艾尔玛诺·谢尔维诺中长款大衣

　　艾尔玛诺·谢尔维诺，中长款大衣，多种面料拼接设计，面料颜色成熟稳重。此款的领子、驳头宽大，特别大气高贵，袖子平行前旋，袖子直顺，是女装大牌袖特色风格。此款意大利女装袖口偏大，男装袖子特别弯，前势很大，男女童袖子可以互用。

　　其技术核心是，前片驳头下面有破缝方便转胸省，挂面驳头是一体的，错位断缝止口薄一点，此方法在企业广泛运用，工作中要收领省的，改为大身驳头断暗缝效果更好（见表9-18，图9-18）。

图9-18（a）　国际大牌中长款大衣款式图

表9-18　国际大牌中长款大衣打版尺寸表

前长	胸围	腰围	摆围	肩宽	袖长	袖肥	袖口	前袖窿深
87	108	99	120	44~45	62~63	39~40	34	29~30

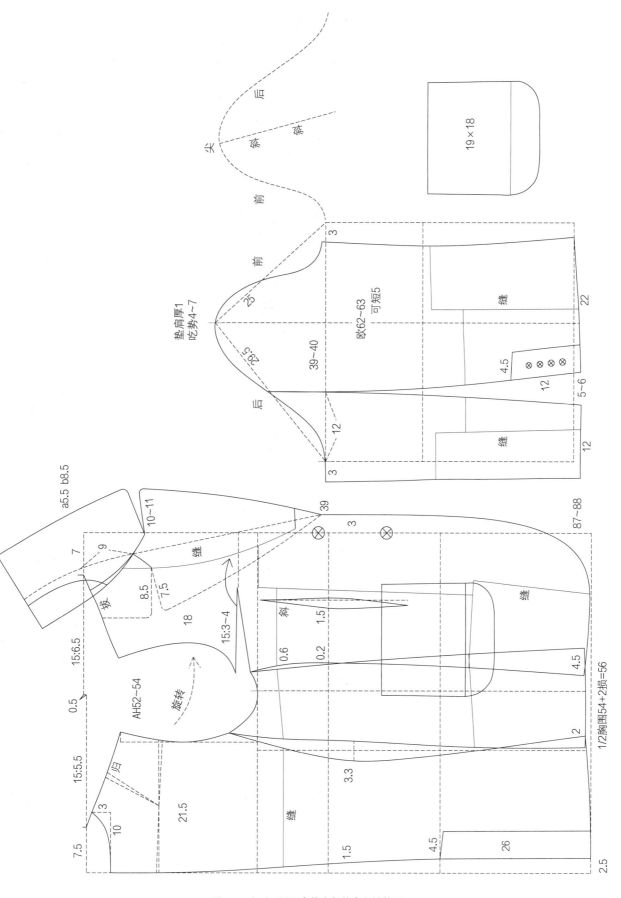

图9-18（b） 国际大牌中长款大衣结构图

四、插肩袖大衣

　　插肩袖大衣，版型偏迪奥西装卡腰风格，下摆很大，显腰围就显瘦，是偏连衣裙风格的大衣，领子夹在前插肩里面，领子有多种穿法，多种变化。

　　没有胸包的衣服，袖子容易后甩，插肩袖更容易后甩，可以将袖管往前旋，前袖拔开后袖归；把衣服穿在真人身上，摆好想要的姿势，用真人立裁技术调版，轻松解决各种疑难杂症。

　　此版型上半部分占30%，下半部分占70%，非常显瘦，体现黄金分割的三七分；打版首先要确定外轮廓形状，再确定上下比例。如果比例不对，打出来的版型就是不对（见表9-19，图9-19）。

图9-19（a）　插肩袖大衣款式图

表9-19　插肩袖大衣打版尺寸表

前长	胸围	腰围	摆围	肩宽	袖长	袖肥	袖口	前袖隆深
130	100	90	296	40~41	60~62	42~44	30~32	28.5

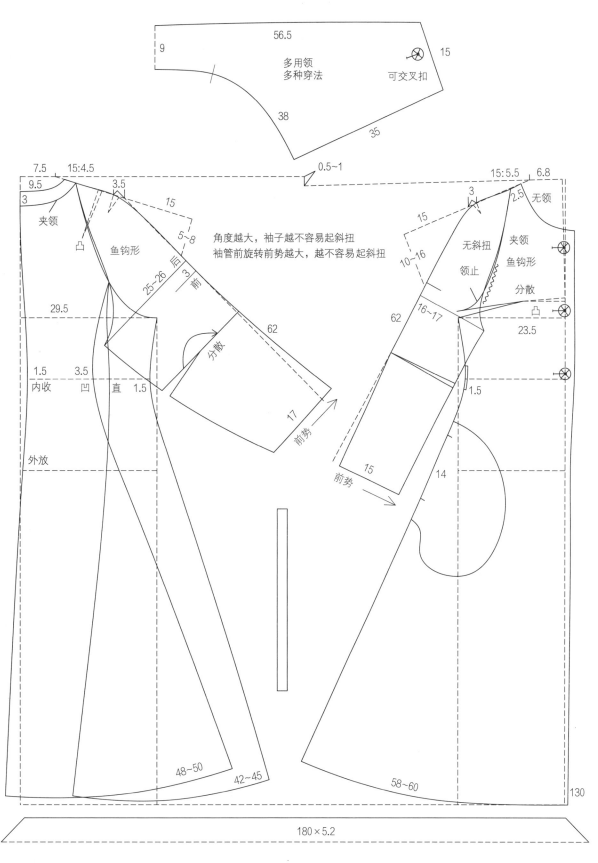

图9-19（b）　插肩袖大衣结构图

图中文字标注：

56.5
9
多用领
多种穿法
可交叉扣
15
38
35

7.5　15:4.5
9.5
3
夹领
凸
鱼钩形
15
5~8
后
前
25~26
3
29.5
分散
62
1.5　3.5
内收　凹　直　1.5
17
外放
前势

0.5~1

角度越大，袖子越不容易起斜扭
袖管前旋转前势越大，越不容易起斜扭

15:5.5　6.8
3　2.5　无领
15
无斜扭
领止
夹领
鱼钩形
10~16
62
16~17
分散
凸
23.5
1.5
15
14
前势

48~50
42~45
58~60
130

180×5.2

五、连身袖大衣

连身袖大衣，此款用薄的单面呢，或者带垂感的面料做效果更佳；版型偏迪奥西服收腰风格，袖窿偏深，有蝙蝠袖的感觉，手臂微动的时候空间大、舒适性好，缺点是抬手量小，袖窿越浅越好抬手。

驳头大气，腰围收腰，有腰带的，腰围可以大一点，包容性强，胖瘦都能穿；前肩部做活页，看起来更加休闲，袖子前势大，袖子无斜扭。前后直开深有互借，看起来是前片下压2~3cm，其实是往后借了，后直开领加深了。

前片胸省分散，再归拔到位，形成胸包；后肩省分散转移，再归拔到位，形成肩包，这样就不会有问题。注：胸省、肩省分散转移，而不归拔的，均为非衣身平衡，前驳头起空，衣服侧滑后跑，卫衣、羽绒服最明显。一般腰带长度，有日字扣的145~160cm，无扣的170~190cm（见表9-20，图9-20）。

图9-20（a） 连身袖大衣款式图

表9-20 连身袖大衣打版尺寸表

前长	腰围	摆围	袖长连肩	袖肥	袖口	前袖窿深
126	96	134	70~72	43~46	30	30~32

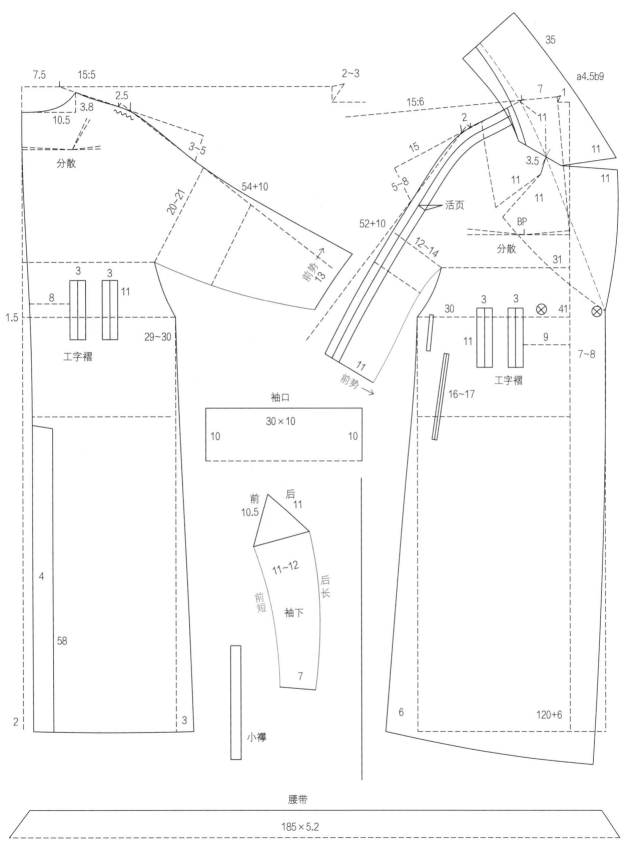

图9-20（b） 连身袖大衣结构图

六、MaxMara 泰迪熊大衣

MaxMara茧形大衣，门襟斜线，原板串口特别高，此款版型部分位置作者优化调整过了。此款特色是压线粗犷，压线部位止口要放宽，否则压不到。衣服要圆润，下摆袖口可以放无纺衬或者斜条，撑起来圆润；此款最大的学习要点是袖窿移位技术，胸围大的宽松款式，直接往前挖一个孔，无任何公式，随意配个袖子就好，大牌的版型就是随意自由。

采用羊羔毛、颗粒绒、貂皮等面料，可以在反面用裘皮机缝竖省（暗省），缝好正面看不出来，因为正面有毛遮挡；胸省、肩省分散的效果差，衣服平面休闲，没有立体厚度。一件好的衣服，面料要好，颜色要正气，才会显得高端；好设计、好版型、好面料、好工艺、好辅料，缺一不可（见表9-21，图9-21）。

图9-21（a） MaxMara泰迪熊大衣款式图

表9-21（a） MaxMara泰迪熊大衣001打版尺寸表

前长	胸围	摆围	袖长连肩	袖肥	袖口	前袖窿深
114	140	121	69~70	55~56	31~32	39~40

表9-21（b） MaxMara泰迪熊大衣002打版尺寸表

前长	胸围	摆围	袖长连肩	袖肥	袖口	前袖窿深
106	124	110	69~70	56~57	26~28	40~41

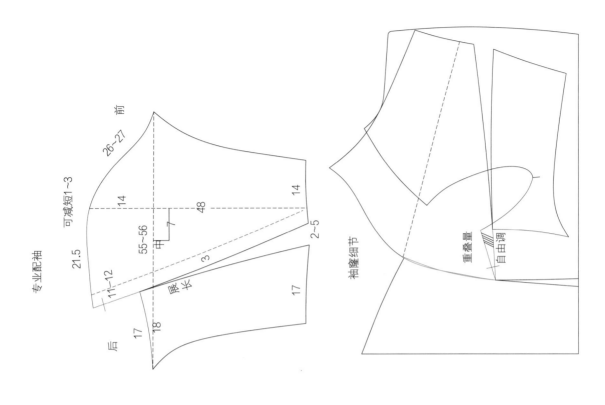

专业配袖

前

后

26~27

可减短1~3

14

可减短1~3

21.5

11~12

展长

3

48

中 7

55~56

14

2~5

17

17

18

袖隆细节

重叠量

自由调

版型设计001

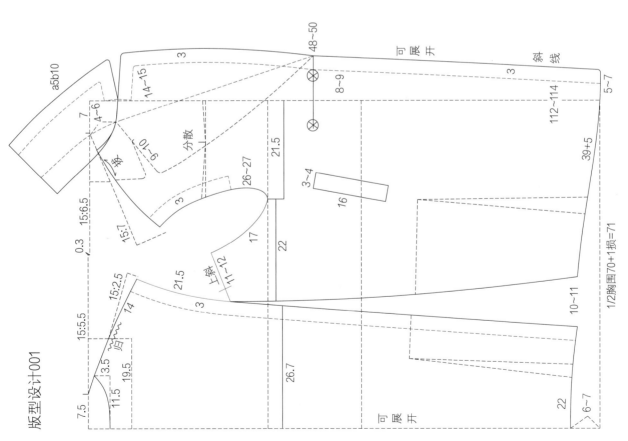

a5b10

3

14~15

48~50

可展开

斜线

8~9

3

7

4~6

分散

9~10

112~114

5~7

拨

6~9

3

26~27

21.5

3~4

16

5:6.5

15:7

17

22

39+5

0.3

上斜

11~12

10~11

15:2.5

21.5

15:5.5

14

3

归

26.7

1/2胸围70+1损=71

3.5

19.5

7.5

11.5

可展开

22

6~7

图 9-21（b） MaxMara 泰迪熊大衣 001 结构图

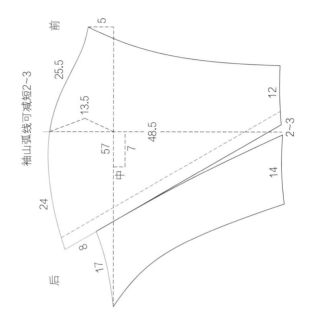

袖山弧线可减短2~3

前

后

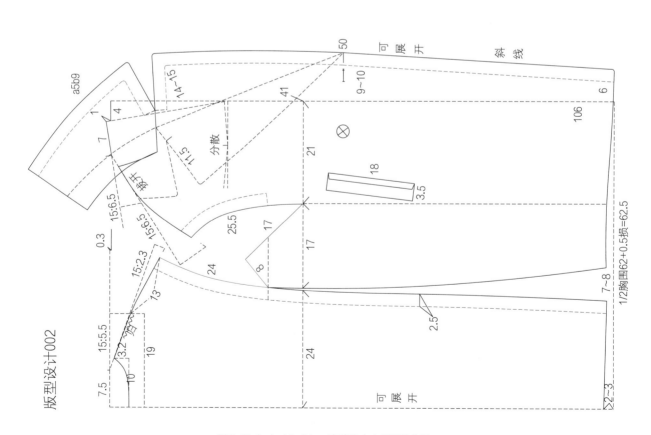

版型设计002

a5b9

可展开

斜线

1/2胸围62+0.5损=62.5

可展开

图9-21（c） MaxMara泰迪熊大衣002结构图

七、拐角袖大衣

拐角袖大衣，九分袖，双排扣，扣子多少自由；后片无龟背，后袖肥大，前袖肥小；后袖缝长，前袖缝短；形成拐角袖，与常规的龟背拐角有所不同。领子可以配连身立领，也可做无领（见表9-22，图9-22）。

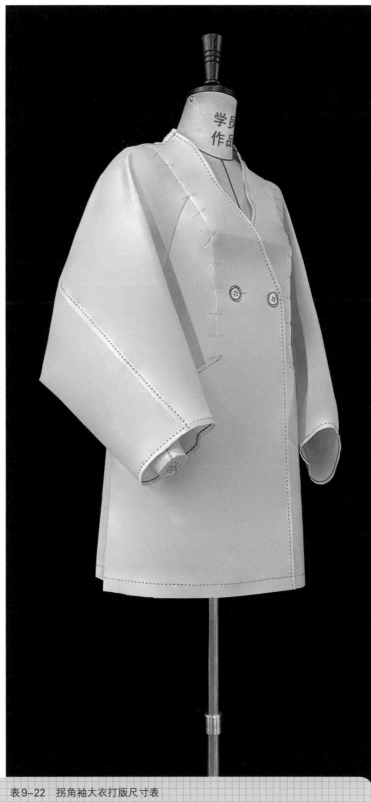

图9-22（a） 拐角袖大衣款式图

表9-22　拐角袖大衣打版尺寸表

前长	胸围	摆围	肩宽	袖长	袖肥	袖口	前袖窿深
85	120~130	124~134	34	54~55	65~75	38~40	50~56

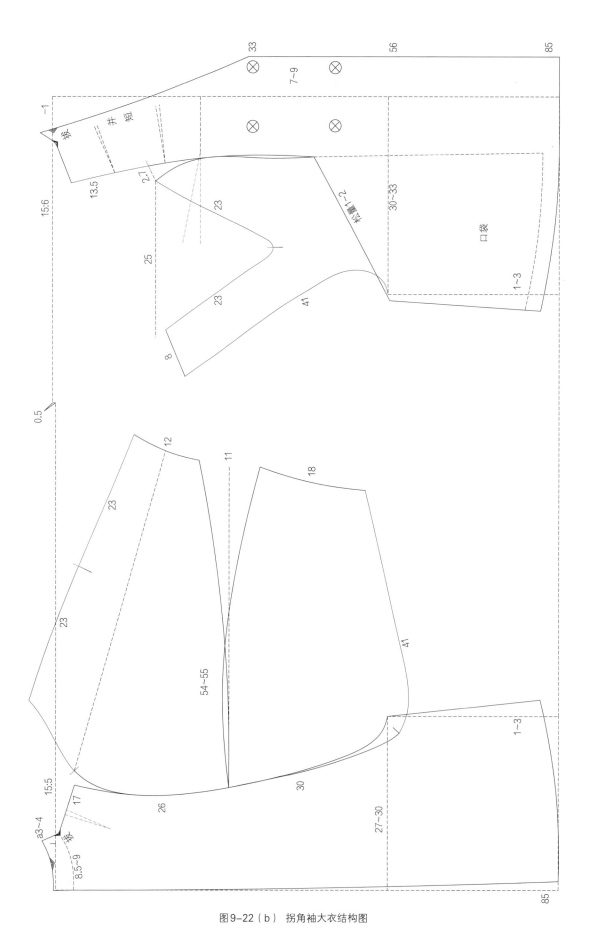

图9-22（b） 拐角袖大衣结构图

一、机车夹克

机车夹克，斜门襟，袖口装拉链可调节大小，下摆小襻，夹克领。机车夹克早期与哈雷机车组合，后期机车夹克与摇滚组合，成为永不过时的经典。

此款袖子为了方便运动，袖山高较低，如果要观赏性，就把袖山加高；袖山头刀眼前移，加大前势；机车夹克是版型师的基本功，就是左右不对称造型，可用多种方法解决。

前后上平线一样高，胸省打15：2.5，让衣服平面一点，BP点不要鼓大包，平面休闲一点；如果要衣服立体一点，胸省打15：3.5～4cm，前上平线比后上平线高0.5～1cm（见表9-23，图9-23）。

图9-23（a）机车夹克款式图

表9-23　机车夹克打版尺寸表

前长	胸围	腰围	摆围	肩宽	袖长	袖肥	袖口	前袖窿深
61	92	80	88	38～39	58	33	24+4	24.5

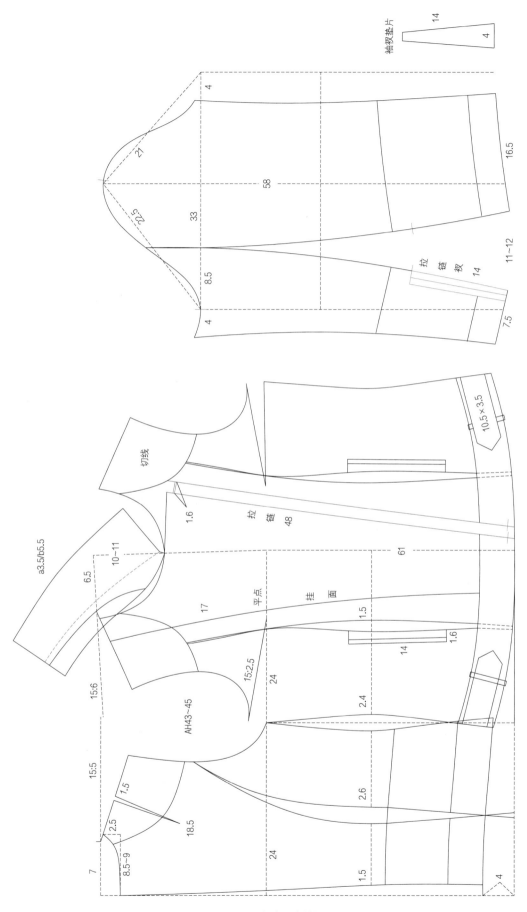

袖叔垫片

14

4

4

27

22.5

58

33

16.5

8.5

11~12

拉
链
袋
14

7.5

4

切线

10.5×3.5

1.6

拉
链
48

a3.5/b5.5

10~11

6.5

61

平点

挂
面

1.5

15:6

17

1.6

14

15:2.5

AH43~45

24

2.4

15.5

24

2.6

2.5

1.5

18.5

24

1.5

7

8.5~9

4

图9-23（b） 机车夹克结构图

二、香奈儿上衣

香奈儿，法国奢侈品牌，以小香风上衣而闻名世界，是奢侈品的代表。

香奈儿的风格是前片宽松，后片微收腰，直筒宽松型，这点与迪奥的卡腰风格不同；袖子直顺，前势很小，袖子袖山高低，便于抬手运动，观赏性欠佳；小香风面料侧缝收胸省，不容易看出来，最好的方法就是收省，分散会产生归拔。下面这款上衣作者在驳样时部分有所改动，主要是学习版风（见表9-24，图9-24）。

图9-24（a） 香奈儿上衣款式图

表9-24 香奈儿上衣打版尺寸表

前长	胸围	腰围	摆围	肩宽	袖长	袖肥	袖口	前袖窿深
70	98	93	106	40	61~62	33~34	28	24.5~25.5

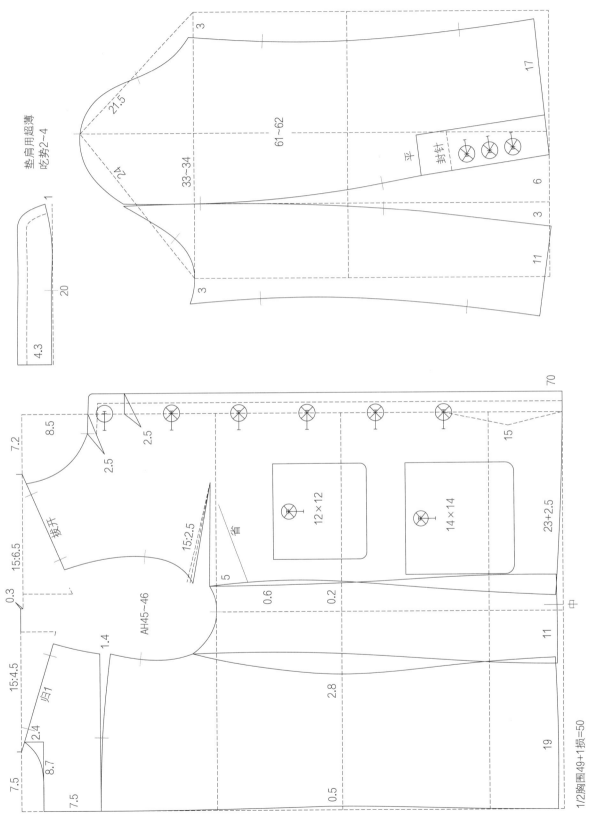

图9-24（b） 香奈儿上衣结构图

三、宽肩几何袖上衣

宽肩几何袖,肩部有二次及二次以上拐弯儿的,统称为几何袖,有宽肩几何袖、落肩几何袖、插肩几何袖等,第二次比值越斜越显瘦,越平越大气,也可以说显胖。

前片大身驳头破暗缝,挂面驳头为整片,适用于所有西装领的款式,解决了收领省一边长一边短的问题。转胸省或肩省,首选用破暗缝收暗省方法解决,其次是分散转省。

下面这款是面料立裁转平面版型的案例,可以先让设计师确认好款式,再做样版,面料立裁成功率高,但是成本较高,对版型师技术要求较高,也可以先看效果再做样版(见表9-25,图9-25)。

图9-25(a) 宽肩几何袖上衣款式图

表9-25　宽肩几何袖上衣打版尺寸表

前长	胸围	摆围	肩宽	袖长	袖肥	袖口	前袖窿深
62~65	110~120	114~130	58~60	58~60	36~40	30~34	28~30

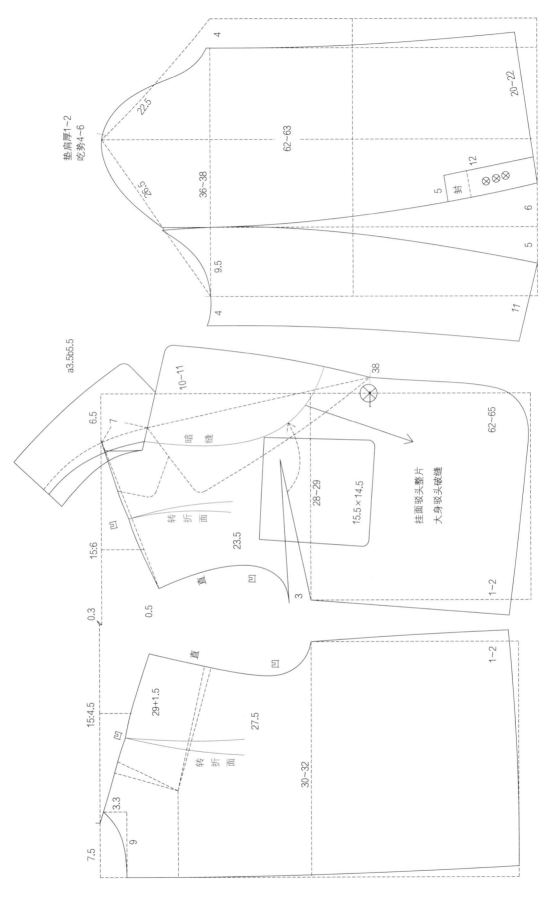

图9-25（b） 宽肩几何袖上衣结构图

垫肩厚1~2
吃势4~6

22.5
26.5
36~38
62~63
20~22
5
封
12
6
5
9.5
4
11
4

a3.5b5.5

10~11
6.5
7
38
62~65
暗缝
28~29
15.5×14.5
23.5
挂面驳头整片
大身驳头破缝
1~2
15:6
0.3
0.5
转折面
直
凹
凹
3

15:4.5
29+1.5
27.5
直
凹
转折面
凹
30~32
1~2
3.3
9
7.5

四、冲锋衣

冲锋衣，寒冬户外穿着，三合一是指有三种穿法，也叫两件套，外壳与内胆两件组合。冲锋衣一般采用防水面料，拼缝1cm，用切刀切成0.3cm止口，压0.1cm明线，所有的缝反面压1.6cm宽，热封防水条，防止拼缝外渗水进去，类似雨衣工艺。门襟、袖襻，加一层热熔胶片，胶片无止口，热熔后形成整片粘在一起。立领里面可以放无纺衬，把领子撑起来有型；袖口拉橡筋，门襟用魔术贴，拉链用防水拉链。

冲锋衣版型特色就是平面，侧面好抬手，容易起斜扭，袖肥大袖山高低，舒适性好；冲锋衣多开袋，方便户外运动时放置随身物品，冲锋衣口袋尽量隐藏有叠门。冲锋衣重点是要做防水，在版型上较为简单。

内胆如果是用抓绒面料，可用四线打边拼合再压线0.6cm，围度缩小一点，袖窿抬高一点，不然腋下会堵住。外观要飘逸，里面要贴身保暖。内胆是可以单独穿的，如果做羽绒内胆就要放缩率，袖窿抬高。

冲锋衣优点在于防水防寒，特别适合寒冬进行户外运动穿着；冲锋衣缺点是透气性差，日常生活中穿纯棉、羊毛、羊绒等服装，透气性舒适性会更好一些（见表9-26，图9-26）。

图9-26（a） 冲锋衣款式图

表9-26 冲锋衣打版尺寸表

前长	胸围	腰围	摆围	肩宽	袖长	袖肥	袖口	前袖窿深
72	109	98.6	112	43	62.5	50~52	31/26	27.5

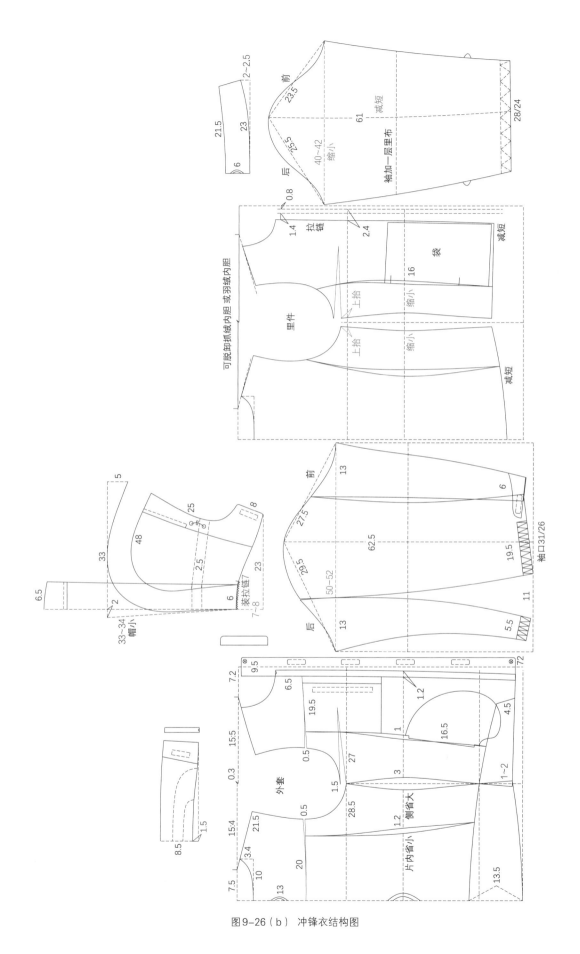

图9-26（b） 冲锋衣结构图

五、运动服套装

运动服追求舒适性，要求好抬手便于运动，片内省小，侧缝收省大，袖窿外翘便于抬手运动；袖子肩上贴织带，不能拽紧要平服，织带太紧会起拱。装拉链里面贴织带压光，大身用四线打边拼合，肩缝放弹力条防止拉长。为了袖子好运动，袖窿深很浅，袖肥大、袖山高低，袖山头尖会显瘦一点。

裤子前片反偏角，好开腿，侧缝直，缺点是观赏性差；裤子后片偏角小，好开腿运动，侧缝直，缺点是脚并拢试裤子有倒八字斜扭，站成八字形试裤子后片没有斜扭。裤子侧缝贴织带，一定要放松平服，紧了会起吊，如果起吊外侧缝片内均匀展开；裤子腰口拉橡筋，如果腰里锁眼穿绳子的腰围68～70cm，如果无绳子的腰围64～65cm。前后浪四线拼合放弹力条，防止变形拉大（见表9-27，图9-27）。

图9-27（a） 运动服套装款式图

表9-27（a） 运动服套装打版尺寸表

前长	胸围	腰围	摆围	肩宽	袖长	袖肥	袖口	前袖窿深
63	102	88	90~92	38	60	37	24/19	23.5~24.5

表9-27（b） 运动服套装裤子打版尺寸表

裤长	臀围	膝围	脚口	窿门宽	直裆深
97	97	42	34	12.5	27

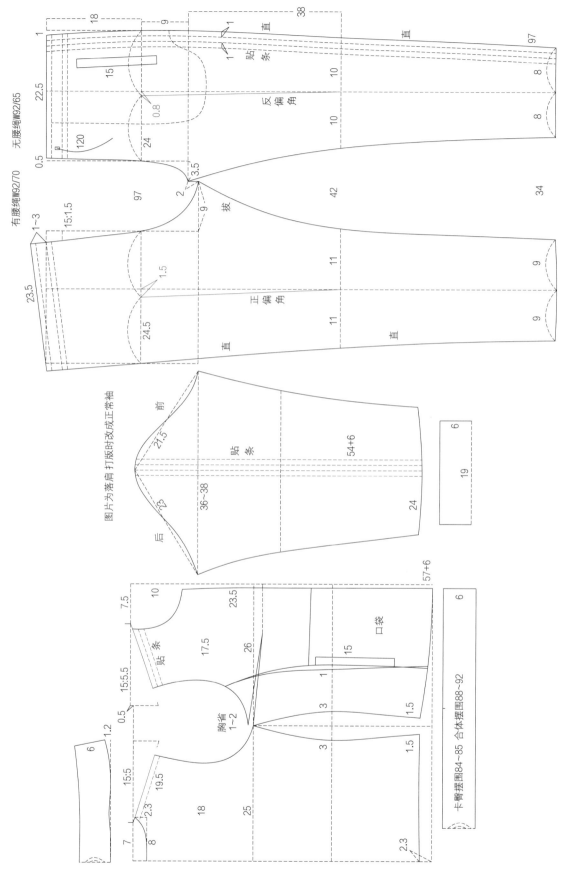

图9-27（b） 运动服套装结构图

六、插肩泡泡袖

插肩泡泡袖，衬衣领子、风衣元素、连衣裙风格，三合一组合。肩部要显瘦，袖子下面加上垫片，不能改变原来的肩斜，袖子加大做造型，袖肥加大20~30cm，袖子要加长，加长量是抽褶段长度的2.5倍。

胸省转在袋盖下面做暗省，作者在工作中，常采用把胸省做领省、活页下面做暗省、织带花边下面破暗缝、切线下面收暗省、贴袋开袋里面做暗省等方法处理胸省。直接把省收掉是最佳的，分散转移容易引起衣服侧滑后跑。

很多造型夸张的款式可以在反面垫软网，用一些辅料来支撑。插肩袖很容易袖子后甩，一定要掌握核心，可用旋转袖管、前袖肥中心线变短、后袖肥中心线变长等多种方法。

插肩袖、落肩袖、连身袖、几何袖、宽肩袖、正常袖等都可以做成泡泡袖、打褶袖、收省袖（见表9-28，图9-28）。

图9-28（a）　插肩泡泡袖款式图

表9-28　插肩泡泡袖打版尺寸表

前长	胸围	摆围	袖长	袖肥	袖口	前袖窿深
110	98~100	146	69	58~60	28	24.5~25.5

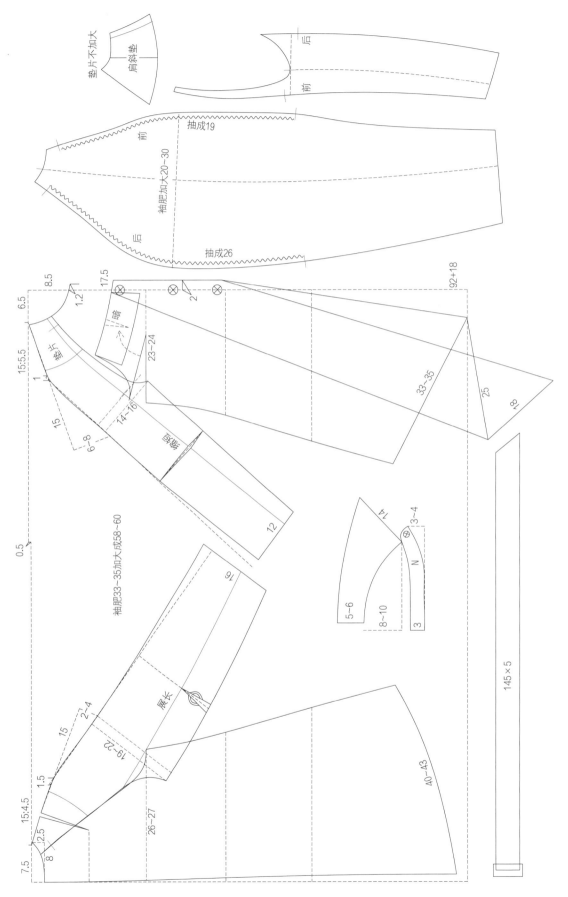

图9-28（b） 插肩泡泡袖结构图

垫片不加大
肩斜垫

后
前

前
抽成19

袖肥加大20~30

后
抽成26

8.5
6.5
17.5
1.2
1.2

15:5.5
垫片
暗
23~24

1
14~16

15
褶
8~8
6~8

褶
12

袖肥33~35加大成58~60

0.5

14
3~4
N
5~6
8~10
3

92+18

33~35

25
81

145×5

展长

2~4
15
19~22
26~27

40~43

15:4.5
1.5
2.5
8
7.5

第五节　冬装类版型

一、貂皮大衣

　　貂皮大衣，特别适合寒冷的国家或地区人们穿着，衣服大气保暖效果好。由于成本高，对版型要求也很高。貂皮破开后，用药水洗，钉在木板上晒干，多次反复操作后，再配皮用裘皮机缝制，把样版画在木板上，貂皮拼接好对比大小。做长款貂皮大衣，貂皮长度是不够的，要用到抽刀工艺，有半抽刀工艺和全抽刀工艺，让貂皮变长，变得圆润柔和。不透气的皮草会在下摆袖口打孔，让衣服消气不鼓包。

　　貂皮大衣门襟与领子里面放麻衬、压缩棉、斜条等，来塑造硬挺效果；下摆放无纺衬或者斜条。貂皮大衣在处理省道或者做造型时，直接缝竖省，正面有毛看不出来。为了衣服显得高贵，里布有大量的斜条夹边，里布围度做大一点，长度加长5～10cm，一般是手工针套里布，里布长了直接折回去就好。

　　国际貂皮是分等级的，有天鹅绒级、皇冠级、沙嘎级等；毛针越短，细绒越多越密，为高品质，适合做貂皮大衣；毛针很长，细绒很少，为较差的貂皮，适合做派克服或皮衣内胆（见表9-29，图9-29）。

图9-29（a）　貂皮大衣款式图

表9-29　貂皮大衣打版尺寸表

前长	胸围	摆围	肩宽	袖长含肩	袖肥	袖口	前袖窿深
105	117	130	38~39	73	44	28	30~32

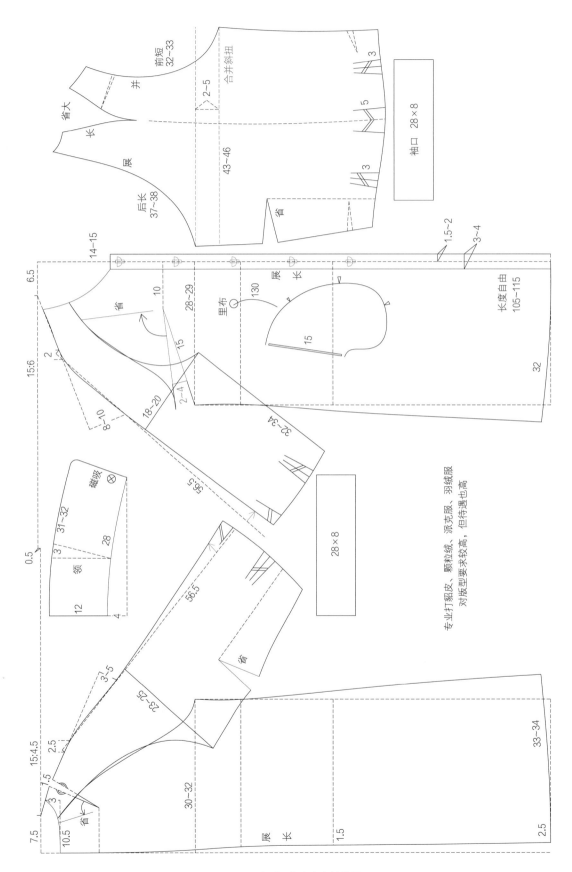

图9-29（b） 貂皮大衣结构图

二、派克服

派克服，内胆有一层皮毛的统称为派克服，内胆如果是羽绒为羽绒派克，外壳一般是风衣或皮衣，当然外壳也可以用连衣裙或夹克。

派克服的特点在于，外面像风衣，有飘逸的感觉，内部保暖，内胆围度小一点省貂皮料，袖窿上抬1~3cm，防止堵在里面。如果帽子毛领是买成品，长度只有72~73cm，那么帽子的高度宽度打小一点，如果是定做的帽子毛领，尺寸可自由打。

前片胸省分散的，后片理论上说是要抬高0.5~1cm，但是为了后片精神，也可以前高后低。袖子按正常打，然后再分割变形，在实践中常用此方法。前插肩缝变短，后插肩缝变长；让前袖肥中心线变短，后袖肥中心线变长，母版随便怎么打，复版裁片一定要会变形（见表9-30，图9-30）。

图9-30（a） 派克服款式图

表9-30　派克服打版尺寸表

前长	胸围	摆围	肩宽	袖长含肩	袖肥	袖口	前袖窿深
108	112	136	40	71	52~55	28	36~38

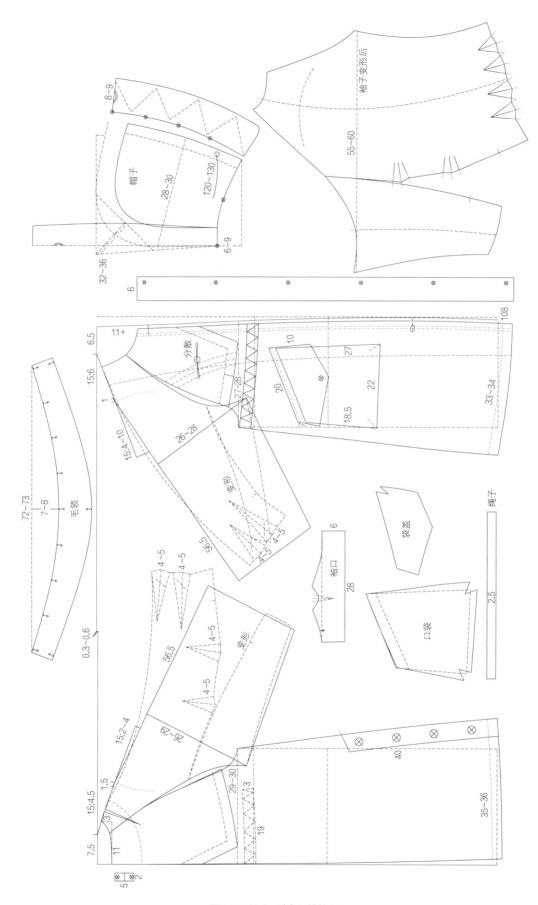

图9-30（b） 派克服结构图

三、合体羽绒服

合体羽绒服，净胸围加20cm左右；如果是韩版加30cm左右，欧版加40cm左右。横向切线的长度会缩短，竖向切线的围度会缩小；厚度越厚缩得越厉害；拉链两边码带要拔开，门襟拉链要垂直，不能成弯形，否则拉好起拱显得肚子大。装拉链的上下两头不能凸出，成品为90度角。

普通羽绒服充绒克重：净面积×0.012千克/平方米（即120克一平方米），袖子充绒量可以少点，薄一点便于运动，舒适性好，如果要厚一点可以增加充绒量。如果充手塞棉，厚度要增加一倍，大身净面积×0.024千克/平方米，袖子×0.017千克/平方米。肩部和袖山头充绒量可以少一点，不然会显胖臃肿，可多安排切线。在同一厚度下，绒越好充得越少，绒越差充得越多。

羽绒越大朵，越柔软越好，如果是鹅绒，鹅翅膀腋下的绒最好，透气保暖，鹅翅膀上的羽毛是防水的，保暖效果差。新国标规定90绒是90%绒子+10%羽（老国标90绒是90%绒子与绒丝+10%羽）。

胆布越柔软越好，一般采用400T。常规羽绒服是一层面布，两层胆布，再套里布。手塞棉是一层面布，一层胆布，一层无纺布，胆布靠面料，再套里布。胆布要放缩率加大，门襟挂面要缩短一点点。羽绒服凡是打气眼的都要垫大身面料，不能露胆布。有面布的地方一定要有胆布，以免有色差（见表9-31，图9-31）。

图9-31（a） 合体羽绒服款式图

表9-31 合体羽绒服打版尺寸表

前长	胸围	摆围	肩宽	袖长	袖肥	袖口	前袖窿深
87	104	136.6	42	62	40~41	28~30	26.5~27.5

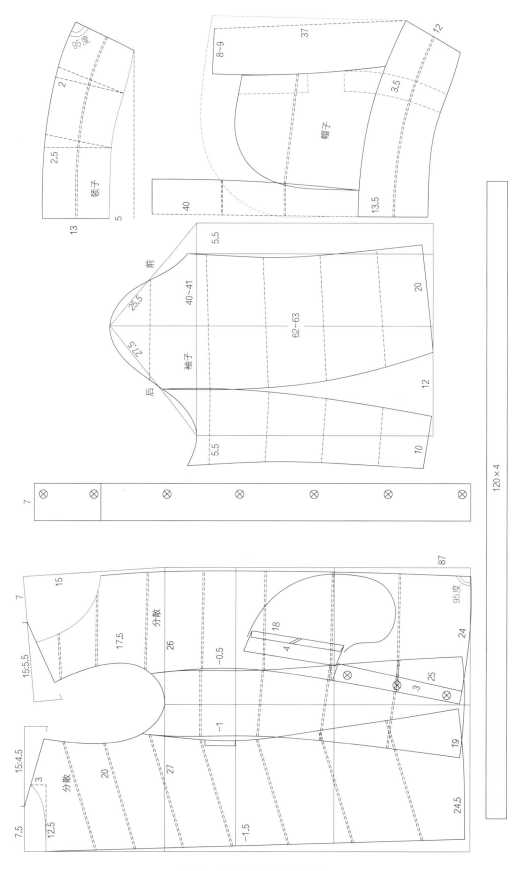

图9-31（b） 合体羽绒服结构图

四、风衣羽绒服

风衣羽绒服，外面是风衣，里面加一个内胆；外面有飘逸的感觉，里面保暖效果好。里面内胆要薄一点，不能太厚。内胆为可脱卸内胆，内胆充绒克重为净面积×0.005~0.008千克/平方米，相当于秋季羽绒服的厚度，很多时候做秋季羽绒服两面穿的都要薄一点，太厚容易臃肿显胖（见表9-32，图9-32）。

图9-32（a） 风衣羽绒服款式图

表9-32 风衣羽绒服打版尺寸表

前长	胸围	摆围	肩宽	袖长	袖肥	袖口	前袖窿深
110	102~104	129	40~41	60	39~40	27	26~27

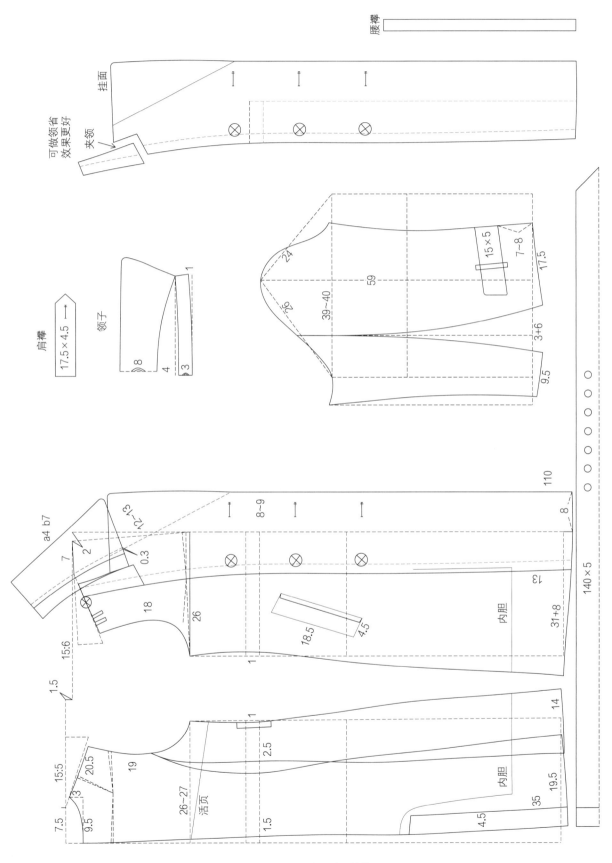

图9-32（b） 风衣羽绒服结构图

五、欧版羽绒服

　　欧版羽绒服,既大气又显瘦,如果是后包前,那么就前小后大;如果是前包后,则前大后小。欧版无法展示身材,修饰人体不足,它展示的是轮廓之美。韩版前后胸围一样大,平面很扁,袖窿很深。要想前片袖子无斜扭,第二次比值为15:8~12,要宽松休闲的,第二次比值为15:1~6,自由运用。

　　拉链边缘织带要拔开,横向切线越多,衣服缩短越厉害,拉链吃势要越多,拉链装好后要垂直,不能形成半圆,否则拉链拉好显肚子大;拉链的两头装好后90度,不能形成尖角,样版上要把角度调大。肩膀部位绒要少充,否则容易显胖;羽绒服衣身容易侧滑后跑,衣身平衡要把握好(见表9-33,图9-33)。

9

图9-33(a) 阔形羽绒服款式图

表9-33 阔形羽绒服打版尺寸表

前长	胸围	摆围	肩宽	袖长含肩	袖肥	袖口	前袖窿深
73~75	130	118	38~40	72	50	25~27	32~36

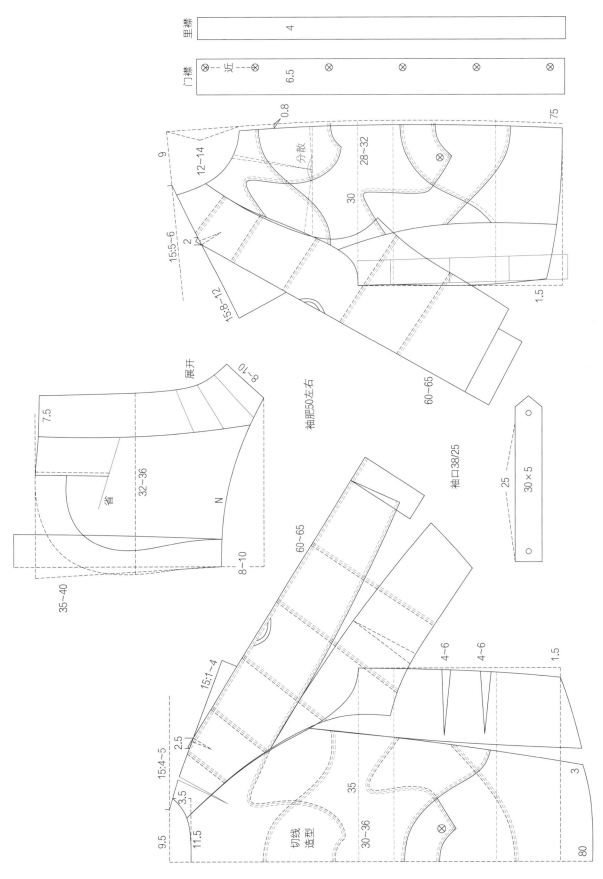

里襟
4

门襟
近
6.5

图9-33（b） 欧版羽绒服结构图

一、衬衣连衣裙

合体衬衣连衣裙，净胸围加6～10cm，连衣裙侧面容易起斜扭，前片上抬胸省加大，侧面高度并短，即可解决；胸腰差18～20cm最佳，有腰带的，腰围可以打宽松一点。

领子要三角形，前领圈画直一点，领座起翘小一点，翻领倒伏量小一点。下摆压立体褶，容易往一边飘，原因是样版上有问题，或者压褶扭了；腰口压0.8cm，下摆2cm立体褶，一般采用斜丝或横丝，根据压褶厂需求打纱向。

此款泡泡袖做了借肩，肩比较窄，用袖子泡泡量弥补肩宽不足，袖窿从里向外一个斜切面；袖子有了泡泡量容易下垂，会拉扯前胸宽，可以用斜条对折抽皱垫在肩部，让袖子泡起来。连衣裙不能五五分，一定要掌握黄金比例分割，60%～70%比40%～30%，一边长一边短，要显瘦自然。连衣裙要有飘逸的感觉，摆围要大，面料要轻薄，风吹或舞动才会飘逸。断腰节的一律采用六面原型打版，衣服更加圆润，收省更加均匀，不断腰节的用四省原型打版，配上归拔工艺，同样有六面原型的效果（见表9-34，图9-34）。

图9-34（a）　衬衣连衣裙款式图

表9-34　衬衣连衣裙打版尺寸表

前长	胸围	摆围	肩宽	袖长	袖肥	袖口	前袖窿深
115	92~94	300	34	60	35~36	24	24.5~25

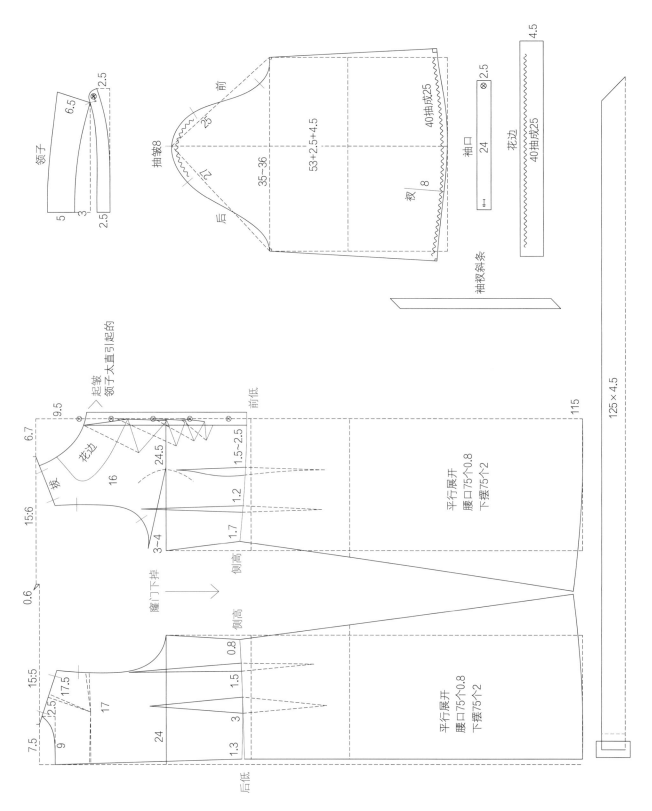

图9-34（b） 衬衣连衣裙结构图

二、改良旗袍

　　旗袍，中国传统服装。廓形休闲类服装展示的是服装轮廓，旗袍展示的是女性S型曲线，展示女性身材。旗袍分为三种类型：贴体型、合体型和宽松型。贴体型净胸围加1~3cm，合体型加4~6cm，宽松型加8~20cm。很多人喜欢贴体紧身的旗袍，那么围度一定要打小，大了就会松松垮垮的，没有型。无袖类的袖窿可以浅一点。袖山头刀眼前移，袖底缝互借，前势加大，否则一片袖袖子容易后甩。

　　旗袍要显瘦，前片收省尽量靠前中，后片收省尽量靠后中，这样在视觉上会显瘦，但是不符合人体转折面；前下摆越窄越显瘦，越宽越显胖。领子要均匀空开脖子一圈，领子可加一层硬衬，硬衬无缝边。领子高度最佳不是4.2cm，也不是5cm，而是脖子越长领子越高，脖子越短领子越矮，高级定制要按人体来打版。中老年服装，胸围宽松点，领圈横开宽点，前直开深大一点，不然领子会顶脖子，立领侧颈点要展开0.3~1cm，前直开领越深展开越多，不然领子会起扭。

　　高端旗袍体现的是工艺和工匠精神，采用大量的手工绣花、盘扣、镶边、手工镶条。有时为了好做，面料采用复合弹力衬，方便手工缲缝。用半归拔工艺，拔腰归胸；无归拔工艺做出来到处都是斜扭。

　　胸腰差大的，前片侧面收省，袖窿方向加一个省，同时还可以把暗省余量收掉。为了旗袍穿着的舒适性，一般会加里布，里布用轻薄一点的面料，前腹部松量多放点，否则会显肚子大。不断腰节的衣服，用四省原型打版，配上归拔工艺，同样有六面原型的圆润效果。领底止口打刀眼或折一个止口归拔，领子才圆（见表9-35，图9-35）。

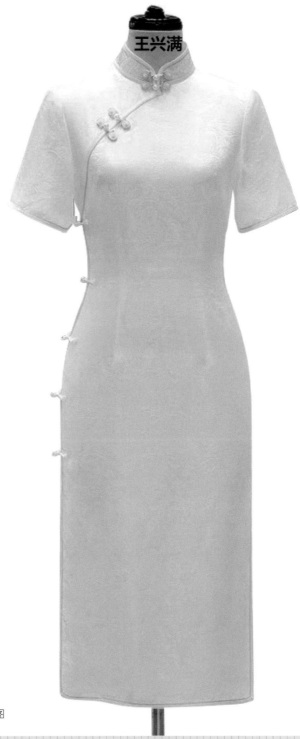

图9-35（a）改良旗袍款式图

			表9-35　改良旗袍打版尺寸表					
前长	胸围	摆围	腰围	肩宽	袖长	袖肥	袖口	前袖窿深
110	90	80	72	38	21	32.5	30	24~25

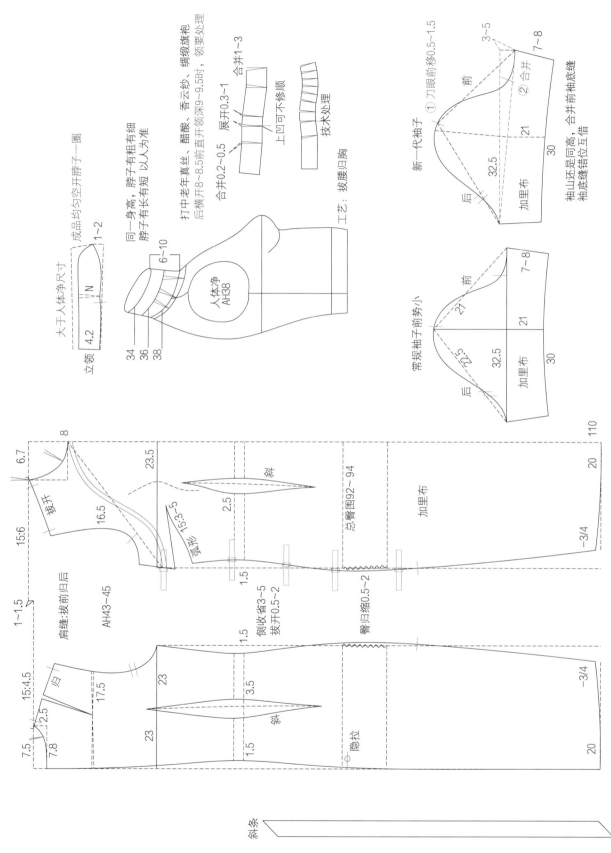

图9-35（b） 改良旗袍结构图

三、改良汉服

汉服，中国古代服装，打版尺寸可以自由设计，主要体现大气飘逸、美的感觉。不同时期的汉服工艺做法都有所不同，本书所写的是改良的版本，根据古装设计改良，符合现代人穿着风格。

此款汉服由多件衣服组成，可以拆卸，上衣外套披风袖子比较夸张，根据需求可以减小；裙子下面摆围很大，一般用3个门幅（3个143cm），里布用2个门幅（2个140cm）；常规汉服下摆400~500cm，大的可以做到600~700cm。普通连衣裙下摆，小摆160~200cm，中摆220~260cm，大摆270~320cm。

高端的汉服可以用手工刺绣，所有的缝做来去缝或者拉筒，外套披风腋下拔开，不然容易起皱；如果是企业做大货，可以采用机器刺绣，四线打边做，成本低，出货快。同样一个款式，工艺不同，面料不同，售价不同。

服装分为特级定制、高级定制、精品、半精品、普通定制、半跑量、纯跑量等，而特级定制和高级定制需要精通全归拔和半归技工艺，精通手工绣花、手工镶边等；不会归拔或不懂工艺，做出来的衣服就会没有型。中国古装上衣外套是没有肩斜的，在现代改良款中，可以增加肩斜与第二次比值，从而减小袖子斜扭（见表9-36，图9-36）。

图9-36（a） 改良汉服款式图

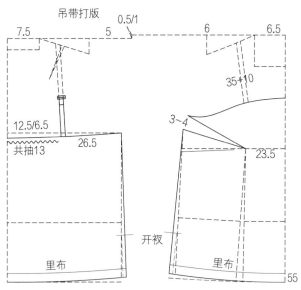

吊带打版

7.5　　　5　0.5/1　　　6　　6.5

0.5/1

35+10

12.5/6.5　　　26.5

3~4

共抽13

23.5

里布　　开衩　　里布

55

半裙打版

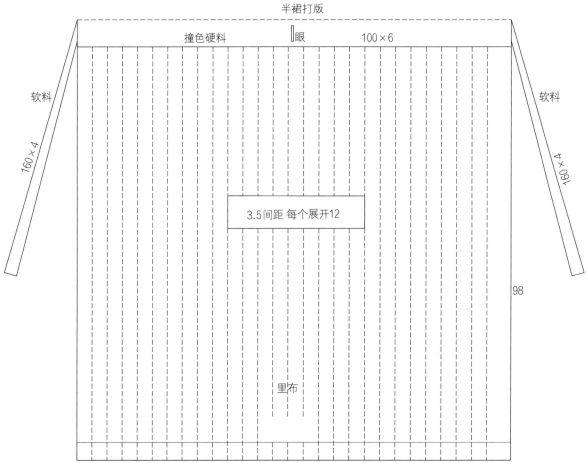

撞色硬料　　眼　　100×6

软料　　　　　　　　　　　　　　　　　软料

160×4　　　　　　　　　　　　　　　　160×4

3.5间距 每个展开12

98

里布

用料：面布 3个143门幅，里布2个140门幅　小摆300~400 中摆400~500 大摆600~800

图9-36（b）改良汉服结构图

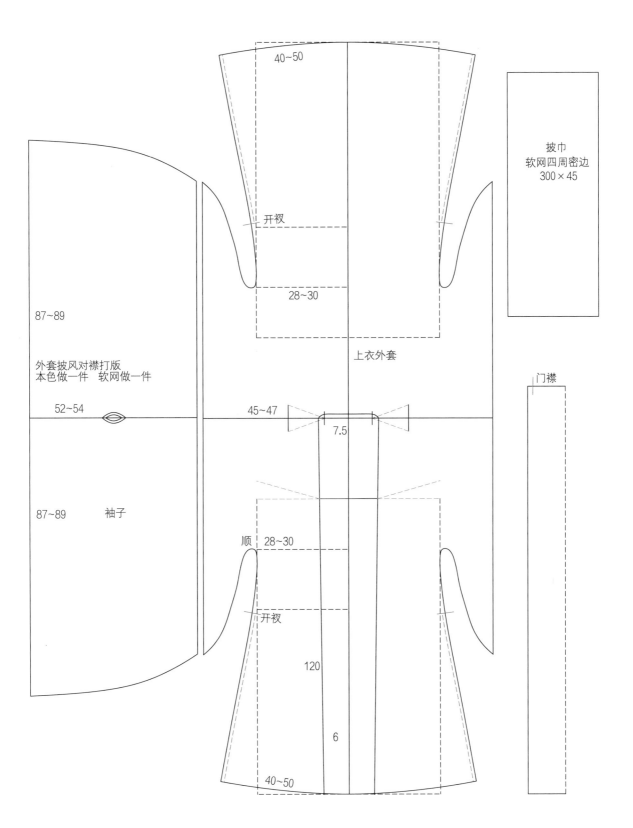

披巾
软网四周密边
300×45

40~50

开衩

28~30

上衣外套

87~89

外套披风对襟打版
本色做一件 软网做一件

52~54

45~47

7.5

门襟

87~89 袖子

顺 28~30

开衩

120

6

40~50

图9-36（c） 改良汉服结构图

四、改良马面裙

马面裙，中国古代服装，尺寸自由设计，款式大气，高贵奢侈，特别显瘦（见图9-37）。

图9-37（a） 改良马面裙款式图

夹腰带	30.5	锁眼	100×7		7

98

24		12	12		24

倒褶8个
每个15

红线为对褶
30

倒褶8个
每个15

红线为对褶
30

烫成扇形

烫成扇形

展后210左右一边

94+7

3	腰带 140×3

图9-37（b） 改良马面裙结构图

五、改良奥黛

奥黛，越南传统服装，越南是东南亚国家，常年温度较高，服装以轻薄为主。传统的奥黛高位开衩，不用套里布，面料轻薄一点，配一条高腰宽松裤子。改良越南奥黛可以套里布，里布是大摆，面布是小摆，直接穿一条安全裤即可。

立领均匀空开脖子一圈，立领装领的缝边要多打刀眼或者折回一个缝边归拔领子才圆，不然会趴在脖子上起扭。越南奥黛领子有多种变化，可以做无领，衣服围度较小，展示女性S型曲线，裙子长度自由。一片袖，袖子容易后甩，可以将袖山头刀眼往前移，袖底缝互借，加大前势。腰围拔开才会吸腰，拔腰归胸，前肩缝拔开，后肩缝归缩，才能满足人体曲线（见表9-36，图9-36）。

图9-38（a） 改良奥黛款式图

表9-36 改良奥黛打版尺寸表

前长	胸围	腰围	肩宽	袖长	袖肥	袖口	前袖窿深
145	91	73	38	38	32	27	24.5

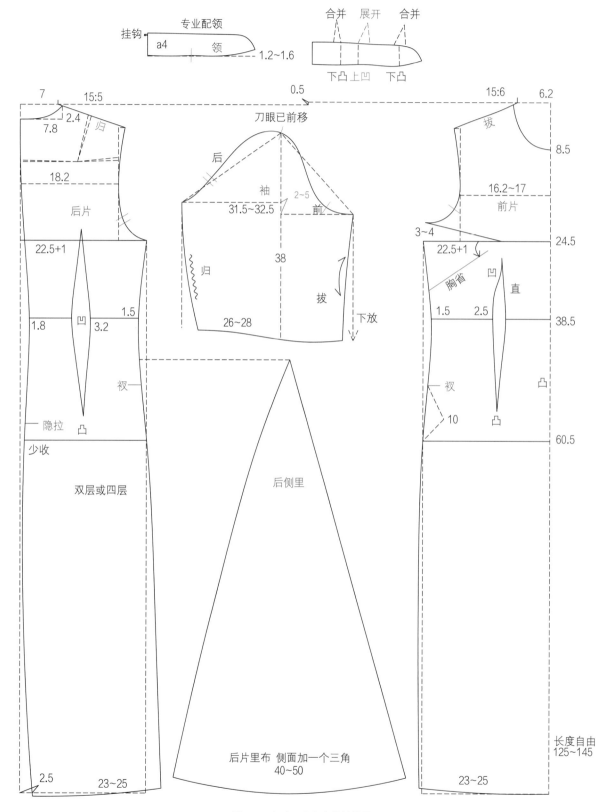

专业配领

挂钩

合并　展开　合并

下凸上凹　下凸

a4　领　1.2~1.6

刀眼已前移

7　15:5　0.5　15:6　6.2

7.8　2.4　归　8.5

18.2　后　袖　前　16.2~17

后片　31.5~32.5　2~5　前片

22.5+1　38　3~4　24.5

归　22.5+1

1.5　拔　胸省　凹　直

1.8　凹　3.2　26~28　下放　1.5　2.5　38.5

祄　袢

隐拉　凸　10　凸　60.5

少收

双层或四层　后侧里

后片里布　侧面加一个三角
40~50

长度自由
125~145

2.5　23~25　23~25

图9-38（b）　改良奥黛结构图

六、改良筒裙

　　筒裙是泰国传统服装，东南亚国家常年温度较高，服装面料一般较轻薄，服装款式一般是抹胸、筒裙、防晒服等。貂皮、羽绒服、派克服这种冬季保暖服装就不适合。不同国家有不同的文化和不同的地理环境，设计、面料、版型都需要入乡随俗。

　　改良筒裙，上半节衣服为抹胸，后面打结，自由调节大小，方便穿脱。再加上披风装饰，显得飘逸、柔美。筒裙是一个长方形，腰口多收省，腰头两边钉带子，绕一圈打结用。东南亚很多国家的女性都喜欢穿筒裙，大小可以自由调节，尺寸自由设计，胖瘦都能穿（见图9-39）。

图9-39（a）　改良筒裙款式图

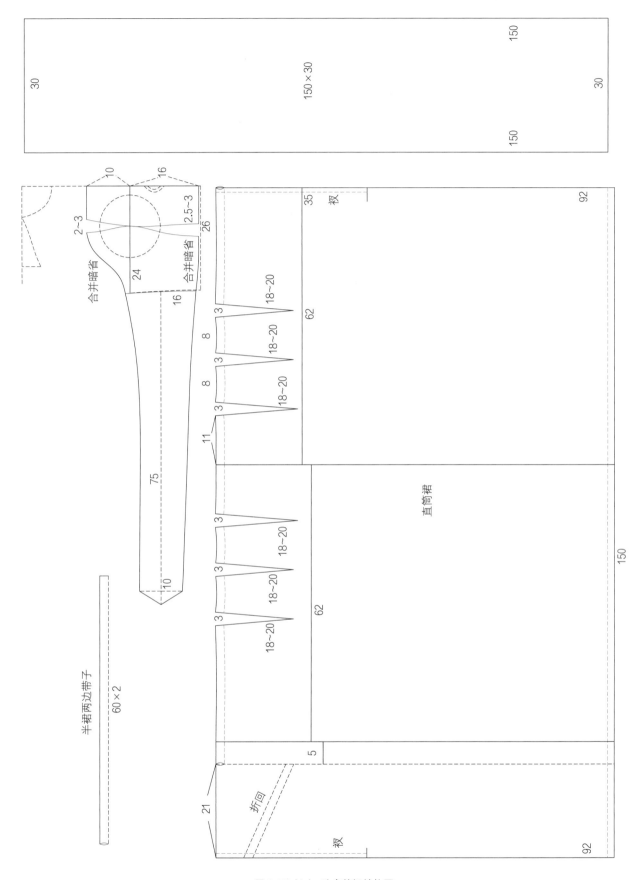

图9-39（b） 改良筒裙结构图